1824

1824
Copyright © Rodrigo Trespach
1ª edição: Novembro 2023
Direitos reservados desta edição: CDG Edições e Publicações
O conteúdo desta obra é de total responsabilidade do autor e não reflete necessariamente a opinião da editora.

Autor:
Rodrigo Trespach

Revisão:
Flávia Araujo

Projeto gráfico:
Jéssica Wendy

Capa:
Rafael Brum

DADOS INTERNACIONAIS DE CATALOGAÇÃO NA PUBLICAÇÃO (CIP)

Trespach, Rodrigo
    1824 : como os alemães vieram parar no Brasil, criaram as primeiras colônias, participaram do surgimento da Igreja protestante e de um plano para assassinar D. Pedro I / Rodrigo Trespach. — Porto Alegre : Citadel, 2023.
    384 p.

ISBN 978-65-5047-266-5

1. Brasil - História 2. Alemães - Brasil - História 3. Alemanha - Imigrantes - Brasil I. Título

23-6145   CDD 981.0043

Angélica Ilacqua – Bibliotecária – CRB-8/7057

Produção editorial e distribuição:

contato@citadel.com.br
www.citadel.com.br

RODRIGO TRESPACH

1824

Como os alemães vieram parar no Brasil, criaram as primeiras colônias, participaram do surgimento da Igreja protestante e de um plano para assassinar d. Pedro I

2023

À memória de meu avô,

José Antônio Trespach

(1927-2002)

Sumário

Sobre as fontes e o termo "alemães"   9

Prólogo   11

1. Viajantes   15
2. Um rei, dois imperadores e algumas revoluções   27
3. O tabuleiro de xadrez   43
4. O príncipe português e a arquiduquesa austríaca   55
5. José Bonifácio e as colônias de mão de obra livre   71
6. Colônias e colonos de língua alemã   87
7. O agenciador   95
8. O Brasil não é longe daqui!   107
9. O encontro de dois mundos   129
10. O monsenhor e o visconde   149
11. A Fazenda do Morro Queimado   157
12. Soldados, mais soldados!   171
13. Os Regimentos de Estrangeiros   183
14. Rio Grande de São Pedro   191
15. Delinquentes e ex-presidiários   219

16. Os protestantes — 231

17. Passo do Rosário — 245

18. A rebelião — 259

19. O imperador deve morrer — 271

20. A república de loucos — 289

21. Cartas para casa — 297

22. Eles continuaram chegando — 305

Agradecimentos — 319

Notas — 323

Referências — 349

Sobre as fontes e o termo "alemães"

Este livro se baseia em fontes históricas diversas. Além de vasta bibliografia sobre o assunto, foram consultados decretos e comunicações oficiais, cartas pessoais, diários e relatos de testemunhas oculares e uma infinidade de outros documentos, um extrato de pesquisas realizadas em bibliotecas, arquivos e acervos públicos e particulares ao longo de mais de uma década. Para tornar a leitura mais agradável, fizemos a atualização ortográfica das citações de obras com edições mais antigas e também das cartas, documentos e jornais de época – mantivemos, no entanto, a grafia original do nome dos jornais. Da mesma forma, realizamos uma tradução livre das obras originalmente escritas em alemão, inglês ou espanhol e que ainda não têm edição em língua portuguesa. Isso em nada altera a ideia dos autores e torna a leitura mais prazerosa. Obviamente que os interessados poderão consultar a forma original, indicada na bibliografia.

Muito embora a vinda de *alemães* só tenha começado, de forma organizada, três séculos depois, o Brasil nunca deixou de ser explorado e estudado por viajantes de países de língua alemã desde que os portugueses chegaram à América. Desde os tempos de Carlos Magno, na Idade Média, até a formação do Império Alemão, em 1871, a Alemanha e os alemães passaram por uma longa história política fragmentada. Os muitos países de língua comum na Europa Central tinham pouca ou nenhuma unidade administrativa e superavam essa falta de um Estado-nação (como haviam feito Inglaterra e França primeiro; e Portugal e Espanha, um pouco depois) com uma unidade baseada principalmente na língua alemã. Os muitos *alemães* que vieram para o Brasil entre o século XVI e boa parte do XIX eram, então, pessoas de diversos pequenos Estados ligados ao Sacro Império Romano da Nação Alemã ou às Confederações do Reno e Alemã.

Assim, embora a maioria dos primeiros imigrantes, colonos e soldados que chegaram ao Brasil entre 1808-31 tenham, de fato, vindo de regiões que formariam a Alemanha moderna, a referência aos *alemães* ao longo do livro estará associada a um conceito linguístico-étnico-cultural mais do que ao político. Uma definição melhor desse conceito será abordada no capítulo 3. Por ora, basta que tenhamos uma ideia panorâmica (e relativamente frágil) de *alemão* enquanto identidade política.

Osório, julho de 2019.
Rodrigo Trespach

Prólogo

Rio Grande do Sul, julho de 1824.

Pequenas embarcações à vela e remo se aproximam do faxinal do Courita, uma porção de terra próxima ao rio dos Sinos, não muito distante de Porto Alegre. Aguardando à margem esquerda do caudaloso curso d'água, no Porto das Telhas, está José Tomás de Lima, o último inspetor de um empreendimento do governo instalado na região, a Imperial Feitoria do Linho Cânhamo – com trabalho escravo, há mais de três décadas a Feitoria produz as cordas usadas pela marinha.

Os barcos trazem gente estranha àquela terra. De tez e olhos claros e uma língua de sonoridade incomum para os habitantes nativos, as 39 pessoas fazem parte da leva pioneira de imigrantes alemães enviados pelo governo de d. Pedro para criar a primeira colônia não lusa no Sul do Brasil. É um grupo heterogêneo, uma amostragem de tudo o que a Alemanha enviaria para o país nos seis anos seguintes. Eram homens, mulheres, jovens e crianças; pedreiros, carpinteiros e agricultores; havia alguns católicos e muitos protestantes.

Alguns haviam feito uma longa viagem, não apenas entre o porto de Hamburgo e o Brasil, mas também havia sido extenso o caminho desde o Sul da Alemanha até o Norte, onde embarcaram no *Anna Louise*. Com exceção de duas famílias que vinham da Baviera, as outras eram originárias da própria cidade portuária ou das proximidades – a Alemanha representada de Norte a Sul. Nenhum deles havia viajado menos de cinco meses, por mar e terra, por lagunas e rios.

Pelo menos dezoito tinham menos de dez anos de idade e cinco não haviam completado o primeiro ano de vida. O mais velho deles era o protestante e fabricante de cartas de jogar Johann Friedrich Höpper. Com 49 anos, o hamburguês viera com a esposa, dois filhos e uma enteada, uma pequena mostra da constituição das famílias imigrantes: casais em segundo ou terceiro matrimônios. Entre os mais velhos do grupo, Jasper Heinrich Bentzen, agricultor e extrator de pedras no Holstein. Com 46 anos e viúvo na Europa por duas oportunidades, veio com dois filhos, um deles adotivo.

Depois de recebidos pelo inspetor e de terem acomodado suas bagagens em carros de boi, a pequena caravana partiu para a etapa final da viagem, a sede da Feitoria, a poucos quilômetros dali. Quando finalmente chegaram ao destino, foram albergados em um antigo galpão usado pela escravatura – reformado e ampliado na década de 1940 para se transformar no Museu Casa do Imigrante, em 2019, depois de anos de descaso e abandono, parte da histórica edificação ruiu. Dois meses mais tarde, a colônia recebeu o nome de São Leopoldo, homenagem a d. Leopoldina; como os novos proprietários daquela terra, a jovem imperatriz brasileira também tinha o alemão como língua materna.

Antes do fim do ano, outro grupo com mais de oitenta pessoas chegou a São Leopoldo. Nos anos seguintes, levas sucessivas foram sendo acomodadas ao redor do núcleo criado em 1824. Na esperança de uma vida melhor, cada pioneiro seguiu seu caminho. Christian Rust, recém-casado com Anna Schröder, viveu mais de quatro décadas após o desembarque. Margaretha Kofoth, esposa de Johann Heinrich Timm, envelheceu para chegar à década de 1870. A filha deles, Catharina, foi um dos últimos pioneiros a morrer, no começo do século XX. Nascida em Pinneberg, dois anos antes de chegar à Feitoria, ela faleceu em 1907, às vésperas de completar 85 anos de idade. Outros tiveram menos sorte. A esposa de Otto Pfingsten morreu no parto do sexto filho dois anos após a chegada, e Henrich Jacks foi morto por um escravizado alguns anos depois do desembarque. Mesmo na adversidade, a colônia prosperou e cumpriu muitos de seus objetivos. Até o fim do Primeiro Reinado (1822-31), mais de 5 mil alemães desembarcariam no mesmo local e outros tantos se espalhariam pelo país, multiplicando as colônias pelo Sul e pelo Sudeste. Seriam responsáveis pela implantação e a consolidação de um novo sistema econômico e social, baseado no minifúndio, na indústria e na mão de obra livre; lançariam os fundamentos da Igreja protestante, contribuindo com a diversidade cultural e religiosa do país. Além, é claro, de serem protagonistas de muitos eventos políticos e militares da nação, como uma rebelião no Rio de Janeiro e uma guerra no Prata.

Viajantes 1

A ideia e a instalação de São Leopoldo foi o resultado final de um longo processo. Alemães vinham desembarcando em terras brasileiras desde que a esquadra de Pedro Álvares Cabral aportara na Bahia, em abril de 1500. Além de uma pequena unidade militar composta por 35 arcabuzeiros alemães que acompanhava a armada, o astrônomo-mestre Johannes, mestre João, ou João Faras, também estava com o almirante.[1] Cirurgião do rei d. Manuel, ele foi o responsável pela realização das primeiras observações astronômicas em território brasileiro e pela identificação do Cruzeiro do Sul. Mestre Johannes chegou mesmo a desenhar o céu do descobrimento em uma das cartas enviadas à Europa, que informavam o rei português sobre a localização da terra que Cabral estava tomando posse em nome da Coroa portuguesa.

A carta de Johannes começou a ser escrita em 28 de abril, seis dias após o desembarque em Porto Seguro, sendo concluída no dia 1º de maio, junto com a carta de Pero Vaz de Caminha. O documento original foi encontrado na Torre do Tombo, em Portugal, e tornou-se conhecido graças a Francisco Adolfo de Varnhagen, que o publicou na revista do Instituto Histórico e Geográfico Brasileiro, em 1843. Ainda assim, mesmo que há muito tempo tenha se tornado pública, a carta do astrônomo é popularmente menos conhecida do que a do escrivão da frota. O texto de Caminha é extenso, jornalístico, quase literário, enquanto o de Johannes é curto, técnico, científico.

Provavelmente mais importante que as observações astronômicas de Johannes, não obstante estas serem de grande valia para a navegação da época, foi o folhetim de autoria anônima *Newen Zeytung auss Presillg Landt* [Nova Gazeta da Terra Brasil], no qual o Brasil aparece grafado como *Presillg*, um dos primeiros impressos a usar o termo "Brasil" para as terras em que Cabral havia desembarcado. Escrito na Ilha da Madeira após a chegada de uma expedição portuguesa à colônia, o depoimento foi tomado provavelmente por um agente da família Fugger, impresso e distribuído para agentes e acionistas da empresa na Europa. (Embora haja opiniões controversas quanto ao ano original, o documento é comumente datado de 12 de outubro de 1514.) O folhetim ajudou a tornar popular o nome que só foi oficializado pelos portugueses na segunda metade do século XVI.[2] O próprio nome "Brasil", segundo alguns, também teria origem na língua germânica, nos termos "bras" ou "brasen", de "queimar", "ficar vermelho", alusão à madeira vermelha que foi o primeiro produto valioso explorado na nova terra, o pau-brasil. Algumas versões sobre o nome do país são ainda mais antigas, anteriores à era dos descobrimentos: o termo "Braziljan" aparece como nome de uma floresta na lenda arturiana do Graal, no famoso poema medieval alemão *Parzival*, de Wolfram von Eschenbach, no século XIII.[3]

Primeiros séculos

De toda forma, fato é que muitas das primeiras expedições da Coroa portuguesa para o Brasil eram financiadas por consórcios alemães, como os mercadores e banqueiros Voehlin, Höchstter, Grossenbrot, Imhof e Hirschvogel e, é claro, pelos Welser e os Fugger, que estavam entre as famílias mais poderosas do século XVI. As ligações entre portugueses e alemães, principalmente na arte náutica, eram notórias. Martin Behaim, cartógrafo alemão nascido em Nuremberg, criador do primeiro globo terrestre, viveu muito tempo nos Açores prestando serviços ao rei de Portugal. Existem, inclusive, defensores da ideia de que Behaim poderia ter estado na América e no Brasil antes mesmo de Colombo e Cabral – o próprio nome "América" foi cunhado por um alemão, o cônego Martin Waldseemüller, em 1507.

Independentemente disso, somente após três décadas da chegada de Cabral os portugueses começaram, de fato, a explorar a vasta terra por eles reclamada. Em 1531, junto da expedição exploradora de Martim Afonso de Souza, pela atual costa de São Paulo até o rio da Prata, vieram além de italianos e franceses, também muitos alemães. Eles se espalharam pela nova terra, ávidos pela exploração e possibilidades econômicas de um Novo Mundo. O primeiro engenho de açúcar na colônia, o São Jorge dos Erasmus, na capitania de São Vicente, foi construído (provavelmente) em 1534 pelo técnico Johann von Hülsen. Alguns anos mais tarde, outro alemão, Erasmus Schetz, comprou o engenho e abriu uma casa comercial que realizava transações bancárias e exportava produtos da colônia para a Europa.[4] Ulrich Schmidel, de Straubing, na Baviera, esteve no Brasil entre os anos de 1534-54, publicando, treze anos mais tarde, um livro sobre suas viagens pela América do Sul. Ainda no século XVI, em 1545, chegaram na capitania de Pernambuco famílias ricas de comerciantes, como os Lins, naturais de Ulm. Com uma frota própria para o transporte de mercadorias exploradas na colônia, mantiveram relações comerciais com a terra natal.[5]

Nesse primeiro século de Brasil, no entanto, o alemão mais conhecido foi inegavelmente Hans Staden. Nascido em Homberg, Hessen, coração da Alemanha moderna, Staden tinha pouco mais de vinte anos quando chegou a Portugal para sua primeira viagem ao país, em 1549. Mercenário, serviu como arcabuzeiro e esteve no litoral do Nordeste, passando por Pernambuco e Paraíba, auxiliando os portugueses na luta contra os invasores franceses que traficavam o pau-brasil. No ano seguinte, em sua segunda viagem, estava a serviço de um navio espanhol, que se dirigia ao rio da Prata, quando naufragou nas proximidades da ilha de Santa

Catarina. Tentou chegar até a capitania de São Vicente, no atual litoral paulista, mas novamente o navio em que estava naufragou. Dirigiu-se por terra até São Vicente, onde foi preso pelo governador-geral Tomé de Souza e contratado para defender a cidade no forte de Bertioga. Foi capturado pelos indígenas tupinambás, aliados dos franceses e inimigos dos portugueses, enquanto caçava nas proximidades do forte. Aprisionado por quase um ano, esteve por inúmeras vezes por ser devorado pelos tupinambás. Após várias tentativas de fuga, tendo inclusive participado de uma luta contra os tupiniquins, foi poupado como um troféu de guerra e finalmente libertado com o auxílio de um corsário francês.

De volta à Europa, Staden escreveu *História verídica*, em 1557, contando suas aventuras em território brasileiro, "uma terra de selvagens, nus e cruéis comedores de seres humanos, situada no Novo Mundo da América". Foi o primeiro livro europeu publicado sobre o Brasil. Sucesso na época, devido às descrições e gravuras de um lugar exótico, foi traduzido rapidamente para o holandês, para o latim e para o flamengo, assim como para o inglês e o francês. Teve mais de cem reedições e adaptações.

Depois dele, muitos outros exploradores, viajantes, naturalistas e cientistas de língua alemã viriam para o Brasil. No século XVII, em 1601, Wilhelm Jost Tem Glimmer organizou a primeira expedição ao interior de Minas Gerais e às nascentes do rio São Francisco. Em meados do século, descendentes do alemão Heliodorus Eobanus Hessus, que lutou contra os franceses no Rio de Janeiro, desbravaram o atual Paraná, encontrando ouro e prata em Paranaguá e fundando Nossa Senhora da Luz dos Pinhais, depois chamada de Curitiba, capital paranaense. Ainda no século XVII, as conquistas holandesas no Nordeste, a partir de 1630, trouxeram para o Brasil vários "alemães", sendo o mais famoso deles Johann Moritz, Conde de Nassau-Siegen-Dillenburg, conhecido nos livros de História do Brasil por Maurício de Nassau (e geralmente associado à nacionalidade holandesa). Nomeado governador do Brasil pela Companhia das Índias Ocidentais, chegou ao Recife em 1637, onde permaneceu por sete anos até sua volta à Europa. O período da administração de Nassau no Nordeste é considerado uma época áurea no Brasil colônia.[6] Não apenas econômica, mas também nas artes e até pela tolerância religiosa, algo incomum na administração lusa.

No outro extremo da colônia, entre os jesuítas dos Sete Povos das Missões, no Sul, estima-se que 25% dos padres provinham de países de língua alemã. Entre eles, o padre Anton Sepp, nascido no Tirol e educado em Viena, na Áustria. Intelectual e amante das artes, era arquiteto, escultor, pintor; além de ter se dedicado à geologia e à mineração, também escreveu sobre a presença jesuíta no Paraguai, na Argentina e no Sul do Brasil.[7] Consta ter sido ele o responsável pela extração do minério de ferro para a produção dos sinos das Missões, no Rio Grande do Sul. Jesuítas alemães estiveram também na bacia Amazônica, em São Luís do Maranhão e em Belém do Pará.

A propósito, sobre a bacia Amazônica, foi para lá que o marquês de Pombal, primeiro-ministro do rei português d. José I, enviou, entre 1766-76, algumas famílias de colonos suíços e do Sacro Império da Nação Alemã a fim de fundar a vila de Viçosa da Madre de Deus do Amapá. A vila seria responsável pelo abastecimento da fortaleza de S. José de Macapá, guarnecida por soldados de muitas nacionalidades, incluindo aí os de língua alemã. A própria fortaleza foi concluída sob orientação do engenheiro Johann von Gronfeld.[8] Essa ideia de colônia rural-militar iria ser aplicada mais tarde por d. João VI e José Bonifácio. Entre os colonos e soldados enviados para a Amazônia, há nomes alsacianos, vurtemberguenses, prussianos, hessianos, suábios, silesianos e com origem em cidades como Frankfurt, Würzburg, Trier, Saarbrücken, Strasbourg e Viena. Nomes alemães aparecem até mesmo entre os açorianos, exilados, vagabundos e criminosos que foram enviados para a Amazônia a partir de 1751, como parte do projeto de Pombal de consolidar a presença portuguesa na região.

Viajantes, cientistas, artistas e comerciantes

O Brasil, no entanto, ainda permanecia praticamente desconhecido para a Europa até o início do século XIX. Sua rica fauna e flora, além das peculiaridades das populações indígenas, eram um mistério para os cientistas europeus. À exceção do livro de Staden, que não era cientista, publicado em 1557, pouca coisa fora impressa nos dois séculos seguintes. Salvo raras exceções, a administração portuguesa não permitia que estrangeiros visitassem a colônia na esperança de mantê-la longe de olhos interesseiros. O primeiro naturalista a receber permissão real para entrar no Brasil foi o botânico alemão Friedrich Wilhelm Sieber, que aqui chegou em 1801 e permaneceu por seis anos na bacia Amazônica realizando estudos geológicos e botânicos. Um dos mais conhecidos exploradores alemães do século XIX, no entanto, o explorador e naturalista Alexander von Humboldt, amigo de José Bonifácio, foi impedido de entrar no Brasil, após sua presença na região Amazônica ser considerada fruto de espionagem pela Coroa portuguesa. Assim, quando o príncipe regente d. João assinou em Salvador o Tratado de Abertura dos Portos às Nações Amigas, em 1808, um grande número de cientistas começou a aportar no país.[9]

O botânico Carl Friedrich Philipp von Martius e o zoólogo Johann Baptist von Spix chegaram ao Brasil com a comitiva real da arquiduquesa d. Leopoldina, em 1817. Em mais de três anos de viagens, percorreram juntos um extenso território que ia desde o litoral carioca, passando pelo Nordeste até a bacia Amazônica. Ao retornarem à Europa, Von Martius e Spix apresentaram ao rei Maximiliano José da Baviera um casal de indígenas (outros dois morreram na viagem transatlântica e o próprio casal que chegou vivo a Munique morreu pouco depois), 85 espécies de mamíferos,

350 de aves, 130 anfíbios, 116 peixes, 2.700 insetos, oitenta aracnídeos e crustáceos e 6.500 plantas.[10] Ambos escreveram muitos livros, alguns em conjunto, sobre a flora, a fauna, a Geografia e a História do Brasil. O mais conhecido, *Viagem pelo Brasil*, um extenso relato de suas andanças pelo país e cujo terceiro volume, o último, foi impresso originalmente na Europa depois da morte de Spix, ganhou sua primeira edição integral no Brasil somente em 1938.[11] Da importância da obra *História natural das palmeiras*, de Von Martius, publicada em 1823, surgiu a abreviatura "Mart." nas citações na taxonomia científica. Foi ele também o responsável pela primeira edição da monumental *Flora brasileira*, continuada por outros cientistas e só concluída no início do século XX. Anos depois de sua estada no Brasil, Von Martius foi autor ainda de uma dissertação, publicada pelo Instituto Histórico e Geográfico Brasileiro, em 1844, intitulada "Como se deve escrever a História do Brasil", em que faz considerações sobre a formação da nação brasileira, tese um tanto polêmica, mas relevante para a época.[12]

O príncipe Maximilian von Wied-Neuwied, também um naturalista e etnólogo, veio para o Brasil em 1815 e viajou com Freyreiss e Sellow pelo Rio de Janeiro, Espírito Santo e pela Bahia, coletando plantas, animais e utensílios indígenas. Entre os Botocudos, chegou a estudar a língua nativa e coletar dados e impressões que ainda servem de base para pesquisas na área da Antropologia. Retornou para seu castelo em Neuwied com um herbário de 5 mil plantas, insetos e outros exemplares da fauna brasileira, além de um pequeno nativo.[13] Também publicou livros sobre suas viagens. De interesse especial aqui, *Viagem ao Brasil nos anos de 1815 a 1817*, em 1820.

O médico naturalista, depois barão, Georg Heinrich von Langsdorff foi outro a perambular pela colônia. Langsdorff nasceu em Wöllstein, hoje na Renânia-Palatinado, região centro-oeste da Alemanha, e depois de formado em Göttingen chegou a Portugal, onde aprendeu o português e se juntou ao príncipe Christian von

Waldeck, comandante de um contingente alemão no Exército luso, tomando parte das lutas contra Napoleão. Retornou à Alemanha em 1802 e, a serviço da Rússia, realizou uma viagem de exploração pelo globo, passando por Alasca e Califórnia, onde fez importantes descobertas. Chegou a desembarcar na ilha de Santa Catarina, para reparos no navio. Em 1813, chegou ao Rio de Janeiro como cônsul-geral da Rússia. Depois de uma atividade diplomática intensa, partiu para a Europa com a Corte portuguesa, em maio de 1821, retornando no ano seguinte como embaixador do tsar Alexandre I. Com ele, além dos cientistas de sua missão exploratória, estavam quase vinte famílias de colonos alemães, levadas para sua fazenda em Inhomirim. No mesmo ano, publicou em Heidelberg, na Alemanha, o livro *Bemerkungen über Brasilien* [Observações sobre o Brasil], no qual deu "cuidadosas instruções" para os imigrantes alemães se estabelecerem no país.[14] Era a primeira vez que uma obra se propunha a estruturar as bases nas quais se daria o processo imigratório de colonos no Brasil. Seus diários, que documentam a passagem por Rio de Janeiro, Minas Gerais, São Paulo, Mato Grosso e Amazônia e estavam guardados nos arquivos da Academia de Ciências Russas, foram publicados no Brasil somente mais de 170 anos depois de escritos.

Entre os mais reconhecidos e populares viajantes germânicos que estiveram em terras brasileiras no século XIX, está o pintor bávaro Johann Moritz Rugendas. O trabalho de Rugendas, que chegou ao país pouco antes da independência, com dezenove anos de idade, só é equiparado em importância ao do artista francês Jean-Baptiste Debret. Um dos mais importantes registros iconográficos do país, *Viagem pitoresca ao Brasil* foi publicado em 1835, simultaneamente em francês e alemão. Rugendas, que permaneceu pouco mais de dois anos no Brasil e havia se interessado pelo país após conhecer o trabalho do paisagista austríaco Thomas Ender, reproduziu em litografias os mais variados momentos do cotidiano brasileiro, desde a vida nas senzalas, passando por aldeias indígenas, fazendas do interior, hábitos e costumes nativos, fauna e flora, paisagens, a vida dos europeus nos trópicos. Reproduziu até mesmo os diversos grupos de indígenas e de escravizados do país.[15] Tendo chegado ao Brasil com Langsdorff e permanecido por certo tempo na Fazenda Mandioca, no Rio de Janeiro, junto da missão do barão, Rugendas logo deixou o grupo partindo em viagens por São Paulo, Minas Gerais, Mato Grosso, Espírito Santo, Bahia e Pernambuco. Quando voltou para a Europa, levou consigo mais de quinhentos desenhos.

Quanto à música, esteve no Brasil, na década de 1820, ninguém menos do que Sigismund Neukomm, aluno de Haydn e colega de estudos de Beethoven em Viena. Nascido em Salzburg, cidade natal de Mozart, Neukomm desembarcou em 1816. Compôs aqui inúmeras obras, que incluem a *Marcha Triunfal à Grande Orquestra*, orquestração de seis valsas do príncipe d. Pedro, de quem foi professor, e um *Te Deum* para a cerimônia de coroação de d. João VI, em 1818. Retornou à Europa pouco antes da independência.

Se viajantes, cientistas e artistas não bastassem para marcar a presença alemã no Brasil no começo do século XIX, havia mais de vinte casas comerciais cujos proprietários tinham origem na Europa de língua alemã. A maioria delas estabelecida no Rio de Janeiro. Desse grande número de comerciantes surgiria, em agosto de 1821, a Sociedade Alemã Germânia, fundada no restaurante Wullfing-Rubel, na rua dos Ourives. Dos trinta sócios iniciais, somente oito não eram alemães. Três anos depois a Sociedade tinha mais de cinquenta membros e sede própria. "É a única do gênero no Rio, tanto mais necessária quanto é grande a carência de círculos sociais condignos. O local consiste numa sala de bilhar e noutras de jogos, jantar e leitura. Fica à rua Direita, por um lado fazendo frente ao mar, de modo que será possível conservá-las frescas", escreveu o viajante alemão Ernst Ebel.[16]

Em 1818, o médico Georg Anton Schaeffer chegou ao Rio de Janeiro vindo da Ásia. Por meio dele, em pouco tempo aportariam no país mais de 11 mil alemães, entre colonos, artesãos e soldados mercenários: a primeira onda imigratória destinada à formação de colônias agrícolas, como São Leopoldo, e um exército para d. Pedro I.

☙

Dos militares trazidos por Schaeffer, alguns escreveriam sobre o país, entre eles Friedrich von Seweloh, Theodor Bösche, Carl Seidler, Carl Schlichthorst, Jakob Friedrich Lienau e Heinrich Trachsler. Eram todos mercenários, vindos para formar os "batalhões de estrangeiros" no Exército imperial. Deixaram rico material sobre a vida no país e, apesar de certa dose de exagero e de amargor com que descreveram suas andanças pelo recém-formado Império brasileiro, seus relatos são importantes para compreensão do período – pelo menos do modo como os europeus viam o Brasil. Desses relatos, apenas o de J. F. Lienau não teve tradução para o português. Seu livreto *Darstellung meines Schicksals in Brasilien* [Descrição da minha estadia no Brasil – em tradução livre], publicado em 1826, foi uma das ferramentas mais usadas na Europa para difamar, em especial Schaeffer, o agente brasileiro de imigração, e o país em geral.

Friedrich von Seweloh, que esteve em Waterloo, chegou ao Brasil em 1825, como comandante de transporte a bordo do *Caroline*. Serviu como engenheiro e ajudante do marquês de Barbacena na Campanha Cisplatina. Seu diário de campanha foi publicado no Brasil sob o título de *Reminiscências da Campanha de 1827 contra Buenos Aires*. Bösche desembarcou no Brasil em 1825, publicou duas obras sobre o país e a própria atuação no Exército imperial. A mais conhecida delas, *Quadros alternados*, publicada na Alemanha em 1836, foi traduzida por Vicente de Souza Queirós e publicada em 1918 na *Revista do Instituto*

Histórico e Geográfico Brasileiro, tendo depois ganhado uma versão em livro.[17] A outra obra, um guia linguístico, foi publicada na Alemanha em 1853. O alferes Seidler também veio para o Brasil como mercenário. Chegou em 1825 e permaneceu por uma década no país; sua obra mais conhecida, *Dez anos no Brasil*, foi publicada na Alemanha em 1835 e com várias edições para o português. Em 1837 foram publicadas duas outras menos conhecidas, mas igualmente interessantes.[18] Schlichthorst, como os anteriores, atuara no Exército imperial, no qual serviu como tenente no Batalhão de Granadeiros. Em 1829, ao voltar para a Europa, publicou *O Rio de Janeiro como é*. Relato desabonador do Brasil, já no subtítulo, escrito em português mesmo na edição alemã, expõe a visão que o mercenário teve do país entre 1824-26, período em que serviu: "Uma vez e nunca mais!" Em 1833, uma edição com suas cartas e relatos foi publicada na Alemanha, mas sem a repercussão do primeiro. Coincidentemente, Seidler e Schlichthorst vieram para o Brasil no mesmo navio, o *Caroline*. Schlichthorst viera na segunda viagem do capitão Von Wettern e Seidler, na terceira. E Trachsler, um jovem suíço de dezesseis anos, nascido em Zurique, chegou ao Brasil em 1828 e serviu no 28º Batalhão de Caçadores. Livre do Exército, perambulou por Rio Grande, Corrientes, Montevidéu e Buenos Aires antes de retornar à Europa, em 1835. Quatro anos depois, publicou *Viagens, destino e tragicômicas aventuras de um suíço*.[19]

Um rei, dois imperadores e algumas revoluções 2

No começo do século XIX, o Brasil era uma colônia portuguesa isolada do resto do mundo, fragmentada em províncias, que em comum tinham apenas o idioma e a obediência à metrópole. Na definição de Leslie Bethell, Portugal era "um pequeno país do extremo oeste da Europa economicamente atrasado, culturalmente isolado, com recursos naturais limitados e modesto poderio militar e naval".[20] Para o diretor do Centro de Estudos Brasileiros da Universidade de Oxford, na Inglaterra, sua grande vantagem era o Brasil, uma "colônia vasta e potencialmente rica", que rendia, aliada aos outros territórios portugueses na África e na Ásia, considerável receita.

A população brasileira era de cerca de 5 milhões de pessoas. No Rio de Janeiro, a capital e maior cidade da colônia – desde 1808 o centro do Império colonial luso –, dos cerca de 80 mil habitantes, a população branca e livre era minoria. Mais da metade eram escravizados, negros, indígenas ou mestiços. Além do Rio de Janeiro, somente Salvador tinha mais de 50 mil habitantes. Não havia escolas; cerca de 90% da população era analfabeta. Mesmo os fidalgos eram pessoas sem instrução, alguns poucos haviam estudado ou enviado os filhos às universidades em Portugal. Com exceção da Cisplatina (Uruguai), província anexada em 1821 e perdida em 1828, e do Acre, comprado da Bolívia em 1903, as fronteiras eram muito parecidas com as atuais.[21]

Napoleão *versus* Casa de Bragança

Os ventos da mudança começaram a soprar sobre o continente europeu no mesmo dia em que Louis-Auguste assumiu o trono da França, em maio de 1774. Coroado um ano e três meses depois como Luís XVI, em Reims, o lugar tradicional de coroação dos reis da França, o jovem de apenas vinte anos nem de longe lembrava o ancestral que era o símbolo do absolutismo e da grandeza das monarquias europeias – o "Rei Sol" Luís XIV. O novo monarca herdou um país à beira da falência e contribuiu decididamente para arruiná-lo. Nos primeiros anos de governo, envolveu a França na Guerra da Independência Americana, financiando a campanha dos colonos rebeldes contra a Inglaterra. O desastre no controle dos gastos em contraste com a pobreza da população e o sucessivo aumento de impostos para sustentar a luxuosa Corte de Versalhes acabou por colocar o povo contra o rei, a nobreza parasitária e a Igreja luxuriosa. Com a tomada da Bastilha por populares em julho de 1789, os acontecimentos precipitaram-se e logo o rei perderia não só a coroa como também a cabeça.

A Revolução Francesa esmagou a aristocracia e abalou a Igreja, mas não melhorou a situação dos franceses. Havia destruído a ordem vigente e implantado o terror. Mais de 35 mil pessoas, entre aristocratas, clérigos, especuladores, opositores, inimigos reais ou imaginários, além dos próprios monarcas, foram guilhotinados no período do Grande Terror. A caça às bruxas não poupou ninguém e a Revolução consumiu seus próprios líderes, que um a um subiram ao cadafalso. Em 1795, o Diretório substituiu as autoridades revolucionárias e tentou restaurar a ordem. O problema é que poucos sabiam que caminho a Revolução devia tomar depois do terror e de duas constituições fracassadas. Nem o apoio da alta burguesia e as vitórias no exterior contra os exércitos estrangeiros em coalizão, que haviam tentado restabelecer a monarquia deposta, salvou os diretores do novo governo. A economia estava arruinada e o país beirava o caos; momento propício para um golpe.

Aproveitando-se do momento e contando com sua popularidade no Exército, conquistada por suas atuações nas campanhas contrarrevolucionárias dentro do país e no exterior, em 1799, o jovem e ambicioso general Napoleão Bonaparte liderou um golpe e pôs fim ao período revolucionário. O Golpe do Dezoito Brumário (9 de novembro, pelo calendário gregoriano) instaurou Napoleão e outros dois cônsules no poder.[22] Os cônsules não foram obstáculos para o general e em menos de quatro anos ele se tornaria imperador dos franceses. Nascido em 1769, em Ajaccio, na Córsega, pouco depois de a ilha ser comprada de Gênova por Luís XV, Napoleão era o segundo dos oito filhos que o advogado Carlo Maria Bonaparte teria com Maria Letícia Ramolino. Bem educado, aos dez anos foi matriculado em uma escola religiosa para aprender francês e, logo em seguida, entrou na Academia Militar. Apesar do sotaque corso e das dificuldades iniciais, destacou-se em Matemática, assim como em História e Geografia. "Irá longe se as circunstâncias lhe forem propícias", previu seu professor de História. "É um granito incandescente num vulcão", notou o de Retórica.[23] Superando o complexo de inferioridade, derivado das dificuldades com a língua, a baixa estatura e a palidez da pele, Napoleão moldou sua personalidade na juventude. Aos quinze anos entrou para a Escola Militar de Paris, onde se formou como oficial de artilharia. Sua genialidade como estrategista militar apareceu pela primeira vez em 1794, no cerco Toulon, importante porto no Sul da França. Essa foi também a primeira de suas muitas batalhas contra os ingleses. Elas só teriam fim duas décadas depois.

Em 1804, o Senado ofereceu a Coroa a Napoleão. No plebiscito realizado para legitimar o ato, Bonaparte recebeu mais de 3,5 milhões de votos favoráveis contra 2.500 votos contrários. Ele se autoproclamou imperador da França, coroando a si mesmo e a Josephine, sua esposa, na presença do papa Pio VII, na Catedral de

Notre-Dame de Paris. A Era Napoleônica alterou profundamente estruturas políticas, sociais e econômicas há muito tempo estabelecidas. Não é exagero afirmar que Napoleão, de um modo ou de outro, consolidou alguns dos pilares da Europa moderna. Uma das primeiras e mais duradouras medidas criadas por Napoleão foi a promulgação de um código civil, depois chamado de "Código Napoleônico", que entrou em vigor em março de 1804. Embora não tenha sido o primeiro a ser criado (Baviera, Prússia e Galícia já haviam criado códigos semelhantes na segunda metade do século anterior), o código civil de Napoleão é considerado o primeiro a obter êxito e a influenciar os sistemas legais de diversos países. A coleção de normas representava, em grande parte, os interesses dos burgueses e dos revolucionários franceses, como o casamento civil (separado do religioso), respeito à propriedade privada, direito à liberdade individual e igualdade de todos ante a lei.

Em 1807, os exércitos de Napoleão dominavam a maioria dos países europeus. Suas forças haviam subjugado boa parte da Alemanha e da Itália modernas, mesmo com o apoio da Rússia, o Império austríaco havia caído em Austerlitz e a Prússia ficara de joelhos após Jena e Auerstedt. Os países que não haviam sido derrotados no campo de batalha tornaram-se aliados. As únicas forças que resistiam à França eram a Marinha Real Britânica e a longínqua Rússia. Tentando dobrar a Inglaterra, Napoleão decretou, em 1806, o Bloqueio Continental, pelo qual os países europeus deveriam fechar seus portos aos navios ingleses, não podendo receber produtos fabricados na Inglaterra ou que viessem de colônias inglesas. O imperador francês desejava vencer a Inglaterra enfraquecendo seu comércio. Ele selou um acordo com o tsar Alexandre I, que manteve temporariamente a Rússia longe das guerras da Europa central e o caminho livre para os franceses.

Parceiro comercial da Inglaterra de longa data, desde o Tratado de Panos e Vinhos, de 1703, Portugal devia satisfação ao rei Jorge III, mas não tinha forças para se opor ao imperador francês.

Portugal e Inglaterra celebravam tratados desde 1386, quando se declararam "unidos para sempre" contra os reis de Castela e Aragão, ocasião em que arqueiros ingleses contribuíram para a vitória final do Exército português em Aljubarrota, o que garantiu a independência lusa. Aliança reforçada, quando mais tarde, Catarina de Bragança, filha do oitavo duque de Bragança e restaurador do reino português, casou com o rei inglês Carlos II. Era justificável, então, que d. João fizesse jogo duplo e ganhasse tempo. A indefinição portuguesa acabou por fazer Napoleão decidir enviar um pequeno exército para que o pequeno país da península Ibérica fosse subjugado e a Casa de Bragança, deposta.

Para surpresa do general Jean-Andoche Junot, quando as tropas francesas chegaram a Lisboa, no fim de novembro, toda a Corte, que alguns acreditam possa ter passado de 15 mil pessoas, já havia embarcado em cerca de cinquenta navios com direção a sua colônia na América, o Brasil.[24] Como combinado, a frota era escoltada por navios ingleses.

Antes mesmo de chegar ao Rio de Janeiro, ainda na Bahia, em janeiro de 1808, a primeira medida de d. João, então príncipe regente, desde que sua mãe, d. Maria I, havia sido declarada mentalmente incapaz de governar, foi a de abrir os portos brasileiros às nações amigas, quebrando assim o monopólio que a Coroa portuguesa mantinha no comércio com sua colônia. Instalado no Rio de Janeiro, d. João (que só se tornou, de fato, d. João VI em 1818) iniciou uma série de reformas administrativas que contribuiriam para o desenvolvimento e futuro da colônia. Criou escolas de educação, nas quais se ensinava as línguas portuguesa e francesa, a língua culta da época, além de Retórica, Aritmética, Desenho e Pintura; cursos de Agricultura e Medicina, um laboratório de Química e a Academia Militar, a imprensa, o Jardim Botânico, o Museu Real e o Banco do Brasil – que apesar de amplamente divulgado em contrário, não é a mesma instituição ainda existente até hoje; no retorno a Portugal, treze anos mais tarde, o monarca liquidaria com as finanças do banco. Com os 60 mil volumes trazidos de Lisboa, fundou a primeira biblioteca brasileira, a futura Biblioteca Nacional.

Também vieram as conquistas militares. Em represália à invasão de Portugal, após a chegada ao país, d. João invadiu e tomou a Guiana Francesa e só a deixou em 1817, após acordos com o novo governo francês. Em 1811, contrariando os interesses ingleses na região, iniciou uma série de intervenções militares na Banda Oriental. Em junho de 1816, uma esquadra portuguesa e um exército de 3.500 homens partiram do Rio de Janeiro em direção ao Sul. Em janeiro do ano seguinte, o general Lecor tomou Montevidéu. Quatro anos mais tarde, em julho de 1821, toda a Banda Oriental caiu em mãos lusas, sendo incorporada ao Império português, transformada na Província Cisplatina, mais tarde independente como Uruguai.

Enquanto isso, Napoleão atacava a Rússia à frente de mais de meio milhão de homens. Foi seu mais audacioso intento e também sua ruína. Derrotado por um inverno rigoroso aliado à tática de terra arrasada adotada pelos russos, o imperador francês tomou uma Moscou incendiada pelos próprios moscovitas, mas não pôde vencê-los em definitivo. O retorno para a França marcou o começo do fim. Em 1813, foi derrotado no que ficou conhecido entre os alemães como a Batalha das Nações. Travada no mês de outubro em Leipzig, na Saxônia, a batalha opôs um exército conjunto de russos, prussianos, suecos e austríacos – mais de 400 mil homens comandados pelo marechal de campo e príncipe austríaco Karl-Philipp von Schwarzenberg – e um combalido Exército francês, formado pelo exército original de Napoleão e seus aliados alemães remanescentes, com menos da metade do efetivo inimigo. Estavam presentes ainda, ninguém menos do que os próprios líderes da coalizão, o tsar Alexandre I, o rei da Prússia Frederico Guilherme III e o imperador austríaco Francisco I. Derrotados, os franceses cruzaram o Reno e deixaram definitivamente o território alemão.[25]

O Tratado de Fontainebleau enviou Napoleão para o exílio na ilha de Elba, a menos de quinze quilômetros ao largo da costa toscana, de onde fugiu para reassumir e governar mais cem dias. Derrotado em Waterloo, em junho de 1815, o imperador abdicou pela segunda vez ao trono francês. Sua tentativa fracassada de fuga para a América o fez cair prisioneiro dos ingleses em Plymouth. Em outubro do mesmo ano, foi levado prisioneiro à ilha de Santa Helena para seu exílio final. Na pequena ilha pedregosa, perdida no meio do oceano Atlântico, Napoleão morreria seis anos depois.

Independência ou morte

Mesmo quando o fim de Napoleão se aproximava na Europa, d. João permaneceu no Brasil, contrariando os interesses da metrópole. Em 1814, lorde Castlereagh, secretário do *Foreign Office*, o Ministério das Relações Exteriores inglês, enviou para o Rio de Janeiro uma pequena frota com a missão de conduzir d. João de volta a Portugal. Em dezembro, o contra-almirante John Beresford colocou o *HMS Achilles* à disposição do príncipe regente. D. João não aceitou, aconselhado, entre outros, pelo conde da Barca, decidiu permanecer no Brasil.

No ano seguinte, em 16 de dezembro, o príncipe regente elevou o Brasil à categoria de reino: Reino Unido de Portugal, Brasil e Algarves. Embora comumente se atribua a Charles-Maurice de Talleyrand-Périgord a ideia de transformar o Brasil em centro do Império lusitano, ela de fato surgiu dentro do círculo dos representantes de Portugal no Congresso de Viena, formado por d. Joaquim Lobo da Silva, conde de Oriola, d. Antônio Saldanha da Gama, conde de Porto Santo, e, o principal deles, d. Pedro de Souza, conde de Palmela. Talleyrand apenas articulara nos bastidores diplomáticos e endossara habilmente um projeto que servia bem aos interesses políticos dos envolvidos.[26] A ideia do diplomata francês, que fora deputado constituinte durante a Revolução

Francesa, ministro de Napoleão e agora servia aos interesses do rei Luís XVIII, era clara e objetiva: garantir a lealdade do Brasil à Coroa portuguesa, destruir a "ideia de colônia", que tanto desagradava aos brasileiros, e manter na América um baluarte monarquista diante da ameaça liberal vinda da América inglesa e das ex-colônias espanholas. Por culpa de Napoleão, a Casa de Bourbon, reinante na Espanha, perderia mais da metade de seus domínios no novo continente. Com o fantoche José I, irmão de Bonaparte, no trono, a América espanhola se desfez em repúblicas. Essa era a razão pela qual o congresso estava reunido: reestruturar a Europa nos moldes anteriores a Napoleão, restaurar monarquias depostas, legitimar as existentes e salvar dos ideais revolucionários as cabeças reais que poderiam estar a prêmio.

Apesar da nova condição de reino e do progresso em diversas áreas, o Brasil pagou um preço alto. Com uma Corte luxuosa para sustentar, o governo de d. João aumentou os impostos gerando descontentamento de uma população já prejudicada pelo extrativismo colonial português. Aliado a outros fatores, como a crise do açúcar e do algodão (produzidos principalmente em Pernambuco) no comércio internacional, o descontentamento gerou uma revolta popular, em 1817, que ficou conhecida como Revolução Pernambucana. Apesar da proclamação da República, da convocação de uma constituinte e de algumas medidas administrativas terem sido tomadas, o movimento não conseguiu apoio das províncias vizinhas e a revolta foi violentamente reprimida pelo governo joanino.

Ainda assim, o rei português pode ser considerado o inventor do Brasil. Não fosse ele, o vasto território brasileiro possivelmente teria se fragmentado em vários pequenos países, a exemplo do que ocorreu com a América espanhola. Para o historiador pernambucano Manuel de Oliveira Lima, d. João foi "o verdadeiro fundador da nacionalidade brasileira".[27]

Em 1821, depois de 120 anos, as Cortes voltaram a se reunir em Lisboa. A Revolução Liberal do Porto, ocorrida no ano anterior, uma espécie de Revolução Francesa lusitana com três décadas de atraso, cobrava seu preço. No Brasil, de modo geral, havia um senso velado de independência. É o que pode ser extraído, por exemplo, das instruções dadas aos deputados que representariam São Paulo nas Cortes – documento elaborado por José Bonifácio. A ideia era garantir a elaboração de uma Constituição que permitisse equilíbrio entre Brasil e Portugal (como ocorria desde que a colônia fora elevada à categoria de reino, em 1815). Mas ao chegarem a Lisboa, os brasileiros foram surpreendidos. As Cortes já haviam deliberado sobre muitos projetos, entre eles, com o intuito de "recolonizar" o Brasil, haviam dividido o território luso na América em províncias autônomas. Não haveria mais um governo central no Rio de Janeiro, cada uma delas responderia diretamente a Lisboa; o Brasil voltava à condição de colônia. Até o sonolento d. João VI previu o que viria a seguir. Chamado de volta à Europa, deixou o herdeiro do trono português ciente de que a independência brasileira era uma questão de tempo: "Pedro, se o Brasil se separar, antes seja para ti, que me hás de respeitar, do que para algum desses aventureiros".[28]

A profecia de d. João se concretizou. Forçado pelas circunstâncias, orientado por José Bonifácio e estimulado pela esposa, o príncipe regente proclamou, dessa forma, a Independência do Brasil às margens do riacho Ipiranga, em São Paulo, no dia 7 de setembro de 1822. O país se libertava do domínio político de Portugal para entrar na dependência econômica da Inglaterra. Além disso, o cargo máximo da jovem nação era ocupado pelo herdeiro do rei de Portugal. A presença do príncipe português no trono e a manutenção de uma monarquia centralizada no Rio de Janeiro permitiram certa estabilidade política e social. Apesar de ter sido declarado "Imperador Constitucional e Defensor Perpétuo do Brasil", havia muitas dúvidas sobre o real comprometimento de

d. Pedro para com a causa brasileira. O temperamento do monarca justificava o temor. Em novembro de 1823, dissolveu a Assembleia Constituinte, que havia convocado apenas seis meses antes, prendeu os deputados e fechou a Câmara. O ato da dissolução foi ambíguo e ambivalente. D. Pedro extinguiu a instituição e prometeu convocar outra, que deveria trabalhar sobre o projeto da Constituição apresentada por ele, "duplicadamente mais liberal do que a extinta". No dia seguinte, em novo decreto, o imperador afirmaria que "para fazer semelhante projeto com sabedoria, e apropriação às luzes, civilização e localidade do Império, se faz indispensável que eu convoque homens probos, e amantes da dignidade imperial, e da liberdade dos povos".[29] Em dezembro, uma nova Constituição foi apresentada ao Senado da Câmara e assinada pelos ministros e pelo Conselho de Estado. Em 25 de março de 1824, a primeira Constituição brasileira foi solenemente jurada pelo imperador.

Soldados mercenários

Não partindo de uma insurreição popular, a proclamação, no entanto, encontrou oposições no país por parte das autoridades portuguesas que se mantinham fiéis a Portugal. Em 1800, Portugal tinha apenas 2 mil soldados, ditos de linha, estacionados no Brasil. Uma boa parte deles era de brasileiros. Os oficiais eram filhos da elite de latifundiários que tinham vínculos fortes com a metrópole e os soldados eram recrutados, à força, na própria colônia. Alguns protegidos escapavam do exército regular e obtinham melhor colocação nas milícias. A prática usada por Portugal aqui permanecia a mesma da usada na Europa, "caracterizada pela fraude e corrupção".[30]

A vinda de d. João VI para o Brasil tinha alterado a situação dos militares na colônia. O Brasil militarizou-se. O Rio de Janeiro agora virara praça de guerra, uma fortaleza, onde se via "soldados de serviço constantemente andando pelas ruas", segundo um observador inglês.[31] Os efetivos aumentaram consideravelmente, tropas desnecessárias na Europa foram trazidas para a colônia e enviadas para a ocupação da Guiana, ao Norte, e para a Banda Oriental, no Sul.

Depois da independência, algumas tropas, como as que estavam aquarteladas em Montevidéu, na então Província Cisplatina, no extremo Sul, ainda se mantinham fiéis à Coroa. As províncias da Bahia, do Grão-Pará, do Maranhão e do Piauí também se recusavam a aceitar ordens vindas do Rio de Janeiro. No Piauí, na Batalha do Jenipapo, em março de 1823, tropas portuguesas destroçaram um terço do improvisado Exército brasileiro na região. Em São Luís do Maranhão os portugueses se renderam somente após a chegada de Cochrane, escocês que lutara nas guerras napoleônicas e que fora contratado por d. Pedro para auxiliar o Brasil na luta pela independência, no fim de julho. Por pouco o país não se dividiu em dois, tendo a parte Sul e Sudeste se tornado independente e a parte Norte e Nordeste permanecido uma colônia portuguesa. As últimas tropas portuguesas foram expulsas de Salvador somente em julho de 1823 e em fevereiro de 1824 deixaram a capital cisplatina.

Era preciso formar um novo exército para garantir militarmente a independência do novo país e, mais importante do ponto de vista do jovem imperador, manter ele mesmo no poder. Para que isso se concretizasse era vital a manutenção da monarquia e a unidade do país. Mas não havia soldados suficientemente preparados. A falta de identidade própria e séculos de ocupação lusa não permitiram o desenvolvimento de sentimentos patrióticos capazes de elevar o número de voluntários. Em verdade, na época da independência, havia poucos brasileiros com interesse na separação de Portugal, a grande maioria da aristocracia estava ligada intimamente com o poder central e não via nenhuma razão para que houvesse um corte tão drástico. Nem mesmo o jornal *Correio Braziliense*, do jornalista Hipólito José da Costa, crítico do governo português, era favorável a uma separação, aderindo a ela quando esta já era irreversível. A inflexibilidade das Cortes e as agitações da Revolução Liberal de 1820 apressaram o processo.

O Brasil necessitava trazer soldados mercenários do exterior. O que nada tinha de extraordinário, países europeus vendiam mercenários a outros Estados já há muito tempo – na prática, até o século XIX, não havia exércitos nacionais, salvo raras exceções, os militares eram quase todos prestadores de serviço. O principado eleitoral de Hessen-Kassel, na Alemanha, por exemplo, havia vendido seus agricultores como soldados aos ingleses para engrossar as tropas do rei Jorge III, na luta contra a Independência dos Estados Unidos. Assim, por decreto imperial, em janeiro de 1823, foi criado o Regimento de Estrangeiros, que, após alterações sucessivas até 1825, era composto de quatro batalhões, dois de granadeiros e dois de caçadores.[32] Os batalhões de estrangeiros seriam a menina dos olhos da imigração alemã. Na visão de d. Pedro, era o que realmente lhe interessava: soldados.

Colonos brancos

O principal conselheiro de d. Pedro desde antes da independência, José Bonifácio de Andrada e Silva, acreditava que havia chegado a hora da abolição. "É tempo, pois, e mais que tempo, que acabemos com um tráfico tão bárbaro e carniceiro", declarou.[33] A abolição gradual da escravidão e a substituição de mão de obra escravizada pela livre serviriam para desenvolver o precário sistema econômico brasileiro, além de ajudar no "branqueamento" da população. O jornalista liberal, autor do Hino da Independência, Evaristo da Veiga, escrevendo para o *A Aurora Fluminense*, sentenciava "que cada novo escravo que entrava no país era mais um barril de pólvora acrescido na mina brasileira".[34] Com tantos escravizados, havia um medo crescente de uma rebelião e de que o país passasse por uma "africanização".

A insurreição de escravos em São Domingos, na América Central, que resultou na Independência do Haiti (1791-1804), a primeira república negra do mundo, serviu de advertência sobre as consequências da propagação das ideias revolucionárias de liberdade e igualdade nas sociedades escravistas. De fato, apesar de frequentes no início do século XIX, com o aumento das importações de africanos, a intensificação do trabalho e a divisão entre setores livres da população, houve considerável aumento no número de rebeliões de escravizados no Brasil. Em 1807, quilombolas fugitivos de Salvador e do Recôncavo Baiano atacaram Nazaré, nas proximidades da capital. Os rebeldes foram derrotados, mas a Bahia continuou sendo o palco principal das revoltas escravas. Pelo menos três delas tiveram lugar ali até a independência e foi ali também que ocorreu a maior rebelião escrava do país antes da Abolição. A Revolta dos Malês pôs em xeque as autoridades soteropolitanas em janeiro de 1835, quando uma força estimada entre quatrocentos e quinhentos escravizados africanos, adeptos do islamismo, lutou nas ruas de Salvador com tropas da cavalaria, das milícias e da artilharia brasileiras. Antes de serem derrotados, mais de setenta morreram. Salvador tinha nessa época aproximadamente 22 mil africanos que haviam sido escravizados.[35]

Mas quebrar o sistema sobre o qual o Brasil fora edificado desde séculos antes não era tarefa simples. Ao fugir de Portugal, em 1807, d. João VI optara pela manutenção da aliança com os ingleses e mesmo antes da chegada ao Rio fora obrigado, por exigência da Inglaterra, a abrir os portos brasileiros às "nações amigas". Era o preço pago pelo apoio. Mas a Carta Régia, assinada em Salvador, era apenas uma parte das exigências. Em 1810, depois de prolongadas negociações, d. Rodrigo de Souza Coutinho, o conde de Linhares, e lorde Strangford, plenipotenciários de d. João e do rei inglês Jorge III, assinaram o Tratado de Comércio e Navegação, seguido do Tratado de Aliança e Amizade.

A Inglaterra havia colocado Portugal de joelhos. Strangford escreveria mais tarde: "Eu garanti que a Inglaterra estabelecesse com o Brasil a relação de soberano e súdito, e exigisse obediência em troca de proteção".[36] O primeiro tratado garantia o direito dos súditos ingleses no Brasil, liberdade religiosa, permissões para comércio e varejo, e a valorização dos produtos ingleses, que passaram a ter uma taxa máxima *ad valorem* de 15%, contra 24% de outros países. Pelo tratado de Aliança e Amizade, d. João garantia a retirada da Inquisição do país, e o artigo 10 determinava a extinção gradual do tráfico negreiro até a proibição. D. João assinara um tratado que não podia cumprir, seria a ruína completa da já endividada e cambaleante economia portuguesa. Durante o Congresso de Viena, em 1815, Portugal formalizou novo tratado, banindo o tráfico negreiro ao Norte do Equador em troca de uma indenização financeira.

Ainda assim, cerca de 30 mil escravizados chegavam anualmente ao Brasil na década de 1820. Com a independência nada mudou, antes que o Brasil pusesse fim à escravidão infame, o que de fato ocorreu em 1888 após uma duríssima campanha abolicionista, uma lenta e gradual política de imigração procurou encontrar outro meio de produção, assentado em colônias agrárias e na mão de obra livre.

☙

A situação econômica do país nos anos seguintes ao Sete de Setembro era grave. Primeiro, porque não havia dinheiro em circulação no país, d. João VI havia raspado os cofres na volta da Corte a Lisboa. Segundo, porque precisando do reconhecimento da independência por parte de Portugal e dos demais países – principalmente os europeus – para manutenção do comércio internacional, o país estava sujeito a cair nas garras de um velho amigo da dinastia dos Bragança. Em agosto de 1825, d. Pedro concordou em pagar uma compensação de cerca de 2 milhões de libras esterlinas para que Lisboa reconhecesse a independência (dos quais 1,4 milhão pagaria uma antiga dívida portuguesa com a Inglaterra e outras 600 mil libras serviriam como indenização das "propriedades" perdidas pelo rei português).[37] Dessa forma, o Brasil teve que expulsar tropas portuguesas do país, arcar com os distúrbios causados pelos enfrentamentos desde 1822 e, mais tarde, pagar uma indenização a Portugal. Não foi por menos que Oliveira Lima classificou a independência brasileira como mais uma "alta comédia", recorrendo à linguagem teatral francesa, do que um drama clássico.

A proximidade de d. Pedro com o núcleo de burocratas e parasitas portugueses que haviam decidido permanecer no país mesmo depois da independência e as questões não resolvidas quanto à sucessão do trono português reforçaram a ideia, no Brasil, de que o imperador mantinha os pés no país e a cabeça em Portugal. Não estavam errados. Mesmo quinze dias após ter declarado o Brasil independente, d. Pedro escrevia ao pai ainda como Príncipe Regente do Reino do Brasil e declarando-se "súdito de Vossa Majestade". Era uma carta de revolta, mas não contra o pai ou Portugal, e sim contra as "odiosas Cortes". Foi lutando contra elas, como escravo de seu temperamento e de suas paixões, que d. Pedro libertou-se de Portugal no Ipiranga. Queria mostrar a Lisboa – que o havia chamado de "desgraçado e miserável rapazinho" – quem era ele. "Hão de conhecer melhor o rapazinho", escreveu.[38] D. Pedro foi aclamado imperador do Brasil no dia 12 de outubro, seu aniversário de 24 anos. Escolheu para a coroação o 1º de dezembro. Nada mais significativo, pois era a data em que a Casa de Bragança chegara ao trono português, em 1640.

O tabuleiro de xadrez 3

Novembro de 1620, costa leste norte-americana. Depois de mais de dois meses de tormentos no mar, o *Mayflower* aportou no Cabo Cod. Os pouco mais de cem passageiros puritanos que haviam viajado na pequena embarcação inglesa de 32 metros de comprimento foram os responsáveis pela fundação de Plymouth. Não era a primeira vez que os ingleses tentavam se estabelecer na América. Diferentemente do que ocorrera treze anos antes, algumas centenas de quilômetros mais ao Sul, quando um grupo de exploradores liderados por John Smith havia fundado Jamestown, na Virgínia, a maioria dos colonos do *Mayflower* havia deixado a Inglaterra por motivos religiosos. Nem todos eram ingleses, alguns colonos eram de Leiden, a cidade de Rembrandt, na Holanda.

Após serem superadas as dificuldades iniciais, quando no primeiro inverno metade dos colonos morreu de frio e fome, o assentamento prosperou com a ajuda dos nativos e o plantio de milho. A festa de agradecimento pela primeira colheita de sucesso realizada pelos peregrinos de Plymouth deu origem a um dos mais tradicionais feriados estadunidenses, o dia de Ação de Graças. Depois dos núcleos iniciais na Virgínia e em Massachusetts, e a consolidação de novas colônias no século XVII, a emigração inglesa para a América do Norte aumentou consideravelmente no século seguinte.

Terra de emigrantes

Uma Europa devastada por duas grandes guerras, a Guerra dos Trinta Anos (1618-48) e a Guerra dos Sete Anos (1756-63), assistiu uma grande onda emigratória, principalmente das regiões de língua alemã e de fé protestante. Muitos foram amparados pelas inúmeras companhias criadas com o objetivo de levar os colonos interessados nas novas oportunidades que o Novo Mundo oferecia. A subida de Jorge I, da Casa de Hanôver, ao trono inglês, em 1714, facilitaria o empreendimento para os germânicos. Na década de 1750, uma média de 5.600 imigrantes alemães chegava à Filadélfia anualmente. Depois de 1820, o número de teutos que desembarcava na costa leste norte-americana nunca foi inferior a 100 mil por decênio, ajudando os Estados Unidos a passar de 6 milhões de habitantes para 25 milhões em apenas cinquenta anos.[39] A Inglaterra também enviaria para a América um número considerável de soldados germânicos. Na luta contra os colonos revolucionários norte-americanos, cerca de 30 mil mercenários de origem alemã, a maioria de Hessen-Kassel, desembarcaram na colônia. Destes, pouco mais de 17 mil regressaram para a pátria, o restante ou morreu nos campos de batalha ou se juntou aos colonos.

A França, inimiga da Inglaterra de longa data, também enviou para América do Norte considerável número de soldados, mas pela causa contrária. Cerca de 6 mil soldados foram enviados, em 1781, para engrossar as tropas de Washington. Cerca de 2 mil desses soldados eram alemães do Palatinado, do Sarre e da Alsácia e Lorena. O *Régiment Royal Allemand de Deux Ponts* era, inclusive, comandado pelo coronel e príncipe alemão Christian von Zweibrücken-Birkenfeld. O mais curioso e inusitado nessa guerra, travada em solo norte-americano, foi o encontro funesto ocorrido em Yorktown, em 17 de outubro de 1783, na vitória final dos rebeldes: regimentos de alemães combatiam por ambos os lados.[40] Inicialmente usados como soldados, a grande maioria se juntou aos colonos e deu início a uma nova vida, estabelecendo-se em fazendas como agricultores, fazendeiros ou artesãos.

Enquanto um grupo emigrava para o Oeste e para fora do continente europeu, outro seguia caminho contrário, para o Leste. Em 1766, sob o patrocínio da tsarina Catarina II, a Grande, nascida em Stettin (hoje Szczecin) como princesa de Anhalt-Zerbst, um grande número de famílias alemãs, especialmente da região de Hessen, emigrou para as estepes russas, na região do rio Volga. Entre fevereiro e julho daquele ano não menos do que 375 casamentos ocorreram em Büdingen, no principado de Ysenburg-Büdingen, coração da Alemanha moderna.[41] Eram todos jovens casais destinados a assentamentos na Rússia. A tsarina concedeu a esses emigrantes um grande número de terras, além da isenção de impostos e autonomia cultural e comunal. Estima-se que cerca de 100 mil alemães tenham povoado terras ao longo do Volga e arredores de São Petersburgo.[42] O tsar Alexandre I continuou o programa de Catarina, enviando alemães para o Cáucaso e para a Crimeia. Até o começo da Revolução Bolchevique, em 1917, a Rússia tinha 3.300 aldeias tipicamente germânicas.[43]

Alemães

A Alemanha só se tornou a Alemanha como conhecida hoje, com suas fronteiras mais ou menos definidas, em 1871, ano em que o Chanceler de Ferro, Otto von Bismarck, conseguiu reunir sob a mesma Coroa, a de Guilherme I da Prússia, os muitos países de língua comum – com exceção da Áustria, a poderosa rival da Prússia. Língua comum que era, segundo uma definição muito usada, "a expressão de uma nação que não tinha Estado".[44] Não existia, antes disso, um Estado alemão baseado em uma Constituição. Sequer havia o conceito político-jurídico de cidadania. Oliveira Lima, que além de autor de uma das mais importantes obras da historiografia brasileira sobre o período joanino foi embaixador do Brasil na Alemanha, escreveu que "a Alemanha parecia um tabuleiro de xadrez jogado por loucos".[45] O historiador Carlos Henrique Hunsche referia-se sempre à divisão territorial alemã como uma "multicolorida colcha de retalhos".[46] Goethe disse certa vez, resumindo para um amigo a complexidade da política alemã, que não havia uma cidade, nem mesmo uma região da qual se pudesse dizer: "Esta é a Alemanha!" Segundo ele, perguntando pela Alemanha em Viena, se ouviria: "Aqui é a Áustria!" Por outro lado, perguntando por ela em Berlim, se diria: "Aqui é a Prússia!"[47] A própria Assembleia Nacional, reunida em Frankfurt, em 1848, se viu diante de duas perguntas fundamentais e desconcertantes: Quem é alemão? E onde está a Alemanha? Na opinião do historiador inglês Martin Kitchen, a unidade linguística e cultural era abstrata, humanista, cosmopolita, filosoficamente refinada, mas completamente apolítica. Desse modo, embora o termo "Alemanha" apareça em muitas cartas de colonos e soldados, o alemão que chegou ao Brasil no início do século XIX tem pouco a ver com aquele que chegou após a década de 1870, quanto à identidade política e ao senso comum do Estado-nação. O historiador alemão Frederik Schulz definiu "o imigrante alemão" como "um personagem fictício": "Debaixo desse rótulo havia grande variedade de origens, identidades e culturas".[48]

A luta contra o domínio napoleônico e o movimento romântico, no início do século XIX, foram os responsáveis pela idealização e a busca por uma nação alemã unificada, ideia que percorreu todo aquele século – os filósofos Johann Gottlieb Fichte, autor de *Discursos à Nação Alemã*, e Johann Gottfried von Herder são considerados os precursores do nacionalismo alemão. Depois de 1871, a Alemanha voltou suas atenções para os que haviam ficado de fora da comunidade política recém-criada – principalmente os que residiam nas proximidades da nova fronteira, como os habitantes da Boêmia e da Morávia, que haviam permanecido dentro da influência austríaca. Dentro dessa visão, para os alemães, tanto na Europa quanto fora dela, era possível pertencer à "comunidade alemã" (à germanidade, o *Deutschtum*) e, simultaneamente, pertencer a outro Estado, sem embaraços. Fora da Europa, o germanismo defendia a manutenção da pureza étnica e a identidade cultural dos alemães e de seus descendentes – a valorização da endogamia étnica (e aversão a casamentos interétnicos), a manutenção da língua e do cultivo de costumes tidos como germânicos eram estimulados por meio da educação informal em diversas instituições culturais e folclóricas. A própria nacionalidade era determinada pelo *jus sanguinis*, pelo sangue. Assim, os colonos descendentes de alemães continuariam a ser, de acordo com essa visão, alemães e também brasileiros, e isso não constituiria problema algum. No período pós-Segunda Guerra Mundial, a Alemanha (Ocidental) ainda definia a nacionalidade com o *jus sanguinis* e não pelo *jus soli*, o lugar de nascimento. Eram alemães os que tinham pais ou ancestrais alemães e não simplesmente quem nascia no país. Depois da Reunificação, isso ainda era algo sensível e amplamente debatido quando da mudança nas leis de cidadania em 1999.[49]

Apesar de as fronteiras serem mais ou menos parecidas com as de hoje, principalmente a região ocidental, a Alemanha do início do século XIX era composta por mais de uma centena de Estados independentes dos mais diferentes tamanhos, reunidos sob a Coroa de uma instituição que não era homogênea e nem de longe lembrava um Estado nacional livre, como a França ou Portugal. "Um Império decrépito, formado por centenas de insignificantes principados, cidades livres e Estados eclesiásticos e aristocráticos, que desde 1512 ostentara o impressionante título de Sacro Império Romano-Germânico", definiu Kitchen.[50] Criado como herdeiro do Império Romano, o Sacro Império era basicamente uma monarquia eletiva, em que a alta nobreza, composta por duques, príncipes e reis, elegia o imperador, que não era autoridade incontestável, salvo se amparado por alianças políticas e um exército forte. Com a dinastia Habsburgo no poder, a partir do século XV, a Coroa do

Sacro Império passou a ser hereditária e a chave central da política de alianças das monarquias europeias. Com a Revolução Francesa, em 1789, a ordem social, estruturada na Idade Média, passou a ser ameaçada. Na França, a burguesia conseguiu eliminar a ordem feudal reinante, conseguindo impor a separação dos poderes, o respeito aos direitos humanos e a liberdade e igualdade entre os cidadãos. Com o fracasso da Prússia e da Áustria, na tentativa de intervir no movimento revolucionário do país vizinho, que derrubara a monarquia e havia guilhotinado os reis franceses (a rainha Maria Antonieta era austríaca de nascimento e tia do imperador Francisco I) e a expansão militar desencadeada pela França napoleônica, a existência do Sacro Império estava ameaçada, como a de todas as monarquias europeias.

Em 1806, o imperador Francisco II, que também era, desde dois anos antes, o imperador da Áustria como Francisco I, foi obrigado a abdicar do título imperial e entregar a Napoleão a espada e o Evangelho que foram de Carlos Magno, esfacelando a fragmentada unidade política do Sacro Império. A política de expansão da França revolucionária atingiu primeiro os Estados do sudoeste da Alemanha, região fronteiriça, no lado esquerdo do rio Reno. Em 1792, essa região passou à jurisdição francesa e a compor a *Grande Nation*. Em 1803, o mapa da Alemanha foi redesenhado por uma delegação imperial sob orientação franco-russa e mais de 3 milhões de alemães receberam novas identidades. Poucos anos depois, em 1806, com o Sacro Império dissolvido, os Estados do Sul e do Centro da Alemanha aliaram-se a Napoleão e formaram o *Rheinbund*, a Confederação do Reno, uma espécie de Estado-satélite francês.

Da Confederação do Reno faziam parte os reinos da Baviera, de Württemberg, da Vestfália e da Saxônia, além dos grão-ducados de Hessen-Darmstadt, de Würzburg, de Baden, de Berg, do Mecklenburg-Schwerin e Mecklenburg-Strelitz, e alguns principados entre outros Estados menores. Napoleão era a Confederação.

Ele nomeou rei da Baviera Maximiliano José, que em troca cedeu à França seus territórios na margem esquerda do Reno. Estes foram incorporados ao Estado francês como departamentos. Nessa área, de onde depois partiria a maioria dos emigrantes alemães para o Brasil, a língua oficial passou a ser o francês, usada tanto na administração política como na esfera social. A Confederação passou a ser presidida por Karl Theodor von Dalberg, príncipe arcebispo de Mainz, depois grão-duque de Frankfurt, que também era filósofo e escritor com muitos títulos e cargos ocupados dentro do Sacro Império. Como a Confederação era um Estado-satélite do grande Império de Napoleão, Von Dalberg evitou usar o termo alemão e ficou conhecido por nacionalistas como o "traidor do Reno".

A política de recompensas territoriais usada por Napoleão para agradar seus aliados no Reno permitiu à Baviera católica absorver um grande número de protestantes, assim como Baden, que era protestante, adquirir uma grande população católica. (Nesse período, tanto na Baviera como em Württemberg, as peregrinações e demonstrações de superstição e fanatismo foram proibidas.) Para alguns Estados de maioria católica, a união com a França de Napoleão garantiu também, por certo tempo, que permanecessem livres do julgo luterano. Algumas famílias de forte tradição católica decidiram emigrar quando seu território natal foi cedido à Prússia dos Hohenzollern luteranos.

Apesar do avanço em políticas liberais, que fortaleceram a burguesia e cortaram antigos privilégios, o custo da aliança com a França foi alto. Com as campanhas militares de Napoleão chegando à longínqua Rússia, os Estados que faziam parte da Confederação foram obrigados a fornecer tropas ao imperador francês, além das colheitas, gado, cavalos e armas. Dos 600 mil homens da *Grande Armée* que marcharam contra Moscou em 1812, cerca de um terço eram alemães.

Após duas décadas de guerras e sete coalizões, Inglaterra, Áustria, Rússia e Prússia reuniram-se na capital austríaca entre novembro de 1814 e junho de 1815 para definir os rumos de uma nova Europa sem a influência do imperador francês. E assinaram o ato final do Congresso de Viena antes mesmo que o duque de Wellington e o marechal Gebhard Leberecht von Blücher derrotassem Napoleão em Waterloo. A própria França participou das negociações do congresso, representada por Talleyrand (que se tornara inimigo de Napoleão, após ser humilhado pelo imperador, que o chamara de "excremento em uma meia de seda"). Portugal também esteve presente, representado por três ministros e dois diplomatas, mesmo que sem o poder e a importância dos demais participantes.

A Confederação Alemã

Preocupados em evitar que um novo "usurpador" como Napoleão pudesse sacudir e desestabilizar o Velho Continente, as grandes potências delinearam o mapa político europeu, com base nos princípios da legitimidade, restauração e equilíbrio. Instituiu-se para a região central da Europa uma confederação, que substituiria o antigo Sacro Império Romano da Nação Alemã e reuniria inicialmente 39 Estados de língua alemã: o *Deutsche Bund*, a Confederação ou Liga Alemã.

Da Confederação Alemã faziam parte a Áustria, como presidente da instituição (o maior e até então mais poderoso Estado de língua alemã na Europa), os reinos da Prússia, da Baviera, de Württemberg, da Saxônia e de Hanôver (cujo rei, por questões dinásticas, também reinava sobre a Grã-Bretanha e Irlanda). Áustria e Prússia, no entanto, não faziam parte da Confederação com todos os seus territórios. A Áustria deixava de fora os territórios poloneses, húngaros e italianos, e a Prússia excluíra a Prússia Oriental e a Posnânia, habitada por poloneses. Compunham a Confederação ainda os grão-ducados de Mecklenburg-Schwerin e Strelitz, Oldenburg, Hessen-Darmstadt, Saxe-Weimar, Baden e Luxemburgo – este unido à Coroa dos Países Baixos. O eleitorado de Hessen-Kassel; os ducados de Brunswick, Hessen-Nassau, Anhalt-Dessau, Köthen e Bernburg, Saxe-Coburg e Gotha, Meiningen, Hildburghausen e o Holstein (unido à Coroa da Dinamarca). Existiam ainda as quatro cidades livres, ou hanseáticas, de Frankfurt do Meno, Bremen, Hamburgo e Lübeck, e vários pequenos principados que estavam quase todos localizados na atual Turíngia.

Em sua maioria eram países com dialetos próprios, leis e peculiaridades culturais diferentes. A Confederação ainda estava longe de alcançar o objetivo de formação de um Estado nacional alemão. Não conseguiu resolver os problemas econômicos, tampouco criar uma moeda comum. O único órgão, o *Bundestag*, uma direita reunida em Frankfurt, não era formado por um parlamento eleito, mas por delegados dos diversos membros, sujeitos à vontade e aos interesses da Prússia e da Áustria. Essa disputa entre os dois grandes Estados de língua alemã se encerraria apenas em 1866, quando, derrotada nos campos de batalha, a Áustria deixou definitivamente o cenário político alemão e abriu o caminho para que a Prússia reunisse ao seu redor os Estados que formariam o Império alemão cinco anos mais tarde.

De sua parte, a Áustria criou um Império composto de um vasto território habitado por alemães e diversos grupos étnicos eslavos. Quando o Império austríaco caiu, em 1918, o antigo território fragmentou-se em diversos países; hoje compreenderia territórios da Áustria, Hungria, República Checa, Eslováquia, Eslovênia, Croácia, Bósnia e Herzegovina e regiões da Sérvia, Montenegro, Itália, Romênia, Polônia e Ucrânia.

Enquanto Napoleão era levado prisioneiro à ilha de Santa Helena para seu exílio final, a Prússia se apossou de boa parte da região alemã que esteve sob administração francesa e hoje compreende os Estados alemães da Renânia-Palatinado e do Sarre. A outra parte foi ocupada pelo reino da Baviera e pelo grão-ducado de

Hessen-Darmstadt, que estendeu seu território para o outro lado do Reno. A Prússia passou a denominar como Província Prussiana do Reno todo o lado esquerdo deste grande rio e estabeleceu quatro Estados autônomos na região, os principados de Birkenfeld e Lichtenberg, o grão-bailio de Meisenheim e o landgraviado de Hessen-Homburg. Em um quarto de século, a população dessa região alemã havia mudado três vezes de nacionalidade.

Ainda sem um Estado nacional com leis orgânicas comuns a toda a nação, os países alemães independentes entre si adotavam leis próprias de acordo com a cultura local. Assim, cada um desses países tinha um posicionamento diferente quanto aos direitos de seus cidadãos. Poucos reconheciam o direito de ir e vir, a liberdade de escolher onde se estabelecer sem a necessidade da permissão do governante, ou seja, havia uma política feudal estruturada no período medieval.

No começo da década de 1820, somente quatro países alemães reconheciam esse direito: os reinos de Baden, de Württemberg e a Prússia e o grão-ducado de Hessen-Darmstadt, que havia reconhecido isso na mesma época em que formulara sua primeira Constituição. Ainda assim, as questões jurídicas da Confederação eram um entrave administrativo. Quando o grão-duque Ludwig I resolveu derrubar as reformas francesas realizadas à época do *Rheinbund* e o povo se revoltou, o *Bundestag* não tomou nenhuma providência.

A população total da Confederação Alemã, em 1816, era de pouco mais de 30 milhões, incluindo os mais de 9 milhões de austríacos. A Prússia tinha cerca de 8 milhões de habitantes e a Baviera, 3,5 milhões, incluindo os habitantes do Palatinado, na margem esquerda do Reno. Os países pequenos tinham uma população entre 200 mil e 1,5 milhão. Os menores, a maioria dos principados, entre 5 mil e 50 mil habitantes. O Hessen-Darmstadt, de onde vieram os primeiros imigrantes para Nova Friburgo e a grande maioria dos colonos de São Leopoldo nos anos de 1824-25, tinha pouco mais de 620 mil habitantes.[51] Seis anos depois, a Áustria tinha aumentado sua população em quase 1 milhão de habitantes e o Hessen-Darmstadt, em mais de 30 mil. Além da explosão demográfica que a Alemanha viveu no século XIX, o que possibilitou e influenciou o processo emigratório, as modificações territoriais frequentes também influenciavam os números extraídos dos censos realizados na época. Era política comum neste período pós-1815 os acordos indenizatórios por habitantes. A Prússia, por exemplo, de acordo com as determinações do Congresso de Viena, foi obrigada a indenizar alguns Estados da região renana em 69 mil "almas", o que significava ceder porções de território onde essas "almas" estavam assentadas. O destino das populações, uma constante não apenas na história alemã, estava na mesa de negociação e muito longe de atender seus interesses enquanto cidadãos. "Com que coração se poderá separar esta gente dos seus conterrâneos?",[52] questionou o grão-duque de Oldenburg, obviamente também interessado em algo mais proveitoso para si do que pessoas que não faziam parte historicamente de seus domínios. Apesar do território do grão-ducado estar localizado no Norte da Alemanha, a partilha de 1815 concedeu a Peter Friedrich Ludwig um pequeno território no Reno, a mais de quinhentos quilômetros de distância.

Divididos, sem uma unidade política que assegurasse os mesmos direitos civis conquistados pelos vizinhos franceses, trocados como mercadoria por seus governantes, que pouco ou nada tinham em comum com eles, às vezes, como no caso dos Estados renanos, governados por senhores distantes, restou a uma parcela da população alemã emigrar para a América. Somente entre 1820-49 mais de meio milhão de alemães emigrariam para os Estados Unidos.[53] A partir de 1824, uma pequena parcela dessa população emigrante irá se dirigir para o Brasil.

O príncipe português e a arquiduquesa austríaca 4

O alferes Carl Seidler, que serviu no Exército imperial e viveu uma década no Brasil, cronista de muitos acontecimentos daquela época, escreveu que o casamento de d. Pedro e d. Leopoldina era a união de dois mundos heterogêneos, "fantasia e diuturna realidade, Eldorado e Alemanha".[54] Embora a união entre um Bragança e uma Habsburgo houvesse ocorrido anteriormente, de fato, o casamento entre o então príncipe português e a arquiduquesa austríaca não era só um acordo entre duas casas reais estranhas em sua língua e cultura, como os personagens também eram como dois polos opostos. D. Pedro e d. Leopoldina tinham pouco em comum além da nobreza e o gosto pela música. Ainda assim, a união do casal, que em breve se tornaria dirigente do Brasil, deixou marcas profundas no país. A mais visível delas, talvez, seja o próprio símbolo nacional. Não obstante o decreto de criação da bandeira faça alusão à primavera e ao ouro brasileiro, seu real significado era outro: o verde era a cor da Casa Real portuguesa, o amarelo, da austríaca.

A arquiduquesa

A arquiduquesa Leopoldine Caroline Josepha von Habsburg-Lothringen – ou como usual em português, Leopoldina Carolina Josefa de Habsburgo-Lorena – nasceu em Viena, em 22 de janeiro de 1797. Só mais tarde, já no Brasil, ela adotaria o prenome Maria, tradicionalmente dado às infantas na monarquia portuguesa, passando a assinar Maria Leopoldina. Era a quinta filha do imperador do Sacro Império Romano da Nação Alemã Francisco II e de Maria Teresa da Sicília (depois de 1804, Francisco II seria também Francisco I da Áustria). A mãe de Leopoldina era a segunda esposa do imperador, e com ele teve doze filhos, dos quais cinco morreram ainda na infância. Os Habsburgos eram a mais importante família real da Europa, governavam o Sacro Império desde o fim do século XV e haviam conseguido fazer correr seu sangue nas veias de quase todas as monarquias europeias – mesmo depois das dificuldades enfrentadas pela bisavó de d. Leopoldina, d. Maria Teresa, que forçada pelas circunstâncias obrigara a dinastia a ser partilhada por seu casamento com o duque de Lorena.

O ano de 1797, no entanto, não foi dos melhores para o pai de Leopoldina. Naquele início de ano, Francisco II conseguiu um armistício em Leoben com o Exército francês às portas de Viena. Em abril, um acordo com Napoleão em Campoformio selou a paz, mas o general Bonaparte voltaria a assombrar a Áustria nos anos seguintes e a família real seria obrigada a deixar mais de uma vez a segurança dos castelos de Schönbrunn e de Laxenburg. Os Habsburgos viveram maus momentos durante a infância de Leopoldina e o casamento de sua irmã mais velha, Maria Luísa, com Napoleão (o "anticristo" ou o "grande monstro", como a mãe da futura imperatriz brasileira se referia ao imperador francês). A união foi o grande ultraje vivido pela casa reinante mais poderosa da Europa.

Criada na capital austríaca, centro cultural do mundo da época, Leopoldina desfrutou de excelente educação, dividindo seus dias entre aulas com professores particulares, refeições formais, passeios, exercícios de leitura, encontros com membros da família, visitas a museus, teatros e exposições, recepções a visitantes e representantes estrangeiros. Além das ciências naturais, adorava Física, Geometria, Numismática e a Filologia. Na literatura, admirava Goethe, o grande poeta alemão que ela conheceu pessoalmente em uma visita a Karlsbad, em 1810. Suas cartas ao pai, familiares e amigos revelam que desde a adolescência Leopoldina era dotada de uma cultura ímpar. Chegou a aprender nove línguas, coisa pouco comum, mesmo para a nobreza. Além do alemão, falava e escrevia em francês, latim, inglês, italiano, boêmio, húngaro, espanhol e português. A amiga inglesa Maria Graham, que a conheceu já no Brasil, escreveu em seu diário do "prazer em encontrar uma mulher tão bem cultivada e bem-educada, sob todos os pontos de vista uma mulher amável e respeitável".[55]

Entusiasmada e apaixonada, assim como muitos de seus conterrâneos, pelo Brasil exótico que se oferecera como sua nova pátria, antes da viagem para a América, aprendeu rapidamente o português e informou-se sobre a história, a geografia e a economia do país. Trouxe consigo uma comitiva, a Missão Austríaca, constituída principalmente por pesquisadores, cientistas, peritos e artistas bávaros e austríacos, que exerceriam influência fundamental na formação intelectual da jovem nação brasileira. "Mulher absolutamente superior, sob todos os aspectos", escreveu, já no século XX, o ensaísta Afonso d'Escragnolle Taunay, filho do visconde de Taunay.

A imperatriz sofria quando o assunto era a aparência. A opinião vinda de alguns de seus contemporâneos era que chegava mesmo a ser desleixada. O mercenário Theodor Bösche, que era sargento no Terceiro Batalhão de Granadeiros, aquartelado na Praia Vermelha, descrevendo a recepção dada pela imperatriz em sua chegada ao Rio de Janeiro, no navio *Wilhelmine*, em 1825, escreveu que "reconhecia-se, logo à primeira vista, uma Habsburgo. Os cabelos louros e olhos azuis denunciavam-lhe a origem germânica".[56] Mas a falta de beleza e elegância de d. Leopoldina, que preferia os estudos, livros e sua coleção de minerais mais do que qualquer outra coisa, não passaram despercebidos por seu conterrâneo: "O traje mais parecia de um homem do que de uma mulher. Um chapéu redondo de homem, polainas, uma túnica, e por cima um vestido de amazona. Completavam o seu costume botas de montar pesadas e maciças esporas de prata, que tiravam-lhe toda graça e atrativos, pelos quais uma mulher domina e se torna irresistível".[57] O tenente da Guarda Real de Berlim, Theodor von Leithold, no Brasil em 1819, ironiza, "sempre com seu chapéu redondo de homem".[58] Detalhe notado pelo tenente Julius Mansfeldt, veterano da batalha de Waterloo, no Brasil em 1826: "um simples chapéu de palha". "Essa bizarra combinação de trajes tão diversos não poderia produzir um conjunto agradável", concluiu outro observador.[59] A baronesa Montet, testemunha ocular do casamento em Viena, escreveu que a futura imperatriz "realmente não poderia ser chamada de bonita. Era baixa, tinha o rosto muito pálido e cabelos loiros desbotados. Graça e postura também não lhe eram próprias, porque sempre teve aversão a corpete e cinta. Além disso, tinha os lábios bem salientes dos Habsburgos; é verdade que tinha os olhos azuis muito belos".[60] O alemão Ernst Ebel, em viagem ao Brasil, em 1824, repete a descrição, "a imperatriz é antes pequena, pouco bonita e seu olhar por vezes duro, quase mal-humorado, não irradia simpatia".[61] Um dos muitos biógrafos de d. Pedro não lhe poupou críticas, "o que lhe sobraria em dotes morais faltaria em *sex appeal*".[62] "Vermelhona, mal feita de corpo, desgraciosa e infelizmente alheia, por completo, às coisas da faceirice", sentenciou d'Escragnolle Taunay.[63]

Provavelmente Leopoldina não era um exemplo de beleza – embora as pinturas da época, em geral, contradigam essa informação. Em cartas à sua grande confidente, a irmã Maria Luísa, ex-esposa de Napoleão, Leopoldina deixa transparecer toda sua insegurança quanto ao corpo e à sensualidade. E para d. Rodrigo Navarro Andrade, a quem escreve pouco depois da chegada ao Brasil, revela que acabou "engordando bastante" desde Livorno.[64] Curiosamente, a exumação de seus restos mortais, realizada sob coordenação da arqueóloga Valdirene do Carmo Ambiel, em 2012, revelou que, apesar de Leopoldina ter uma estatura baixa para os padrões da época, não poderia ter sido tão gorda quanto apontam os cronistas – Leopoldina teria no máximo 1,60 metro de altura, pouco abaixo do padrão europeu que, em geral, chegava a 1,64 metro. A estrutura óssea indicou traços delicados. "O natural dela era ser magra", observou Ambiel. "Não podemos afirmar se era obesa ou não. Mas, pela ossatura, o normal seria que fosse uma pessoa esguia."[65] O fato de ter passado a maior parte do tempo grávida, durante os nove anos em que viveu no Brasil, possivelmente contribuiu para que fosse retratada sempre como uma mulher gorda. Leopoldina gerou seis filhos e teve três abortos. Além disso, ela não usava espartilhos ou coletes, nunca se acostumou com o calor do Rio de Janeiro e o inchaço que isso lhe causava é outro fator que explicaria sua gordura, notada por contemporâneos. O inchaço das pernas e de outras partes do corpo, de que eram acometidos os estrangeiros, era coisa comum nos relatos da época.

Uma coisa é certa, se, de fato, ela ascendeu aos céus como querem alguns, a imperatriz passou antes pelo purgatório. A Corte portuguesa era bem diferente da austríaca, fazendo, inclusive, com que Leopoldina, em várias cartas para sua terra natal, relatasse as esquisitices e a imensa dificuldade que tinha para adaptar-se aos modos pouco comuns dos portugueses. Os vestidos que havia trazido de Viena não eram apropriados ao Brasil e permaneceram guardados nas malas de viagem. O que explicaria, em parte, os trajes considerados pouco elegantes. O diplomata prussiano Von Flemming, que chegou ao Rio em 1817, achou que, com exceção das Cortes asiáticas, não poderia haver Corte com "originalidade tão estranha" quanto a portuguesa.[66] Graham, tutora de seus filhos, certa vez foi recebida por d. Pedro "de chinelos sem meias, calças e casaco de algodão listrado e um chapéu de palha forrado e amarrado com uma fita verde".[67] Inteiramente submissa às vontades do marido, até o uso dos talheres nas refeições d. Leopoldina precisou deixar para melhor se adaptar aos modos da nova família e não ser motivo de chacota da Corte.[68]

Após anos de Brasil, d. Leopoldina passou por uma grande transformação. De frágil e submissa às exigências e obrigações que se esperava das mulheres do século XIX à mulher que, após as desilusões com o marido e com o Brasil, "um país onde tudo é dirigido pela vilania", tornou-se importante nas decisões políticas que levariam o país à independência.[69] As cartas que antecedem esse período importante mostram o quanto ela achava d. Pedro despreparado para governar e decidir o futuro da nação. "O príncipe está decidido, mas não tanto quanto eu desejaria", escreveu ela para Schaeffer, em janeiro de 1822.[70]

Como alemã, ou uma estrangeira, ela tinha tomado para si os sentimentos do povo brasileiro mais do que o marido português. Foi ela, na função de regente enquanto o esposo estava em viagem a São Paulo, que no dia 2 de setembro de 1822, reunida com o Conselho de Estado, assinou uma recomendação para que d. Pedro separasse o Brasil de Portugal. "O pomo está maduro, colhei-o já, senão apodrece", escreveu ao marido. Somente cinco dias mais tarde, avisado da situação no Rio de Janeiro, é que o príncipe finalmente proclamou a independência. Não é por menos que ela merece o título de "Matriarca da Independência".

O príncipe

D. Pedro I era de tudo um pouco, mas bem diferente da esposa. Impulsivo, hiperativo, volúvel, contraditório, era capaz de grandes gestos de generosidade e ao mesmo tempo de atitudes despóticas. Sempre "um escravo cego de suas paixões", escreveu o mercenário Seidler.[71] "Jovem atlético, que escalava os morros no Rio de Janeiro, nadava nu na praia de Botafogo e na Ilha do Governador e esgotava seus cavalos em passeios de um dia inteiro" – escreveu Paulo Rezzutti, seu mais recente biógrafo – "parecia querer viver tudo o que podia a um só tempo".[72]

Uma das figuras mais retratadas da História brasileira foi, na definição do jornalista Laurentino Gomes, "um meteoro que cruzou os céus da História numa noite turbulenta".[73] Filho de d. João e d. Carlota Joaquina de Bourbon, uma espanhola de sangue quente e personalidade forte, d. Pedro nasceu em 12 de outubro de 1798, no palácio de Queluz, ao Norte de Lisboa. Como mandava a tradição lusa, tinha um nome extenso: d. Pedro de Alcântara Francisco Antônio João Carlos Xavier de Paula Miguel Rafael Joaquim José Gonzaga Pascoal Cipriano Serafim de Bragança e Bourbon. Tal como o pai, d. Pedro não era o primogênito da família. Entre os Bragança o primogênito nunca assumia o trono desde que um frade franciscano levou um pontapé após pedir esmola ao então duque de Bragança. O duque se transformaria em d. João IV, o "rei libertador" que assumiu o trono português em 1640 após seis décadas de União Ibérica (os portugueses preferem se referir à união como "Dominação Filipina" ou "Dominação Habsburgo"). E daí em diante nunca mais o primogênito da dinastia vingaria. Era uma maldição. Assim, com a morte do irmão mais velho, em 1801, d. Pedro passou a ser o herdeiro do trono.

Embora tenha se dedicado à música e demonstrado talento em diversos instrumentos, sua educação de modo geral foi precária para dizer o mínimo. Em questões políticas e diplomáticas foi sofrível. "É certo que sua educação foi muito descurada e lhe faltam conhecimentos científicos, mas parece que ele se dá conta dessa falha e faz o possível por superá-la", escreveu Ebel.[74] O príncipe da Beira foi educado no Brasil, para onde veio aos dez anos, motivo que talvez explique a falta de polidez de sua personalidade – ao menos no que se poderia esperar de um monarca. Apesar dos esforços de seus preceptores, d. Pedro era indisciplinado e a Corte de d. João "era ignorante, grosseira e mais do que corrompida".[75] O Brasil de modo geral tinha pouco ou nada a oferecer culturalmente ao jovem d. Pedro; não existiam teatros, museus ou bibliotecas – havia um teatro recém-construído e a biblioteca fora trazida com a família real portuguesa, em 1808.

Sem esses "atrativos", d. Pedro encontrou outros. Adorava noitadas, farras e mulheres. Seu grande amigo e secretário particular, Francisco Gomes da Silva, o Chalaça, era dono de várias casas noturnas no Rio de Janeiro. Como sugeriu um historiador, é muito provável que sua iniciação sexual tenha começado cedo, antes dos catorze anos, em algum "terreiro entre as casas dos escravos". Para Tarquínio de Sousa, um de seus muitos biógrafos, d. Pedro tinha uma "insaciável fome de mulheres".[76] Era, por isso, frequentador assíduo dos bordéis da cidade e constantemente visto com "lacaios e criados", adotando desde cedo "sua gíria grosseira e obscena".[77] "Entregue totalmente à satisfação de desejos libertinos", escreveu Flemming.[78]

O engenheiro militar Carl Schlichthorst assim descreveu a fama do imperador: "As mais lindas mulheres aspiram ao seu afeto e dizem que raramente ele deixa alguma padecer sem ser atendida. A verdade é que d. Pedro não é muito delicado em sua escolha, nem pródigo em recompensar o gozo recebido. Várias francesas da rua do Ouvidor, o *Palais Royal* do Rio de Janeiro, têm essa experiência".[79] Um número tão grande de aventuras só poderia resultar em inúmeros bastardos: "na cidade e nas províncias, muitas crianças reclamam a honra de ter sangue real", escreveu Schlichthorst. Além dos sete filhos nascidos de seus dois casamentos, pelo menos mais treze são conhecidos, incluindo os quatro com a marquesa de Santos e um que teve com a freira Ana Augusta Peregrino Faleiro Toste, do convento da Esperança, nos Açores.

Bösche assim o descreveu: "Se bem que não fosse bonito, era simpático e bem feito de corpo. Cabelos pretos e anelados cobriam-lhe a fronte; os olhos eram pretos, brilhantes e muito móveis, o nariz aquilino, a boca regular e os dentes bem alvos. Os sinais de bexiga do rosto não eram repugnantes como acontece com outras pessoas; as suas suíças ocultavam-nos inteiramente. Tinha uma atitude imponente e reconhecia-se logo nele o Senhor, não obstante a simplicidade do vestuário".[80] Quando d. Leopoldina recebeu o retrato de d. Pedro em Viena teve a impressão de que a fisionomia do noivo era "agradável", que exprimia "muita bondade e bom humor". Pouco depois escreveu que "o retrato do príncipe está me deixando meio transtornada, é tão lindo como um Adônis".[81] Quanto a sua estatura, o levantamento antropométrico, realizado durante a exumação de 2012, revelou que embora d. Pedro não fosse alto, estava acima da média para o português médio da época – aproximadamente 1,73 metro de altura.[82]

Graham, Bösche e diversos outros estrangeiros no Rio de Janeiro que tiveram contato com o imperador relataram a completa falta de educação do homem criado dentro da decadente monarquia portuguesa. "Era destituído de maneiras, sem sentimento algum das conveniências", escreveu Bösche. "De uma vez o vi galgar o muro da fortaleza para aí satisfazer uma necessidade natural, ordenando em seguida que o batalhão desfilasse diante dele nesta posição absolutamente indecente. Os soldados alemães naturalmente se espantavam com tal espetáculo; só o imperial ator conservava toda sua calma", escreveu estupefato o mercenário alemão.[83]

D. Pedro I era um grande admirador de Napoleão. Ao oficializar a bandeira brasileira, em 1822, d. Pedro adotou o desenho do pintor francês Jean-Baptiste Debret inspirado na maçonaria francesa e nas bandeiras do Império napoleônico – o losango foi usado em todas as bandeiras francesas do período.[84] As relações não param por aí. Apesar de ser aclamado pelo padre Ildefonso Xavier Ferreira o "primeiro rei do Brasil", ainda no Teatro Ópera, em São Paulo, em 7 de setembro de 1822, quando da sua coroação, três meses depois, o título de rei foi substituído pelo de imperador, tal qual Napoleão em 1804. O cerimonial, claro, fora copiado da coroação em Notre-Dame, como constatado pelo barão Wenzel von Mareschal, representante do governo austríaco na Corte brasileira, entre outros contemporâneos.

Eldorado e Alemanha

Em 1816, Rodrigo Navarro de Andrade, futuro barão de Vila Seca, diplomata português em Viena, deu início às tratativas junto a Metternich. Antes do acordo, a arquiduquesa havia sido prometida à Casa Real da Saxônia, e Portugal havia tentado, sem sucesso, uma noiva para d. Pedro na Rússia e outra em Nápoles. Em novembro daquele ano, porém, Portugal e Áustria selaram o acordo pré-nupcial. D. Pedro José Joaquim Vito de Meneses Coutinho, o marquês de Marialva, responsável pela finalização do contrato, também foi o encarregado pelo pedido formal da mão da imperatriz, em fevereiro de 1817.

Em 11 de maio, Leopoldina abdicou de seus direitos de arquiduquesa austríaca e, na noite do dia 13, realizou-se o casamento na Igreja dos Agostinianos, em Viena, oficiado pelo idoso arcebispo Sigismund von Hohenwart. (Ela não gostava do dia 13, mas por sucessivos atrasos e com o intuito de comemorar o natalício de d. João VI, 13 de maio foi a data escolhida por Marialva.) O noivo foi representado pelo arquiduque Karl, irmão de Francisco I e tio da noiva. Ironicamente, o *Correio Braziliense* na mesma edição em que anunciava o casamento real, trazia notícias das "gazetas de Viena", as quais se queixavam "em termos muito amargos do espírito da emigração que prevalece em toda a Europa", o que para a Áustria seria "uma moléstia moral".[85] Pouco antes do casamento, no começo de abril, a bordo das fragatas *Áustria* e *Augusta*, além de diplomatas, móveis e decorações para a recém-aberta embaixada austríaca no Rio de Janeiro, partira para o Brasil, patrocinada pela Áustria e organizada por Karl von Schreibers, diretor do gabinete de História Natural de Viena, a maior missão científica que a então colônia lusa já vira, a Missão Austríaca, cuja denominação oficial era Missão Científica de História Natural. Além de Johann Mikan, chefe da expedição, estavam na missão zoólogos, botânicos, litógrafos, taxidermistas e artistas – Johann Natterer, Johann

Pohl, Thomas Ender, Johann Buchberger e Heinrich Wilhelm Schoft, entre outros. O governo bávaro, de sua parte, enviara Johann Baptist von Spix e Carl Friedrich Philipp von Martius.

Leopoldina deixou a capital austríaca em 3 de junho de 1817. Levava, além de "42 caixas da altura de um homem", contendo o enxoval, uma biblioteca, uma coleção de minerais e três caixões, caso viesse a morrer durante a viagem.[86] Seguiu até Livorno, na Itália, onde foi entregue por Metternich ao representante português no dia 9 de agosto e de onde zarpou, no dia 15, para uma viagem de mais de 8 mil quilômetros. A bordo da nau *D. João VI*, comboiada pela *D. Sebastião* e por uma divisão portuguesa, comandada por Manuel Antônio Farinha, futuro conde de Sousel, d. Leopoldina chegou ao Rio de Janeiro em 5 de novembro, após 84 dias de viagem. No dia seguinte, formalizou-se o casamento acordado por Marialva ainda na Europa.

O casamento entre d. Pedro e d. Leopoldina servia a dois pretextos. Pelo lado português, dava à Casa Real de Bragança, reinante em uma monarquia de segunda grandeza, o status de se aliar a mais poderosa casa real europeia, mantendo uma aliança forte contra os movimentos constitucionalistas. Pelo lado austríaco, ajudava a contrabalançar a influência inglesa sobre os domínios lusitanos e a fortalecer o poder real no Brasil. "Faço a vontade de meu amado pai, e posso ao mesmo tempo contribuir para o futuro de minha amada pátria, com as oportunidades que surgirão de novos contratos comerciais", escreveu ela à irmã Maria Luísa, em novembro de 1816. A irmã que, por fidelidade paternal, desposara Napoleão, seis anos antes.[87] "Confesso que o sacrifício que devo fazer deixando minha família, quem sabe para sempre, será muito doloroso para mim; mas essa aliança dá muito prazer a meu pai", escreveu ela para a tia Maria Amélia, em dezembro de 1816. Anos mais tarde, desapontada com o próprio casamento, a imperatriz revelaria à irmã, e confidente, que esperava que o futuro reservasse algo melhor para as filhas, pois considerava que todas as "pobres princesas", como ela, fossem como "dados que se jogam e cuja sorte ou azar depende do resultado".[88]

Tendo recebido as primeiras lições com d. Rodrigo Navarro de Andrade, ainda na Europa, desde a chegada ao Brasil passou a usar o português como idioma favorito, servindo de intérprete para o marido em diversas oportunidades, inclusive na chegada dos navios com os preciosos soldados alemães enviados por Schaeffer.

Os brasileiros a idolatravam. "O povo amava a imperatriz e, por toda a parte aonde ela ia, era recebida com júbilo", observou o tenente Julius Mansfeldt, veterano da batalha de Waterloo, no Brasil em 1826.[89] Amavam-na mais do que ao imperador. Principalmente pelos escândalos extraconjugais proporcionados por d. Pedro. Entre suas amantes estavam as mulheres de dois industriais, um ourives, um comerciante francês e dois generais, incluindo a esposa do general Avillez, o militar português expulso do Rio de Janeiro com as tropas lusas no conturbado ano de 1822. "Nenhuma se negava a d. Pedro. Por ser rei e por ser fogoso", escreveu a historiadora Mary del Priore.[90] Seu romance mais conhecido, com Domitila de Castro e Canto Melo, a marquesa de Santos, foi um duro golpe no orgulho da imperatriz. Aparentemente ela tolerou suas escapadas e farras e o casamento foi feliz no começo. Mas com Domitila, d. Pedro se atreveu não apenas a conceder títulos de nobreza à amante e às suas filhas bastardas e parentes, como a nomeou dama da própria imperatriz.

Em 1823, enquanto Leopoldina pedia empréstimos a amigos para saldar dívidas contraídas no pagamento dos funcionários do palácio de São Cristóvão e donativos aos pobres e escravizados do Rio de Janeiro, d. Pedro presenteava a amante com joias. Três anos depois a trazia de São Paulo para morar em um palacete junto à residência imperial. A escritora inglesa Maria Graham relatou que d. Pedro chegou inclusive a trazer a filha da marquesa para dentro do palácio imperial, o que causou grande constrangimento à imperatriz e a fúria da filha mais velha, d. Maria, futura rainha de Portugal.[91] Isso, no entanto, não impediu d. Pedro de conceder o título de duquesa de Goiás à bastarda.

A paulista Domitila era uma mulher bem diferente de d. Leopoldina. Apesar de ter sangue nobre, tanto pelo lado português quanto pelo espanhol da mãe, tinha pouca cultura e educação. Já no fim da vida, pouco antes de sua morte, em 1867, a marquesa recebeu Isabel Burton, mulher do cônsul da Inglaterra no Brasil e famoso explorador, descalça e sentada no chão de terra batida de sua cozinha, fumando cachimbo.[92] Schlichthorst assim a descreveu: "Já a abandonou a primeira floração da mocidade, mas os olhos nada perderam de seu fulgor e uma porção de cachos escuros emoldura-lhe as lindas feições. É uma mulher verdadeiramente bela, de acordo com a fama de que gozam as paulistas. Não lhe falta bastante gordura, o que corresponde ao gosto geral", escreveu o alemão.[93] Em cartas íntimas, Domitila e d. Pedro assinavam como Titília e Demonão. "Ontem mesmo fiz amor de matrimônio para que hoje, se mecê estiver melhor e com disposição, fazer o nosso amor por devoção", escreveu um apaixonado imperador, que havia conhecido Domitila quase na mesma época do Grito do Ipiranga.[94]

℘

Em novembro de 1826, d. Leopoldina caiu doente. Em carta ao pai, no dia 20, relatou que sofria de febre biliar, que a atormentava há vários dias.[95] D. Pedro havia partido para o Sul, para a campanha da Cisplatina e ela, já doente, presidiu no dia 29 a reunião do Conselho de Ministros. No dia 2 de dezembro abortou o feto de um menino e não deixou mais o quarto. Sofria de insônia, "tosse gutural teimosa", tremor nas mãos e de "meteorismo" (gases). Quando se soube, pelos boletins dos médicos, do seu delicado estado de saúde, muita gente correu às igrejas da cidade para rezar. O povo percorreu, em procissões, as ruas ao redor da capela imperial de Nossa Senhora da Glória e viu-se gente ajoelhada no meio do caminho que conduzia a São Cristóvão. No dia 4, Leopoldina teve pesadelos e "assaltos espasmódicos", já tinha dificuldades em reconhecer quem a cercava. Na madrugada seguinte sofreu treze "evacuações biliosas com mau cheiro" e a situação tornara-se irreversível. Em 11 de dezembro, o barão de Inhomirim anunciou a morte de Leopoldina: "Pela maior das desgraças se faz público que a enfermidade de S. M. a Imperatriz resistiu a todas as diligências médicas, empregadas com todo o cuidado por todos os médicos da Imperial Câmara. Foi Deus servido chamá-la a Si pelas dez e um quarto".[96]

O barão de Mareschal escreveu que a morte acabara com seus sofrimentos, "sem estertor, suas feições de modo algum eram alteradas, e ela parecia ter adormecido pacificamente e na posição mais natural". Nas palavras de Seidler, "caíra o mais lindo diamante da Coroa brasileira".[97] O mercenário, aliás, relata que além da acusação que caíra sobre d. Pedro, de que antes de sua partida para o Sul, teria maltratado a imperatriz dando-lhe um pontapé no abdome, o que causaria mais tarde o aborto, também era acusado pela população carioca de ter mandado envenenar a imperatriz. A população quase se sublevou. Para o cronista alemão, teria bastado que um oficial tivesse feito um gesto qualquer para que as tropas alemãs na capital tivessem se rebelado. O palacete da marquesa de Santos, causa maior dos sofrimentos e humilhações da imperatriz, foi apedrejado. Os gritos de "Quem tomará agora o partido dos negros? Nossa mãe se foi!" foram ouvidos por dias nas ruas do Rio.[98] Segundo um observador, sua morte "produziu consternação geral", em que se via muita "tristeza e a mais profunda aflição, pois a bondade e a brandura da falecida conquistaram-lhes todos os corações".[99] A amiga e confidente inglesa, Graham, escreveu que todos lamentaram a perda "da mais gentil das senhoras, a mais benigna e amável das princesas".[100]

Com o imperador fora do Rio, em "cena triste de desespero, desordem, dúvida e medo", depois de três dias de cerimônias, de beija-mãos, salvas, descargas e cortejo, d. Leopoldina foi sepultada no Convento da Ajuda, não muito longe do local onde ela havia desembarcado quase uma década antes. O Segundo Batalhão de Granadeiros alemães estava presente, com bandeiras e tambores cobertos de negro. Quando o Convento da Ajuda foi demolido, em 1911, para dar lugar à avenida Central, os restos foram transladados para o Convento de Santo Antônio, onde foi construído um mausoléu para os membros da família imperial. Em 1954, foram transferidos definitivamente para a Capela Imperial, sob o Monumento do Ipiranga, na cidade de São Paulo, exato lugar onde d. Pedro havia recebido as cartas de Leopoldina e José Bonifácio e decidido o destino da nação. A exumação realizada em 2012 constatou que a imperatriz fora sepultada com a mesma roupa da coroação, em 1822, um toucado de plumas, a faixa peitoral, o vestido bordado e o manto, com brincos de ouro e gemas de resina.[101]

Peça fundamental na independência do país, por influência da imperatriz Leopoldina o Brasil foi formalmente reconhecido no exterior. O conselheiro Antônio de Meneses Vasconcelos Drummond escreveu que, por isso, "o Brasil deve à sua memória gratidão eterna".[102] Ela foi igualmente importante para que d. João VI finalmente aceitasse a separação – o que ocorreu em 29 de agosto de 1825. O rei português formalizou o acordo com o Tratado de Aliança e Paz, mas, além de uma reparação de 2 milhões de libras esterlinas, garantiu para si e os seus o título de "Imperador do Brasil e Rei de Portugal e Algarves", cedendo a seu sucessor direto, d. Pedro, pleno exercício da soberania do Império do Brasil.

Informado do tratado no exílio francês, José Bonifácio alfinetou: "Que galanteria jocosa de conservar João Burro o título nominal de imperador, e ainda nisso convir a Pedro Malasartes!"[103] A soberania nacional havia recebido "um coice na boca do estômago", escreveu o ex-ministro brasileiro.

D. João garantiu assim que a Casa de Bragança reinasse em Portugal e no Brasil. Foi somente em 1834, com a morte de d. Pedro I (d. Pedro IV, em Portugal), que o Brasil rompeu em definitivo qualquer laço com a antiga metrópole. Ainda assim, a Casa de Bragança deixara governantes nos dois países: d. Pedro II, no Brasil, e d. Maria II, em Portugal. D. João VI foi o primeiro monarca europeu a pisar em solo americano; sua neta, a primeira e única rainha europeia nascida na América.

José Bonifácio e as colônias de mão de obra livre 5

Em outubro de 1822, o ministro dos Negócios Estrangeiros escreveu a Felisberto Caldeira Brant Pontes de Oliveira Horta, diplomata brasileiro em Londres. José Bonifácio solicitava "braços livres". Queria trabalhadores rurais ingleses para estabelecê-los no Brasil. Na mesma época, o futuro marquês de Barbacena informou a Meireles Sobrinho, residente em Liverpool, que o Andrada desejava "convencer aos seus compatriotas por um exemplo prático que a cultura por braços livres é muito mais vantajosa do que a de escravos africanos".[104] O ministro brasileiro exigia "seiscentos cultivadores ingleses". Da mesma forma que tratava às escondidas com Schaeffer a vinda de alemães, José Bonifácio faria vir ao Brasil 250 ingleses. Os cinquenta primeiros partiram da Inglaterra no navio *Lawpin*, em janeiro de 1823.

A classe dominante brasileira era conservadora em sua essência. Embora houvesse descontentes (a Inconfidência Mineira de três décadas antes é uma mostra clara disso), a independência ocorrera mais por falta de habilidade política de Portugal e menos por desejo brasileiro. A elite nacional desejava manter no país as estruturas econômicas e sociais baseadas desde muito tempo no sistema agrícola da monocultura, na extração de ouro e pedras preciosas e na escravidão. A população do Brasil nessa época era predominantemente rural e negra. Pelo menos 30% dos brasileiros eram escravizados. Em números exatos, 1.147.515, concentrados principalmente no Rio de Janeiro, Minas Gerais, Bahia,

Maranhão e Pernambuco. Em 1819, a província de Minas Gerais tinha 170 mil escravizados, a maior população cativa do país.[105] E, apesar dos tratados assinados com a Inglaterra, em 1808 e 1815, que visavam o progressivo fim do tráfico negreiro africano, o país continuou importando mão de obra escravizada. Na década de 1820, cerca de 30 mil pessoas chegavam anualmente ao Brasil. E mesmo que a escravidão fosse, em sua maioria, destinada ao latifúndio da monocultura para exportação, o escravizado fazia parte da vida social do país. Até as casas religiosas e hospitais tinham escravizados. Eles eram usados nos serviços domésticos, como carregadores, vendedores ambulantes, carpinteiros, pedreiros e eram, inclusive, alugados para atividades específicas – as escravizadas, por exemplo, amamentavam os filhos da aristocracia urbana.

Em 1819, após três décadas e meia na Europa, José Bonifácio retornou ao Brasil. Aos 56 anos, era um homem maduro e muito diferente do jovem estudante que deixara o Brasil para estudar na Universidade de Coimbra, em 1783. "É tempo também de acabarmos gradualmente até com os últimos vestígios da escravidão entre nós, para que venhamos a formar em poucas gerações uma nação homogênea, sem o que nunca seremos verdadeiramente livres, responsáveis e felizes", escreveu um convicto abolicionista, agora um experiente cientista, renomado em toda a Europa, em sua *Representação à Assembleia Geral Constituinte e Legislativa do Império do Brasil sobre a Escravatura*.[106] Conclamou ainda aos legisladores do "vasto Império do Brasil": "Basta de dormir: é tempo de acordar do sono amortecido, em que há séculos jazemos. Vós sabeis Senhores, que não pode haver indústria segura e verdadeira, nem agricultura florescente e grande com braços de escravos viciosos e boçais. Mostra a experiência e a razão, que a riqueza só reina onde imperam a liberdade e a justiça, e não onde mora o cativeiro e a corrupção".[107]

Cientista e político

José Bonifácio de Andrada e Silva nasceu em Santos, no litoral paulista, em 13 de junho de 1763. Era a segunda geração da família Andrada nascida no Brasil. O avô, José Ribeiro de Andrada, que chegou ao país no fim do século XVII, descendia de antiga família portuguesa do Minho e de Trás-os-Montes, aparentado dos condes de Amares e dos marqueses de Montebelo, ramo dos Bobadela-Freire de Andrada, respeitados fidalgos de Portugal. Filho de Bonifácio José de Andrada, um mercador bem estabelecido em Santos e também coronel do Estado-Maior dos Dragões Auxiliares, e de Maria Bárbara da Silva, o Patriarca da Independência, como ficara conhecido mais tarde, foi batizado como José Antônio, só depois trocado para José Bonifácio. Seus três tios paternos eram homens de ciência e ligados à igreja, tendo dois deles estudado em Coimbra. O primeiro, homônimo, era bacharel em ciências físicas e médicas; o segundo era doutor em cânones e o terceiro, gramático e filósofo.[108] José Bonifácio tinha em quem se espelhar e a riqueza da família lhe oportunizou os estudos em Portugal. A ele e a mais três irmãos, dois deles ligados à independência brasileira: Martim Francisco, que se tornaria ministro da Fazenda, e Antônio Carlos Ribeiro de Andrada Machado e Silva, este também revolucionário na Revolução Pernambucana de 1817, motivo pelo qual permaneceu preso por quatro anos.

Em 1787, após quatro anos em Coimbra, concluiu os estudos jurídicos, apenas para satisfazer o pai. Um ano mais tarde formou-se em Filosofia (o que na época abrangia vários ramos das ciências naturais) e Matemática. Em 1789, foi aceito como membro da Academia de Ciências de Lisboa e a dissertação que realizou sobre a pesca da baleia lhe abriu as portas para uma carreira científica. Em março do ano seguinte, a rainha d. Maria I lhe concedeu o privilégio de realizar, com dois outros pesquisadores, uma viagem cujo fim era "adquirirem por meio de viagens literárias e explorações filosóficas os conhecimentos mais perfeitos da Mineralogia e mais partes da Filosofia e História Natural".[109]

Em junho de 1790, iniciou a grande viagem que lhe permitiria ter contato com personalidades ilustres da ciência da época e percorrer boa parte da Europa. Em companhia do naturalista brasileiro Manuel Ferreira da Câmara e do cientista português Joaquim Pedro Fragoso, conheceu França, Alemanha, Dinamarca, Noruega, Suécia, Áustria e Itália. Teve projetos, mas não chegou a ir à Rússia e à Inglaterra, que conheceu apenas de passagem. Foram dez anos e três meses de investigações e estudos financiados pelo governo português.

Visitou minas e jazidas, escreveu e publicou artigos em várias línguas, nos diversos jornais, associações, academias e sociedades dos quais era correspondente. Encontrou e denominou quatro novas espécies de minerais e oito variações de minerais já conhecidos. No fim da década, era reconhecido internacionalmente como um dos maiores geólogos do mundo. Em Freiberg, na Saxônia, permaneceu dois anos, onde foi aluno de Abraham Werner, criador do método científico da mineralogia, e colega de Alexander von Humboldt, de quem se tornou amigo. A amizade com os alemães, aliás, lhe seria constante. Mais tarde, em Portugal, quando foi nomeado intendente-geral das Minas e Metais, na quinta do Almegue, nas proximidades de Coimbra, e tentou implantar uma fundição de ferro, solicitou operários alemães. O governo português não contratou os operários, mas cientistas. Foi nessa mesma época que conheceu o barão Wilhelm Ludwig von Eschwege, mineralogista como ele. Ainda em Almegue, Bonifácio realizou as primeiras experiências como agricultor; plantou arroz, trigo, centeio, hortaliças e flores.

Enquanto isso, na vida pessoal, não era diferente do futuro pupilo e do irmão, que apesar de padre tivera dois filhos ilegítimos. Em 31 de janeiro de 1790, casou, em Lisboa, com Narcisa Emília O'Leary, uma irlandesa de Cork, poucos anos mais nova do que ele. O'Leary lhe deu duas filhas, mas, assim como d. Pedro, o Patriarca tinha um apetite sexual nunca saciado. Em seu caderno de anotações, mantido durante as viagens, além de anotações com despesas, endereços, curiosidades e notas cotidianas, incluiu os gastos com prostitutas francesas do *Palais Royal*. Mais tarde, do exílio de Talence, escrevera, em cartas ao amigo Vasconcellos de Drummond, sobre a "fruta francesa": "não presta, não presta, e só o diabo, ou a fome, pode obrigar a comê-la".[110]

Apesar de sua grande contribuição à Ciência, José Bonifácio é mais conhecido no Brasil por sua contribuição à política. Quando retornou ao país, em 1819, havia anos que tentava, sem êxito, permissão para deixar a Europa. Queixoso da burocracia e da incapacidade lusa de fazer os avanços que o atrasado Portugal necessitava, já em 1806, solicitava a d. Rodrigo de Souza Coutinho que o deixasse retornar ao Brasil. Bonifácio ainda iria combater as forças invasoras de Junot e esperar por treze longos anos antes de ver seu pedido atendido. Entrou na vida pública já idoso para a época, mas chegou à sua terra natal justamente no momento em que o país se preparava para uma grande reviravolta política.

Suas ideias, claramente expostas em notas sobre a *Organização Política do Brasil, quer como Reino unido a Portugal, quer como Estado independente*, provavelmente de 1821, revelam o amadurecimento pelo qual passou nos anos de Europa e a influência sofrida pelo contato com as ideias dos pensadores iluministas que corriam o mundo no fim do século XVIII e início do XIX. Ideias que planejou para o Brasil, mas que ainda levariam tempo a serem postas na pauta política: incorporação dos indígenas à sociedade (chegou a indicar que o país fosse dividido em "tribos"), abolição da escravidão ("todo cidadão que ousar propor o restabelecimento da escravidão e da nobreza será imediatamente deportado") e extinção dos latifúndios.[111] Levantou a bandeira da criação de uma universidade de Direito no Brasil, o que de fato se concretizou seis anos depois. Preocupado com a unidade e interessado na existência de uma nacionalidade brasileira, planejou também o fomento à imigração, o desenvolvimento dos meios de transportes e a exploração das minas do país. Escreveu também sobre "uma cidade central no interior do Brasil para assento da Regência, que poderá ser a quinze graus de latitude, em sítio sadio, ameno, fértil e junto a algum rio navegável", de onde seriam abertos "caminhos de terras para as diversas províncias e portos de mar". Em outubro de 1821, em *Lembranças e apontamentos do governo provisório de São Paulo a seus Deputados*, que representariam o Brasil diante das Cortes em Lisboa, sendo vice-presidente do governo paulista e primeiro signatário das notas, descreveu novamente a necessidade de uma capital no interior do país, "livre de qualquer assalto e surpresa externa".[112]

Em 1823, já na Assembleia Constituinte, apontou Paracatu, em Minas Gerais, a mais de mil quilômetros do Rio de Janeiro, como local ideal para a instalação da cidade que seria a "Washington brasileira". Pelas cartas trocadas com seu agente na Alemanha, antes mesmo da independência brasileira, sabemos que ambos projetaram uma nova capital, a ser povoada por alemães, exatamente onde hoje se encontra Brasília. Ainda no ano da independência, e antes mesmo do Ipiranga, preocupado com a falta de organização e as dificuldades e entraves da burocracia lusa, profundamente arraigada na colônia, tentou estruturar o país em modelos mais eficientes de administração. Para moralizar o serviço público e salvar o erário, praticamente falido com o regresso de d. João VI a Portugal, baixou uma portaria proibindo acumulação de empregos públicos, exigindo prova de assiduidade para pagamento de vencimentos. Baixou, ainda, diversas portarias com pormenores sobre a regularização de passaportes para estrangeiros, cerimonial, emolumentos consulares, despachos de navios e até mesmo sobre o uso de uniforme no corpo diplomático. Na Secretaria de Estado para os Negócios Estrangeiros, a pasta na qual iria influenciar decididamente a vinda de colonos e soldados de língua alemã, designou o primeiro agente consular para Buenos Aires, em maio de

1822, e enviou os primeiros agentes diplomáticos para a Europa e Estados Unidos, em agosto do mesmo ano. Um deles, Georg Anton von Schaeffer, será o principal responsável pelo agenciamento de alemães.

Nas palavras de Maria Graham, José Bonifácio "havia estudado todas as ciências que imaginou poderiam ser vantajosas aos interesses locais e comerciais do Brasil. Lia a maior parte das línguas modernas da Europa e falava várias delas com correção". Era "homem de raro talento", escreveu a inglesa.[113] Incontestável, realmente de raro talento, mas orgulhoso e, de certa forma, insolente, até petulante. Mas era, como nenhum outro, cônscio de sua capacidade e responsabilidade. "Andrada e Silva concebeu um ambicioso e surpreendente projeto de desenvolvimento nacional, de alcance social, político, econômico e ambiental, pautado por uma interpretação sui generis da jovem nação brasileira", observou Juliana Bublitz.[114] Segundo a descrição do barão Von Eschwege, que o conheceu ainda na Europa, Bonifácio era um homem de estatura baixa, rosto pequeno e redondo, de nariz curvo, olhos pretos, mas brilhantes, cabelos negros, finos e lisos, presos numa trança escondida na gola da jaqueta. Para este alemão, o Patriarca tinha "algo de aristocrático", salvo suas vestes, muito modestas. Seu alemão era defeituoso, embora se expressasse com rapidez.[115]

Mais do que qualquer outro brasileiro da época, José Bonifácio tinha o conhecimento e a cultura necessários para as mudanças que o país enfrentaria depois de 1822. Infelizmente, o Brasil de então estava longe de aceitar ideias tão revolucionárias. D. Pedro I, vendo que a primeira Constituição brasileira lhe podaria o poder absoluto, dissolveu a Assembleia Constituinte, em novembro de 1823, e forçou José Bonifácio a abdicar do cargo de ministro do Império. O santista, amigo e principal conselheiro do jovem monarca foi preso e exilado, "sem crime nem sentença", segundo ele próprio.[116] Oberacker Jr. definiu o imperador: "constitucional por entusiasmo, arbitrário por natureza."[117] Não se pode dizer que a Constituição de 1824 era menos liberal do que o projeto constituinte de 1823; muito pelo contrário, em alguns pontos ela era até mais liberal e mais avançada, para a época, do que a maioria das constituições ocidentais. Garantia muitos dos direitos individuais da Declaração Universal dos Direitos do Homem, embora deixasse de fora questões cruciais, como a abolição da escravidão e a liberdade de credo. O problema recaía sobre o formato do Estado. Esse era o grande diferencial. Baseado nas ideias do pensador francês Benjamin Constant, d. Pedro instituíra o que se denominou de "Poder Moderador", um quarto poder que serviria de órgão fiscalizador dos três poderes – segundo o modelo apresentado por Montesquieu no século XVIII e o pilar tríplice da política moderna: Legislativo, Judiciário e Executivo. Bonifácio já havia apresentado em "Negócios da União", na primeira parte de *Lembranças e apontamentos*, um modelo constitucional com base em Constant, com um quarto poder sendo composto por um conselho de cidadãos eleitos. Menos "democrático" que seu ex-ministro, no entanto, d. Pedro incumbiu a si mesmo a tarefa de "fiscalizar" os três poderes, podendo o imperador controlar e submeter à sua vontade os demais órgãos do Estado.

Escravidão *versus* Imigração

Logo após a independência, e já com a política de imigração em andamento, o Legislativo debateu, em maio de 1826, duas propostas de abolição gradual do tráfico de escravizados. José Clemente Pereira, deputado pelo Rio de Janeiro, propunha a abolição em 1840. O senador Nicolau Pereira de Campos Vergueiro, que na década seguinte faria uma tentativa malograda de imigração no sistema de parceria, propunha o fim da escravidão em 1832.[118] Em 1826, no entanto, a maioria dos deputados, salvo alguns liberais, acreditava que a escravidão era necessária à manutenção do sistema sobre o qual o Brasil fora criado, aboli-la seria a ruína da agricultura, do comércio e do governo.

A propósito, figura interessante o senador Vergueiro, ele seria um dos integrantes da Regência Trina, em 1831, que substituiria d. Pedro após a abdicação do imperador. O senador construiu parte de sua fortuna, como muitos de seu tempo, importando escravizados para fazendas em São Paulo, mas se tornara antiescravista, a seu modo, é claro. Ao lado de Bonifácio e outros paulistas, foi um dos signatários de *Lembranças e apontamentos*. Ele combatia a escravidão, mas era contrário à colonização baseada na pequena propriedade privada. "Chamar os colonos para fazê-los proprietários à custa de grandes despesas é uma prodigalidade ostentosa, que não se compadece com o apuro das nossas finanças", escreveu o senador.[119] O que Vergueiro defendia, assim como os grandes fazendeiros paulistas, era a proibição da doação de terras a imigrantes.

Ele se envolveria na criação da colônia de Santo Amaro, em São Paulo, em 1829, e, em 1840, traria algumas dezenas de camponeses do Minho, em Portugal (os primeiros trabalhadores europeus atraídos por iniciativa privada), para a lavoura paulista. Em 1847, Vergueiro conseguiu um empréstimo do governo para financiar a vinda de pouco mais de sessenta famílias alemãs para trabalharem nas lavouras de café. Os colonos chegaram ao Brasil e foram utilizados na Fazenda Ibicaba, em Limeira. Plantavam, cultivavam e colhiam em um "sistema de parceria". O sistema baseava-se em um contrato que destinava à família do colono certo número de pés de café para o cultivo e uma determinada área de exploração para subsistência. A remuneração era proporcional ao montante de gêneros produzido pelo colono, descontadas as despesas de transporte, adiantamentos e recursos para a instalação inicial. Havia uma aparente liberdade, mas os colonos tinham a vida controlada por sensores e não podiam deixar a fazenda antes do pagamento total de suas dívidas. Política não muito bem-vista pelos colonos, mas que fez muito sucesso entre os fazendeiros, que além dos lucros com a lavoura ainda recebiam os juros pagos pelos colonos. Em 1860, quase trinta fazendas em São Paulo trabalhavam nesse sistema. Dez anos depois esse número estava reduzido a menos da metade.[120] Quando o diplomata suíço Johann von Tschudi, que percorria as fazendas e colônias alemãs e suíças no Brasil a pedido do governo helvécio, solicitou uma visita à Fazenda de Vergueiro em 1860, já conhecida pela revolta dos colonos liderados por Thomas Davatz dois anos antes, o senador negou-lhe permissão alegando que a presença do estrangeiro era "supérflua" e poderia desencadear novos motins. "Chegou ao cúmulo de mandar imprimir moeda papel em forma de notas de banco, para com tal moeda pagar os colonos", escreveu um indignado Tschudi.[121]

Os erros cometidos em São Paulo com o sistema de parcerias aliados aos escândalos e à corrupção de agentes e empresas responsáveis pelo agenciamento de imigrantes que passaram a explorar a liberdade dada às províncias para a criação de seus próprios núcleos coloniais, fez com que idealistas e antiescravistas promovessem maciça campanha antibrasileira na Alemanha. O governo prussiano foi o primeiro a aprovar medidas restritivas. Em 3 de novembro de 1859, o ministro do Comércio Von der Heydt emitiu um decreto, conhecido como *Reskript von der Heydt*, que retirava o Brasil de uma lista de países confiáveis, para onde poderiam emigrar os súditos da Prússia, cancelou as concessões para agentes e proibiu a propaganda e o aliciamento de colonos para o país. Mais tarde estendido a toda a Alemanha, o regulamento só seria revogado por Bismarck na década de 1890.

O reconhecimento da Independência do Brasil por Portugal em nível internacional, com mediação da Inglaterra, passou por negociações antiescravidão. Apesar da insistência da imperatriz brasileira junto ao sogro por uma solução pacífica, foi apenas com a pressão inglesa que os portugueses reconheceram o Brasil como país independente, em 1825. Em troca do apoio, a Inglaterra exigia que o país reconhecesse antigos tratados assinados com Portugal, como o tratado de 1810, assinado por d. João VI, no qual a Coroa portuguesa havia se comprometido a cooperar na luta pelo fim do tráfico negreiro. Portugal, que se via novamente apertado entre disputas políticas de seus vizinhos europeus, dividido entre a Inglaterra, desejosa pela manutenção das boas relações anglo-portuguesas, e a França, ansiosa por incluir o país ibérico no seu círculo de influências. Os franceses, neste caso, tinham o apoio dos russos.

Após uma exaustiva negociação com o ministro inglês no Rio de Janeiro, d. Pedro I assinou, em 23 de novembro de 1826, um tratado cujo objetivo era pôr fim ao tráfico de escravos no Brasil em um período de três anos. Ratificado em março de 1827, o tratado não foi aceito pela Câmara, por isso, apesar dos esforços de George Canning, secretário do *Foreign Office*, nunca foi aplicado. Uma nova lei, promulgada sobre projeto do marquês de Barbacena, em 1831, impunha severas punições àqueles que fossem identificados responsáveis pelo tráfico negreiro e declarou livre todos os escravizados que entrassem no país.[122] Nos dois primeiros anos, houve uma significativa queda na importação de africanos, mas cinco anos mais tarde o número de escravizados que entravam no Brasil voltara aos números anteriores. Antes de colocar fim à escravidão, o país procurava encontrar outro meio de produção, que fosse assentado em colônias agrárias e na mão de obra livre e branca. Política que, apesar de nunca aplicada efetivamente, não era nova. Antes dos planos de José Bonifácio, o Brasil passou por algumas experiências – infrutíferas e efêmeras, é verdade.

Em setembro de 1811, d. João VI ordenara a Diogo de Souza, governador do Rio Grande de Sul, que concedesse ao irlandês "Quan" e seus três filhos "dez e meia léguas quadradas", em lugar que tivesse um rio navegável com ligação com o mar, "pois muito convinha que eles viessem estabelecer-se como uma colônia de irlandeses industriosos e agricultores". Dois anos antes, o tal "irlandês Quan" já havia enviado um sobrinho de nome John Hearn para averiguar as possibilidades do projeto. D. João solicitou então ao governador que "com a menor demora possível" procedesse à demarcação da sesmaria prometida, para que, por meio do embaixador português em Londres, o irlandês pudesse ser avisado e com "os filhos nada mais tivesse a fazer do que tomar posse e fruição do dito terreno".[123] O projeto nunca saiu do papel.

No mesmo ano, escrevendo para o *Correio Braziliense*, Hipólito José da Costa sugeria que a escravidão fosse substituída pela imigração, visto ser a primeira contrária às leis da natureza e às disposições morais do ser humano.[124] Poucos anos mais tarde, Antônio de Araújo e Azevedo, o conde da Barca, partidário da aliança com a França napoleônica e inimigo político de d. Rodrigo de Souza Coutinho, o mais importante conselheiro de d. João, resolveu trazer chineses para a América. Entusiasta do Jardim Botânico criado por d. João VI, o conde queria desenvolver a cultura do chá no Brasil, com plantas trazidas da China e da Índia. Em 1815, foram criadas plantações nas proximidades da Lagoa Rodrigo de Freitas e na Fazenda Santa Cruz, onde mais tarde d. Pedro, segundo Maria Graham, por acreditar que seriam de importância para o Brasil, fazia visitas frequentes.[125] Nem chá, nem chineses. Rugendas escreveu que o chá produzido no Brasil não tinha qualidade e, quanto aos chineses, "debandaram para outros serviços aparentemente mais rendosos"; muitos receberam autorização para "mascatear".[126]

Em 1819, o conde de Palmela, embaixador português em Londres, escrevendo a Thomaz Antônio de Vila Nova Portugal, considerava impraticável adiar o fim da importação de escravizados para o Brasil. "O que podemos ainda é ganhar tempo", escreveu ele, "e preparar-nos para o sacrifício, mas não evitá-lo afinal."[127] Em agosto do mesmo ano, d. João, em carta ao imperador austríaco, sogro de seu filho, expôs seu objetivo quanto ao projeto de imigração no Brasil: "Decidi substituir por colonos brancos os escravos negros. Nessa emergência, preferi os métodos indiretos. O tráfico negro já diminuiu muito, e espero que, em pouco tempo,

Vossa Majestade Imperial ficará satisfeito quando vir seus desejos realizados".[128] De fato, pouco tempo depois, em 16 de março de 1820, um decreto de d. João garantiu que estrangeiros estabelecidos em terras brasileiras, concedidas pelo governo, tivessem o mesmo direito que os demais súditos da Coroa. Era um complemento de um decreto de 1808 que dava aos estrangeiros direito à concessão de sesmarias. Este último, assinado pouco depois da chegada da Corte ao Brasil, permitiu que alguns alemães tentassem a implementação de colônias agrícolas sem a presença de escravizados no Sul da Bahia.

☙

A imperatriz d. Leopoldina estava longe de concordar com a ideia do esposo e de José Bonifácio de enviar Schaeffer para buscar colonos-soldados na Alemanha. Ela chegou mesmo a escrever para o pai, em junho de 1822, antes da partida do enviado especial, em setembro, pedindo que ele não se arriscasse "nesse negócio".[129] As primeiras tentativas de assentamentos com colonos alemães no Brasil, ainda sem a estrutura que São Leopoldo ganharia depois, já estavam ocorrendo em 1816, antes mesmo da chegada de d. Leopoldina. Apesar de compartilharem língua e cultura comum, a vinda e o estabelecimento de colonos alemães no Brasil não fez parte de um projeto pessoal. O título a ela atribuído, de "a mãe da imigração alemã", é uma construção posterior; é muito mais afetivo – e vindo dos colonos que se alegravam em ouvir a língua materna na boca da imperatriz – do que realmente por projeto e interesse próprio de Leopoldina.

A ideia inicial de José Bonifácio era de criar uma colônia rural-militar nos moldes dos cossacos da Rússia. Tal modelo de colônia já havia sido planejado por d. João VI à época da criação de Nova Friburgo, em 1818, e sobremaneira era desconhecida de

d. Leopoldina. A Áustria havia usado o mesmo sistema ao longo de suas fronteiras húngaras para a expulsão dos turcos. E a instalação de famílias e soldados de língua alemã pelo marquês de Pombal no Pará da década de 1760 não pode ser desconsiderada, mesmo que o projeto ainda não fosse de imigração e colonização propriamente dito.[130]

O próprio Schaeffer, que será o responsável por encontrar os soldados e colonos para o Brasil, antes de sua atuação como agente de d. Pedro I, tentou implantar uma colônia alemã no Brasil, também na Bahia, onde ele havia adquirido pouco mais de 4 mil hectares próximo a Leopoldina, a colônia de seu conterrâneo Freyreiss. Em Frankental, se plantou o café pela primeira vez em larga escala, "sem que caísse uma só gota de suor ou lágrimas de um escravo ao meu chão", escreveu ele.[131] Era uma utopia. Ao que parece, a colônia não viveu muito tempo sem trabalho escravizado. João Flach, filho de um dos sócios de Schaeffer e proprietário da Fazenda Nova Helvécia, na colônia Leopoldina, vizinha a Frankental, ao morrer, em 1868, deixava entre seus bens quatro terrenos com plantações de café, duas moradias com telhas e paredes de tijolos, diversas construções menores, engenho, serraria, ferraria, máquinas diversas, um grande número de animais e 151 escravizados.[132] Segundo o testemunho de Wied-Neuwied, Freyreiss era proprietário de escravizados indígenas.[133] O próprio Schaeffer mantinha os seus, já que após sua morte, a esposa e a filha mantiveram mais de trinta cativos africanos.

A escravidão estava tão arraigada à mentalidade do país que até os estrangeiros que aqui chegavam a adotavam sem qualquer pudor. O coronel Fremantle, adido de Charles Stuart, chefe da delegação britânica no Rio de Janeiro, relatou, após uma visita à serra fluminense, que os suíços chegados a Nova Friburgo, em 1819, assim que podiam compravam escravizados.[134] Anos mais tarde, um censo apontou que a colônia possuía mais de quatrocentas pessoas escravizadas pertencentes a colonos suíços e alemães.[135]

Na mesma época, Langsdorff, o alemão que era cônsul da Rússia no Rio de Janeiro e produzia cerca de mil sacos de farinha por ano, além de ser proprietário de 20 mil pés de café na Fazenda Mandioca, também era proprietário de sessenta escravizados.[136] Langsdorff seria um dos primeiros a escrever sobre a utilidade da mão de obra livre e do processo imigratório de colonos alemães para o Brasil.

Os religiosos também aderiram à prática. O pastor protestante Carl Leopold Voges, chegado ao Rio Grande do Sul no início de 1825, era dono de um considerável número de africanos escravizados, pelo menos doze.[137] O também pastor Friedrich Christian Klingelhöffer comprou quatro escravizados no Rio de Janeiro antes de se dirigir para São Leopoldo, em 1826.[138] Até negros que haviam conquistado a liberdade, como Zé Alfaiate (que se tornara traficante de escravos africanos depois de alforriado), Bárbara Gomes de Abreu e Lima (dona de um casarão em Sabará, Minas Gerais) e Bárbara de Oliveira (proprietária de vários imóveis na Bahia) tinham escravos. Abreu e Lima tinha sete e Oliveira mais de vinte cativos.[139] Isso sem contar a célebre Chica da Silva, a ex-escravizada e mulher do contratador de diamantes João Fernandes de Oliveira, que tinha uma centena de escravos. Os próprios reinos africanos, como o de Onim, na atual Nigéria, tinham grande interesse econômico na manutenção do comércio e no tráfico escravo com Portugal e Brasil; a ponto de entrarem em conflito com os ingleses para manutenção dessa política.

Sem constrangimento algum, alheios à Lei Provincial de 1848 que proibia "sob qualquer pretexto" o uso de escravizados por colonos no Rio Grande do Sul, as famílias Allgayer, Blauth, Grassmann, Hammel, Jacoby, König, Mittmann e Schmidt, entre muitas outras, tornaram-se proprietárias de africanos e os mantiveram cativos por gerações. Somente em São Leopoldo, pelo menos 1.558 escravos foram anotados em inventários de famílias alemãs entre 1834-88 e nada menos do que 743 batizados de escravos foram registrados por padres nos livros paroquiais da Igreja Nossa Senhora da Conceição, entre 1847-72.[140]

O emprego de imigrantes europeus na lavoura em substituição de escravizados negros envolveria uma verdadeira revolução nos métodos de trabalho vigentes no país. Mais do que isso, seria preciso uma mudança radical nas concepções predominantes acerca do trabalho livre. Mudança para a qual o país, de modo algum, estava preparado naquele momento. Manuel Pinto de Fonseca, maior mercador de negros africanos do país, disse, certa vez, ao cônsul-geral da Holanda, que continuava a "fazer o tráfico, não por necessidade de dinheiro", mas "por amor-próprio, para zombar das grandes potências, de suas convenções e de seus cruzeiros".[141] Fácil entender por que Bonifácio permanecera tão pouco tempo à frente do ministério brasileiro. E diga-se a verdade, até d. Pedro tinha certa inclinação à ideia abolicionista, mesmo que não tenha feito muito para mudar a situação dos negros escravizados. O filho viveria o mesmo dilema no Segundo Reinado: vocação liberal em um país escravocrata. A abolição, no entanto, não viria de um projeto político governamental, mas como conquista de uma elite intelectual e de líderes negros por meio de uma campanha abolicionista duríssima, conduzida por Luís Gama, André Rebouças, José do Patrocínio e Joaquim Nabuco, entre outros. A política de imigração, criada para erradicar o infame sistema de escravidão, amenizou, mas não deu fim ao processo. Para vergonha nacional, o Brasil seria o último país da América a acabar legalmente com o sistema escravocrata.

Colônias e colonos de língua alemã 6

A ideia de usar alemães como colonos no Brasil não era nova. Em 22 de julho de 1729, um parecer do Conselho Ultramarino português achou conveniente instalar na povoação da Colônia do Sacramento, e em outras áreas, casais de açorianos. Se os "ilhéus" fossem insuficientes, dizia o parecer, "se poderia conseguir casais de estrangeiros, sendo alemães e italianos e de outras nações que não sejam castelhanos, ingleses, holandeses ou franceses".[142]

O motivo da proibição de castelhanos, holandeses e franceses era claro. Estes já haviam tentado, por força das armas, se estabelecer no Brasil. A Inglaterra já dominava a América do Norte e não era de interesse luso permitir também estabelecimentos na América do Sul que viessem a reforçar essa supremacia. A ideia de usar alemães não foi levada a cabo, mas, quando quase duas décadas depois Portugal resolveu enviar colonos açorianos para o Sul do país, foi com a firma alemã Felix Oldenberg & Cia, de propriedade de Feliciano Velho Oldenberg, que o governo português celebrou, em 1747, um contrato que visava o transporte de até 4 mil casais açorianos.[143] Mais tarde, depois de ter participado de uma conspiração contra o marquês de Pombal, primeiro-ministro de d. José I, o comerciante alemão, estabelecido em Lisboa, foi enviado em exílio para a África. Curiosamente, muitas famílias açorianas transportadas pela empresa alemã tinham origem nos Países Baixos e na Alemanha, como os Hurter (aportuguesado para Dutra), Van den Haag (Silveira), Brügge (Borges) e Bruhns (Brum); alguns eram judeus convertidos ao catolicismo.

A Provisão Régia de 9 de agosto de 1747, no entanto, pode ser considerada o marco inicial do processo de colonização no Brasil, mesmo que não associado ao processo imigratório, já que os açorianos eram súditos da Coroa portuguesa.

No fim dos anos 1760, o mesmo marquês de Pombal enviou para o Brasil algumas famílias e soldados de origem alemã a fim de que pudessem produzir e abastecer com gêneros alimentícios a fortaleza de São José de Macapá, um posto militar avançado na região Norte do país. Mas o clima hostil impediu qualquer possibilidade de sucesso: as famílias que não foram mortas por indígenas, foram dispersas e inseridas entre a população local. Apesar da iniciativa pioneira, o projeto de Pombal esteve longe do sucesso que se poderia esperar de um projeto de imigração e colonização. A maioria dos alemães que estavam no Brasil no fim do século XVIII e começo do século XIX tinha atividades comerciais e estava inserida no meio urbano. Foram esses alemães que fundaram, por exemplo, a Sociedade Germânia, no Rio de Janeiro, em 1821. Entre 1808 e 1822, haviam entrado e se estabelecido na capital, além dos 24 mil portugueses, todo o aparato da Corte lusitana, 4.345 estrangeiros. Destes, havia 1.500 espanhóis, mil franceses, seiscentos ingleses e apenas cem alemães.[144]

Em 25 de novembro de 1808, dez meses depois de abrir os portos do Brasil às Nações Amigas, d. João VI decretou que "aos estrangeiros residentes no Brasil se possam conceder datas de terras por sesmarias pela mesma forma com que segundo as minhas reais ordens se concedam a meus vassalos, sem embargos de quaisquer leis e disposições em contrário".[145] Apoiados nesse decreto, alguns alemães tentaram estabelecer as primeiras colônias alemãs no país. Em 1816, o barão e naturalista alemão Georg Heinrich von Langsdorff adquiriu a Fazenda Mandioca, em Inhomirim, nas proximidades da baía de Guanabara, hoje município de Magé, e para lá enviou, em março de 1822, cerca de vinte famílias de imigrantes do reino de Baden, no Sul da Alemanha. Um pouco antes, duas colônias alemãs foram estabelecidas na região Sul da Bahia, São Jorge dos Ilhéus, às margens do rio Cachoeira, e Leopoldina-Frankental, às margens do rio Peruípe.

Colônias na Bahia

O mineiro alemão Wilhelm Christian von Feldner, nascido na Silésia em 1772 e desde 1803 servindo em Lisboa, veio para o Brasil pouco após a chegada de d. João VI e passou sete anos perambulando pela colônia. Em 1812, com apoio do conde da Barca, esteve na região das florestas tropicais baianas, entre os rios Mucuri e Alcobaça. Um ano depois, antes de partir para o Norte de Minas Gerais, além de anotações sobre os indígenas, ele instalou ali uma serraria com um grupo heterogêneo: quatro escravos, alguns chineses e alemães. Foi o primeiro de uma sequência de exploradores de língua alemã que seguiriam seus passos.

Pelo que se pode extrair dos relatos de viajantes alemães, em 1816, Peter Weyll, originário de Frankfurt e arquiteto em Salvador, e seu sócio Adolf Saueracker, já estavam estabelecidos no Sul da Bahia. A colônia de São Jorge dos Ilhéus, ou São Jorge de Itabuna, ficava à margem esquerda do rio Cachoeira, nas proximidades de Ilhéus. O príncipe Maximilian von Wied-Neuwied, a quem Weyll recebeu ainda sem estar instalado na região, descreveu que "o sr. Weyll pretende fundar aqui uma grande fazenda; todas as circunstâncias parecem favorecê-lo. Plantara principalmente café e algodão, que dão perfeitamente nessa zona, onde a maioria das plantas, pelo seu crescimento vigoroso, denunciam a excelente qualidade do solo e do clima, e onde as matas estão cheias das mais belas espécies de madeiras. O novo colono espera construir para si uma casa, assim como uma igreja, no alto duma colina donde a vista é admirável".[146]

Spix e Martius, que visitaram Weyll na Fazenda da Almada, no Natal de 1818, viram muita coragem no patrício ao tentar se estabelecer em região tão inóspita. Weyll tinha dois vizinhos, também alemães: Schmied, de Stuttgart, em Würtemberg, morando na Fazenda Luisia, e Borell, de Neufchtel, na Suíça, morando na Castel Novo. Todos esperançosos, mas cientes das enormes dificuldades de estabelecer uma colônia na região.[147] Sem alcançar seus objetivos, alguns colonos da Almada se dirigiram, mais tarde, para Salvador, ao Norte, ou para Leopoldina, criada por outro alemão pouco depois, mais ao Sul.

O naturalista Georg Wilhelm Freyreiss chegou ao Brasil com Von Langsdorff, em 1813, e, com Von Eschwege, realizou sua primeira excursão ao interior mineiro, no ano seguinte. Apoiado pelo cônsul sueco, produziu relatórios sobre Mineralogia, Zoologia, Botânica e assuntos sociais do Brasil. Nos anos seguintes, acompanhado do príncipe Maximilian von Wied-Neuwied, explorou a região do rio Mucuri, entre Minas Gerais e Bahia. Em 1817, Freyreiss fundou, com um pequeno grupo de cientistas, pesquisadores e empresários alemães, uma pequena *Colonie Allemande et Suisse*. Em 8 de junho de 1819, ele recebeu do conde dos Arcos, governador da Bahia, a permissão de nomear a colônia de Leopoldina, em homenagem à futura imperatriz que, como ele, era apreciadora das ciências naturais.[148] Com mais de 10 mil hectares, perto de Vila Viçosa, hoje Nova Viçosa, a novecentos quilômetros ao Sul de Salvador, essa foi a primeira colônia alemã no Brasil. Alemã e suíça! Sim, porque entre os fundadores estavam, além do barão Von dem Busche (cunhado de Peter Weyll e que algumas fontes dizem ser holandês), Abram e Louis Langhans, David Pache, Pierre Henri Béguin, Phelipe Huguenin, E. Borrel, J. G. Philipp, Nikolaus Kroos e Johannes Graban, originários de Estados da Confederação Alemã e da Suíça (de língua alemã e francesa).[149] Por esse motivo, uma representação suíça funcionou por muito tempo no local.

Outros nomes, como os do hamburguês Peter Peyke, Carl August Tölsner, J. Eduard Wappäus e o médico naturalista Carl

Wilhelm Mohrhardt também estavam entre aqueles que tiveram participação na fundação ou no posterior estabelecimento de colonos na região.[150] Peyke, que para alguns teria sido um dos pioneiros da colônia, ao lado de Freyreiss, foi, inclusive, o primeiro cônsul alemão nomeado no Brasil, em 1820, tendo ali permanecido até 1836, quando morreu em sua fazenda.

Leopoldina era composta por três fazendas, Riacho d'Ouro, Pombal e Nova Helvécia, cujas terras foram cedidas aos proprietários empreendedores e a um grupo de colonos que trabalhavam na terra em um sistema muito semelhante ao que o senador Vergueiro usaria mais tarde em São Paulo. Estabelecida junto ao rio Peruípe, que, por sua vez, ligava-se ao rio Caravelas, podia-se chegar com relativa facilidade ao mar e daí exportar a produção colonial para Salvador ou Rio de Janeiro. O que se fez com sucesso nos primeiros anos.

Em 1821, como veremos depois, Schaeffer e dois sócios estabeleceram na margem direita do rio Peruípe, no arroio Jacarandá, oposta à colônia Leopoldina, a colônia de Frankental (o Vale dos Francos, em homenagem a sua Francônia natal). A proximidade das colônias e a migração interna de muitos colonos fez com que fosse descrita muitas vezes como Leopoldina-Frankental.[151] Freyreiss, no entanto, não viu sua "colônia" prosperar; ele faleceu logo em seguida, em abril de 1825. Por conta disso, muitos colonos dispersaram-se pela área e a administração coletiva do empreendimento acabou, o que parece ter facilitado a entrada de mão de obra escravizada no processo de produção. Pouco antes de morrer, ele chegou mesmo a escrever um livro a respeito, publicado em Frankfurt, em 1824, com o extenso título de *Contribuições para o melhor conhecimento do Império do Brasil, além de uma descrição da nova colônia Leopoldina e dos mais importantes ramos de indústria, assim como de uma exposição dos motivos por que diversas colônias falharam*.[152]

As experiências de estabelecimentos com colonos alemães na Bahia, entre os anos de 1816-18 – muitas vezes tratadas como um empreendimento único –, apesar de asseguradas, por concessão, pelo governo português, não partiram da administração pública, eram projetos privados, idealizados por naturalistas e cientistas alemães. Mesmo que tenham atingido, em parte, algum sucesso, não conseguiram assegurar o apoio de investidores, tampouco do governo português e, mais tarde, do brasileiro. A ideia original de não utilizar escravizados falhou, a introdução de um número grande deles acabou com o projeto de colônias agrárias baseadas no minifúndio e mesmo da implantação da indústria. Segundo relatório provincial, em 1861, Leopoldina não existia mais como colônia, tendo os colonos restantes se tornado fazendeiros e abandonado o sistema associativista original.[153]

Um novo projeto: a "colônia rural-militar"

Quase na mesma época da criação das colônias particulares na Bahia, em maio de 1818, por determinação de d. João VI, famílias suíças foram convidadas a virem para o Brasil. No ano seguinte, os primeiros colonos suíços chegam ao Brasil e fundam Nova Friburgo, no Rio de Janeiro, a primeira colônia agrícola criada no Brasil por não portugueses, com auxílio do governo. No entanto, a colônia não prosperou conforme se esperava, como veremos depois.

Mesmo que a política joanina tivesse alterado as relações entre as províncias do país e o Rio de Janeiro, ainda havia um isolamento geográfico e pouco comércio desenvolvido no Brasil. E a exploração da terra ainda era baseada no sistema escravocrata português. Diferente do que viria a ocorrer com São Leopoldo, em 1824, onde não só houve uma política bem definida para a colônia, com o apoio do governo que enviou para o Sul um número de levas de colonos sempre maior, a chegada de novos imigrantes nunca cessou (com exceção da década de 1830 e uns poucos anos da década de 1840). Outro fator importante para o fracasso das colônias pioneiras foi o clima quente das matas tropicais. Von Leithold, no

Brasil com seu sobrinho Rango, relatou as dificuldades alemãs na adaptação ao clima quente do Rio, "onde mesmo os habituados ao calor e a uma nutrição inferior não progridem".[154] Tölsner, médico na colônia Leopoldina entre 1831-58, também acreditava que o clima era perigoso para os recém-chegados, e a própria imperatriz brasileira sofreu com o terrível calor do país desde sua chegada.

Dentro das "instruções particulares" de José Bonifácio a Schaeffer, entregues ao alemão em agosto de 1822, Nova Friburgo, no Rio de Janeiro, já em evidente decadência, não seria o destino dos colonos alemães. Para o Patriarca, "as terras que o governo pretende conceder a ambas as classes para fundarem suas colônias são no interior de Minas, no extremo Norte da Província para o lado da Bahia; e no Rio Caravelas".[155] De fato, contratos realizados em Frankfurt por Schaeffer e dois de seus agentes, quase na mesma época, mencionam como destino dos imigrantes a colônia Leopoldina-Frankental.[156] Bonifácio apostava na colônia, que ele julgava próspera, e esperava que a atuação de Freyreiss e de Henning e Flach, sócios de Schaeffer e com acesso direto a d. Leopoldina, facilitassem o processo. Preocupado com a situação dos colonos da Almada, de Weyll, em maio de 1823, pediu à Assembleia Constituinte que estabelecesse "uma medida geral, que para no futuro sirva de legislação para o fomento de tão importante objeto".

O diplomata e viajante suíço Johann von Tschudi, em viagem por colônias brasileiras décadas mais tarde, relatou que devido à má reputação de Nova Friburgo na Europa, motivo pelo qual o governo suíço o enviara ao Brasil (o de averiguar a real situação dos emigrantes), Leopoldina-Frankental não passou de uma isca para os colonos.[157] De qualquer forma, nem uma coisa, nem outra. Já sem Bonifácio, o governo enviaria ao Rio Grande do Sul a quase totalidade das levas de alemães desembarcadas no Rio de Janeiro, a partir de 1824.

Os colonos, e principalmente os soldados de que d. Pedro necessitava, estavam à disposição na Europa. E para lá José Bonifácio enviou Schaeffer, antes mesmo da declaração da independência. De acordo com as instruções recebidas do Patriarca, Schaeffer deveria desenvolver uma emigração espontânea de "artistas e lavradores", além de encontrar, por conta do governo, colonos e soldados para "uma colônia rural-militar".

O agenciador 7

Johann Georg Anton Aloys Schaeffer nasceu em 27 de janeiro de 1779, em Münnerstadt, pouco mais de trezentos quilômetros ao Norte de Munique, a capital bávara. Era o caçula de Nikolaus Schaeffer, um pequeno empreendedor, proprietário de uma destilaria, sapateiro e tecelão, e de Margaretha Kantz. A família não era rica, a mãe era filha de um padeiro; o avô paterno, no entanto, era filho de um conde do Palatinado, provavelmente um príncipe eclesiástico, arcebispo de Mainz ou de Würzburg, que reconheceu o filho e como tal lhe oportunizou boa educação.[158]

Tendo ou não sido influenciado pela instrução do avô, que se tornara copista e matemático da Ordem dos Cavaleiros Teutônicos, Schaeffer possuía certa cultura, conhecia o latim e falava, além da língua materna, o francês – aprendeu o russo e o português mais tarde, em um espaço de tempo muito curto. Ele estudou Farmacologia em Würzburg, onde, por intermédio de um tio, teve a primeira experiência militar. Ao que parece, foi convidado para o posto de oficial no Regimento Imperial de Dragões, o qual teria negado em detrimento dos estudos. Seu espírito aventureiro o levou à Turquia, onde serviu como médico particular de um paxá. Retornou à Alemanha para fazer o doutorado em Göttingen. Ali, em 1803, recebeu o grau de doutor em Medicina, Cirurgia e Obstetrícia das mãos de Friedrich Blumenbach, professor de ninguém menos do que Von Humboldt, Von Langsdorff e do príncipe Maximilian von Wied-Neuwied, de quem já falamos no primeiro capítulo. Em Würzburg, casou com Barbara Hindernacht, filha de um moleiro.

Por sua atuação junto ao duque Von Gotha e ao príncipe regente Von Löwenstein-Wertheim, foi muito bem recomendado à Rússia. Tendo partido, então, em 1808, para São Petersburgo, onde atuou como médico militar. No ano seguinte já estava em Moscou, atuando como assessor do Colégio Imperial Russo. Quando Napoleão invadiu a Rússia, em 1812, Schaeffer se alistou em um batalhão de granadeiros moscovita e deixou a capital russa no dia em que a cidade foi ocupada. Por seus serviços, recebeu do tsar o título de barão, que nunca usou, acrescentando, porém, o "von" ao nome, esse sim jamais retirado da assinatura (mesmo que em português, às vezes, usasse o "de").

Um aventureiro visionário

Em 1813, a convite do Conselheiro de Estado Stoffregen, partiu em viagem ao redor do mundo no navio *Suwarow*. Esteve na China e em outros lugares exóticos para um europeu do século XIX. Por seu "conhecimento em Medicina e línguas estrangeiras", dois anos depois foi enviado ao Havaí por Alexander Andreyevich Baranov, um conceituado explorador e comerciante russo. Tinha como missão ganhar o favor do rei Kamehameha e, inicialmente, envolver-se apenas com a investigação científica. Mas, se as condições fossem boas, Schaeffer devia obter privilégios comerciais e um monopólio na exportação de sândalo.

O alemão se envolveu em muitas atividades; explorando o interior das ilhas, viu ali a possibilidade de criar um interposto comercial. Construiu uma pequena casa e plantou tabaco, milho, melão, melancia, abóbora e outras plantas úteis. Caiu nas graças de Kaumualii, rival de Kamehameha, que prometeu a Schaeffer e aos russos pagar com sândalo todo o investimento militar na ilha. Schaeffer se comprometeu em "melhorar a economia, através da qual os habitantes locais poderiam ganhar iluminação e riqueza".[159] Extrapolou suas ações, quase provocou uma guerra civil e internacional, e agentes norte-americanos, suspeitando que ele fosse um espião russo, tentaram matá-lo mais de uma vez. Em outubro de 1817, de Macau, escreveu informando à *Russian-American Company* os motivos pelos quais havia deixado as ilhas. Em abril do ano seguinte, já no Rio de Janeiro, informou à companhia sobre as causas do fracasso russo no Havaí. No Brasil, entregou uma encomenda destinada ao barão Von Touyl, embaixador da Rússia no Rio de Janeiro. Sabendo da paixão de d. Leopoldina pela Botânica, presenteou a princesa com sementes exóticas da Ásia, o que lhe abriu as portas da Corte. Retornou à Europa e encerrou seu ciclo russo escrevendo um detalhado relatório histórico e político sobre o Havaí, *On the Sandwich Islands as seen by Dr. Schäffer* [As Ilhas Sandwich na visão do dr. Schaeffer].[160]

Segundo informações do *Registro de Estrangeiros*, Schaeffer tinha "estatura ordinária, rosto comprido e bexigoso, e pouca barba".[161] O rosto bexigoso devia-se à varíola, que deixara marcado também o imperador brasileiro. Na única pintura conhecida de Schaeffer, publicada por Oberacker Jr., ele está de perfil e a aparência confere com os registros. Retrata um homem calvo, de nariz aquilino e bem-vestido, ostentando no peito a medalha da Ordem Imperial do Cruzeiro. Tal pintura, "um mau retrato do herói careca", foi vista por um mercenário alemão, no quarto de Schaeffer, já no Rio de Janeiro, em 1828.[162]

Em 1º de setembro de 1821, o então ministro e secretário de Estado dos Negócios do Reino, Pedro Álvares Dinis, concedeu a Schaeffer e a seus sócios (o hamburguês Johann Philipp Henning e o suíço Johann Martin Flach) terras devolutas nas proximidades do rio Peruípe, em Viçosa, no Sul da Bahia.[163] Ali, com algumas famílias alemãs, fundou a colônia de Frankental. No ano seguinte, foi chamado à Corte para servir de secretário, não oficial, da princesa Leopoldina. Sua missão, no entanto, era muito maior do que estar sujeito aos caprichos da princesa.

As muitas críticas feitas a Schaeffer ao longo da história atacam diretamente o lado pessoal e sua atuação como organizador das expedições com imigrantes. Octávio Tarquínio de Sousa, advogado, jornalista e autor de muitas obras sobre personagens da história brasileira, o descreveu como um "bêbado contumaz", "emérito no jogo de esvaziar garrafas". Sua amizade com a princesa, depois imperatriz, também foi atacada. Foi chamado de agiota e oportunista. De fato, d. Leopoldina, que muitas vezes o chamou de "meu único amigo" e "meu melhor Schaeffer", lhe devia dinheiro, mas a amizade de ambos era real. Leopoldina não deixou nem mesmo de lhe fazer confidências, "aqui anda tudo transtornado infelizmente, mulheres infamantes como se fossem Pompadour e Maintenon e ainda pior, visto que não têm educação alguma, e ministros da Europa toda e da Santa Ignorância governam tudo torpemente",[164] escreveu ela, referindo-se ao caso amoroso de d. Pedro com Domitila de Castro, a marquesa de Santos. D. Leopoldina, que não era nem um pouco organizada em questões financeiras, e muito prejudicada pela situação econômica do país e do marido, que não lhe repassava dinheiro algum, realmente lhe devia dinheiro. "Procure pelo amor de Deus me arranjar 120 mil florins ou quarenta contos em moedas daqui, senão fico numa posição desesperada", escreveu a princesa, em janeiro de 1822.[165] Muitas vezes a solicitação foi repetida, mas não só a ele, a imperatriz brasileira pedia dinheiro também ao amigo de Schaeffer, J. Joachim Hanfft, a J. Martin Flach, ao barão Mareschal; representante austríaco no Rio de Janeiro, e até ao pai, o imperador da Áustria, um ato "imensamente difícil para minha mentalidade alemã-austríaca", escreveu ela.[166] Em carta à irmã, na França, a imperatriz escreve que Schaeffer, "homem muito probo", lhe entregaria a correspondência e poderia "dar informações exatas e verdadeiras e sensatas a respeito de tudo que a você interessa".[167] Foi capaz, ainda, de em 28 de abril de 1821, três dias após o retorno da família real à Europa e em meio às turbulências que o país enfrentava diante das ameaças das Cortes, solicitar a Schaeffer que lhe arranjasse um navio "que zarpe brevemente para Portugal, visto que meu esposo deve seguir dentro de três dias e eu devo ficar aqui por tempo indeterminado por motivos que não estou autorizada a divulgar", e que tudo devia ficar "debaixo do maior segredo, ninguém deve sequer suspeitar". "Entrego minha sorte, minha felicidade nas mãos de um alemão, de um patrício, espero que ele não me engane", escreveu a então princesa.[168] Nem Leopoldina, nem d. Pedro retornaram à Europa, como sabemos, mas não há maior demonstração da confiança e da amizade de ambos.

Antes mesmo da declaração de independência, Schaeffer foi incumbido de partir para a Europa e contratar soldados para garantir ao país a existência de um exército capaz de fazer frente a possíveis confrontos contra Portugal. Em 21 de agosto de 1822, José Bonifácio entregou a Schaeffer instruções de como proceder na Europa. Em Viena ele deveria entregar cartas de d. Pedro e de d. Leopoldina ao imperador austríaco, sogro e pai dos futuros monarcas, reafirmando a lealdade de ambos com o princípio de legalidade, e que o Brasil era desejoso de manter os laços com a "grande família portuguesa", não querendo uma "separação absoluta de Portugal", porém que d. João VI "se achava cativo e prisioneiro em Lisboa, à mercê dos facciosos das Cortes". "Será, por conseguinte, este o objetivo ostensivo da viagem que Vossa Mercê fará à Alemanha e o único que deve transpirar no público", escreveu o ministro dos Negócios Estrangeiros.[169] Na correspondência da missão secreta, seria usado o francês, o latim ou o alemão, se necessário, de forma cifrada.

Para José Bonifácio, o que Schaeffer precisava ocultar de qualquer forma, e que depois causaria grandes dores de cabeça ao alemão, era que ele, "com todo o cuidado", deveria "penetrar a política do gabinete austríaco, prussiano e bávaro; pondo em prática todos os meios possíveis para alcançar a sua adesão à causa do Brasil". Depois de visitar Viena e as principais Cortes alemãs angariando apoio à causa brasileira, Schaeffer deveria "ajustar uma colônia rural-militar que tenha mais ou menos a organização dos cossacos do Don e do Ural". Tal colônia seria composta por duas "classes": a de "atiradores que, debaixo do disfarce de colonos serão transportados ao Brasil, onde deverão servir como militares pelo espaço de seis anos" e a de "colonos, aos quais se concederão terras para seus estabelecimentos devendo, porém, servir como militares em tempo de guerra à maneira dos cossacos ou milícia armada".[170]

A troca de correspondências entre Schaeffer e Bonifácio é surpreendente. Ambos não só projetavam a organização de colônias no Brasil – para o alemão, o Planalto Central e o rio Tocantins pareciam ser adequados para o estabelecimento de uma colônia germânica –, mas a própria criação de uma *nouvelle capitale*, uma nova capital, para o país. Foram mencionadas até mesmo as coordenadas: entre quinze e dezesseis graus latitude meridional e 47 ou 48 graus de latitude ocidental de Greenwich.[171] São as coordenadas de Brasília, descritas sete décadas antes de o astrônomo belga Louis Ferdinand Cruls realizar a primeira expedição demarcatória da futura capital. É bem verdade que transferir a capital para o interior não era uma ideia completamente nova. Hipólito José da Costa, por meio do *Correio Braziliense*, já havia propagado a ideia, levantando a discussão pela primeira vez em março de 1813. Retomou o assunto três anos depois e, em 1818, escreveu que o rio Doce ou as vertentes do rio São Francisco ofereciam "as mais belas situações para se estabelecer a Corte".[172]

Até a sua construção, quase um século e meio depois da correspondência trocada entre Schaeffer e Bonifácio, a capital esteve nos planos da Constituinte de 1823 e na Constituição Republicana de 1891, nos sonhos do diplomata e historiador Francisco Adolfo de Varnhagen, o visconde de Porto Seguro, e de homens como Theodoro Figueira Lima, Jales de Machado e de Carmem Coutinho, a terceira mulher a se formar em engenharia no Brasil, em 1925. Antes de Brasília se tornar realidade a partir da determinação de Kubitschek e dos desenhos, projetos e cálculos de Lúcio Costa, Oscar Niemeyer e Joaquim Cardozo, em 1960, seria necessário ainda que uma comissão liderada pelo marechal José Pessoa fosse realizada, em 1954, para o estudo da área.

Agente brasileiro na Europa

Schaeffer embarcou para a Europa em 1º de setembro de 1822, deixando inclusive Henning, seu sócio na colônia da Bahia, a ver navios. D. Pedro tinha urgência. Mas mesmo com as cartas da filha do imperador, Schaeffer não foi sequer recebido no gabinete do governo austríaco.

O príncipe Klemens Wenzel von Metternich-Winneburg tornara-se ministro das Relações Exteriores da Áustria logo após a derrota austríaca para os franceses em Wagram, em 1809, e sua influência no governo de Francisco I e na política europeia foi sempre crescente, principalmente durante o Congresso de Viena, em 1815. Poucos anos antes, em 1810, fora ele o responsável pela intermediação do casamento entre Maria Luísa, filha do imperador e irmã de d. Leopoldina, com Napoleão, que salvou a Áustria, mas horrorizou as monarquias da Europa. Símbolo do conservadorismo político diante das revoluções liberais, Metternich foi exilado na Inglaterra após a Revolução Social de 1848.

Sobre a viagem de Schaeffer, a própria d. Leopoldina, filha de Francisco I, aconselhou o pai a não dar ouvidos ao alemão quanto à empreitada do agente brasileiro na Europa, "é boa pessoa, mas foi obrigado, para essa missão, a se deixar usar; considero minha obrigação lhe dizer que o senhor não se arrisque nesse negócio", escreveu ela, ainda em junho de 1822.[173] A situação era delicada para todos, em meio ao turbilhão que arrastaria o Brasil à declaração da independência, a esposa de d. Pedro temia que os acontecimentos tomassem os rumos da Revolução Francesa e até solicitava ao pai um cargo de mineralogista em Viena.

Schaeffer foi mais feliz em Munique e também em Darmstadt, mas logo ficou claro que as Cortes alemãs só prestariam algum tipo de auxílio quando as poderosas Áustria e Prússia reconhecessem o Brasil como país independente. E a Áustria, desde há muito, via a emigração para a América como uma "moléstia moral".[174] A contratação de soldados era terminantemente proibida desde as resoluções do Congresso de Viena. As grandes nações europeias estavam preocupadas com a reorganização do Velho Continente e viam com maus olhos a arrecadação de soldados, principalmente em países sul-americanos, muitos ainda colônias de países europeus ou já independentes na forma de república. D. Pedro I ainda não havia conseguido o reconhecimento da independência do Brasil e era visto pela Europa como um rebelde que traíra a Santa Aliança agindo contra o próprio pai. E logo ele, d. Pedro, um confesso admirador de Napoleão.

França e Rússia desde o início se posicionaram contra o reconhecimento por parte de Portugal da independência do Brasil. A intransigência dos russos chegou ao ponto do tsar sugerir aos portugueses o envio de tropas que submetessem o Brasil novamente à condição de colônia. Contra Schaeffer, pesava ainda o estigma de estar associado à maçonaria e ser adepto de ideias liberais, que causavam calafrios em Metternich e nas demais Cortes.

Para não chamar a atenção das autoridades, Schaeffer embarcaria então soldados disfarçados entre as famílias de colonos, muitas vezes como "avulsos" ou "aprendizes de ofício"; alguns deles já veteranos das campanhas contra Napoleão. Até cães e cavalos de raça, uma grande paixão de d. Pedro, o agente enviou ao Brasil, como informou ele mesmo, em carta de janeiro de 1825: "no *Caroline* foram 282 pessoas, no *Triton*, 101 e três cavalos".[175] "O imperador está extraordinariamente satisfeito com os soldados, e os cavalos causaram-lhe prazer extraordinário. Ele os foi ver mais de cem vezes desde que chegaram há dois dias",[176] escreveu d. Leopoldina a Schaeffer, após a chegada do *Triton* ao Rio de

Janeiro. Um entusiasmado imperador ordenaria a vinda de mais cavalos, "o branco do Steiner, perto de Lübeck e os dois castanhos, de Illefeld, perto de Brandenburg", com especial recomendação que Caldeira Brant, o marquês de Barbacena, diplomata brasileiro em Londres, o sustentasse com "todo o ouro em barra" possível.[177] Ao menos honorificamente, d. Pedro recompensou Schaeffer por seus soldados e cavalos com os títulos de oficial da Ordem de Cristo e Imperial do Cruzeiro, em 1822-25. Além de nomeá-lo tenente-coronel da Guarda de Honra e *Agent d'Affaires Politiques*, agente de assuntos políticos do Brasil, em março de 1825. Aliás, conceder títulos honoríficos era uma mania da Casa de Bragança. Nos anos de 1825-26, d. Pedro concedeu 104 e o pai, d. João VI, havia concedido em seus treze anos de Brasil mais do que toda a monarquia portuguesa em sua história.

Ainda assim, satisfazendo os caprichos de d. Pedro e as necessidades financeiras da imperatriz, e correndo risco de ser preso na Europa, durante muito tempo Schaeffer foi difamado. Na Alemanha, foi considerado um "agitador" e processado muitas vezes. Era opinião geral que o "aventureiro internacional" e seus agentes promoviam um "movimento assustador". Falou-se até que o trabalho do agente brasileiro era equivalente ao "tráfico de escravos"[178] ou à "venda de almas".[179] Seu antigo desafeto, Schlichthorst, que adorava elogiar as "negrinhas" do Brasil e achava difícil resistir à tentação de possuir os encantos dos trópicos por "alguns vinténs",[180] o chamou de "uma espécie de traficante de carne humana".[181] Outro desafeto, Bösche, ao encontrar com Schaeffer no Brasil, afirmou tê-lo visto "rodeado de garrafas e das mais devassas e libertinas criaturas". "Este homem", escreveu o ex-sargento do Terceiro Batalhão de Granadeiros, "vivia numa eterna bebedeira; não havia absolutamente nexo no que dizia".[182]

Desgraças e miséria

Apesar das críticas de seus detratores, e dos possíveis excessos com o álcool, Schaeffer foi mais uma vítima do sistema do que um beneficiário. "Se fala muita coisa verdadeira, falsa, risível e insossa, inventada a respeito de minha pessoa e de minhas expedições", escreveu ele ao senador hamburguês Abendroth, em 1824.[183] Sobre as orgias em que teria se metido, é difícil de acreditar que as fizesse com frequência, era um homem doente, sofria de gota, e permanecia longos períodos isolado do mundo, em seu quarto na rua Kreyenkamp, número 34, em Hamburgo, ou aos cuidados da irmã, em Göttingen. Autodenominou-se "um eremita", fato confirmado por agentes brasileiros na Alemanha. O cônsul brasileiro em Hamburgo, Melo Matos, o encontrou "mal do peito", de modo que não podia falar. A doença "quase o levou à sepultura", conforme ele próprio noticiou ao imperador, em janeiro de 1826.[184] Para Oberacker Jr., seu biógrafo, o andar hesitante, que os mercenários levianamente aludiram à embriaguez, devia-se às inflamações causadas pela gota.

Agindo em segredo, como determinavam as ordens de José Bonifácio, Schaeffer teve enormes dificuldades em cumprir os planos brasileiros, bem como de se defender dos ataques que lhe eram dirigidos pelos governos e diplomatas estrangeiros. Atuando na clandestinidade, e sem um verdadeiro apoio político necessário para a tarefa da qual fora incumbido, passou por muitos apuros, que só aumentaram depois da renúncia de José Bonifácio, com quem tinha imaginado grandes projetos para o Brasil. Aliás, o parlamento brasileiro só descobriu a missão secreta de Schaeffer em 1827, cinco anos depois do início de suas atividades na Alemanha. Eram tantas as ordens e contraordens que d. Pedro chegou a enviar uma carta a Hamburgo, datada de junho de 1824, ainda no princípio de sua atuação, ordenando a Schaeffer que "mande os que por esta lhe encomendo, e faça de conta que não recebeu ordem para não mandar.

Mande, mande e mande, pois lhe ordeno." Em resposta, no mês de setembro, Schaeffer escreveu ao imperador que a total falta de planejamento, organização e, principalmente, dinheiro para o envio de soldados, abalavam o crédito brasileiro na Alemanha.[185]

O historiador José Antônio Soares de Souza admitiu que, lutando com dificuldades de toda a sorte, Schaeffer havia conseguido enviar para o Brasil, durante anos consecutivos, um "número considerável de colonos que, na grande maioria, se arraigaram na terra que se estabeleceram". Nem todos eram artífices e lavradores, "honestos e morigerados, mas isso é da própria natureza humana. Estes maus elementos, principalmente entre os soldados, não desmereceram os resultados obtidos por Schaeffer".[186] Para Souza, Schaeffer era "inteligente e ativo", a serviço de um país nascido em meio a intrigas políticas.

Em resposta às acusações que lhe foram feitas, de que nunca se preocupou com o destino de seus colonos e soldados e de que vendia almas humanas como mercadoria, a carta enviada a José Bonifácio ainda no início de sua atuação, revela o contrário: "é necessário manter estritamente a palavra e cumprir religiosamente os ajustes assumidos com eles".[187] O marquês de Barbacena relatou ao governo, no Rio, que "na minha correspondência com ele, sempre me queixei amargamente das despesas, mas em abono da verdade devo declarar a V. Exa. que, em minha consciência, entendo terem sido moderadas, e que de nenhuma outra parte será possível obter gente com menos despesa".[188] Manoel Rodrigues Gameiro Pessoa, futuro visconde de Itabayana, que ocupou a mesma pasta do marquês, em Londres, declarou ter "boa opinião do caráter e bons desejos de Mr. Schaeffer, e estou mesmo persuadido de que ele tem procedido com economia nas expedições que tem efetuado; porém conheço ao mesmo tempo, que ele não tem método, nem ordem nos seus trabalhos, e por isso é capaz de errar, tendo, aliás, a melhor vontade de acertar."[189] A verdade é que de todos os envolvidos no projeto, talvez fosse Schaeffer o único a ter algum tipo de método.

Acuado na Alemanha e com d. Pedro cada vez mais pressionado a finalizar os gastos destinados à imigração, Schaeffer encerrou sua atuação na Europa e retornou ao Brasil. Permaneceu pouco tempo em Frankental, retornando à Alemanha a procura de alívio para a gota que o castigava. De Göttingen enviou sua última carta a d. Pedro, em novembro de 1829, solicitando um emprego diplomático na Baviera ou em Hanôver. Há tempos vinha insistindo para que o monarca "se digne conservar a minha honra e não me abandone aos meus inimigos que criei no serviço de Vossa Majestade Imperial".[190] Solicitou o título de "visconde de Frankental Jacarandá", para quem "tanto tem sofrido por este Império" e "julga-se digno por direito a esta justiça". D. Pedro prometeu uma carta de honra, o pagamento de seus credores, feitos à custa do envio de colonos e soldados e dos empréstimos feitos à imperatriz, e uma aposentadoria. Mas o jovem e intempestivo imperador brasileiro já não estava em situação de ajudar ninguém, ele próprio seria obrigado a deixar o poder dentro em breve.

Alguns anos depois, provavelmente em 1836 ou 1838, Schaeffer faleceu desamparado e longe da Corte. Para alguns, "minado pelo álcool" entre os botocudos do rio Doce, no Espírito Santo ou em Minas Gerais; para outros, em sua colônia no Sul da Bahia. Há ainda aqueles que acreditam que ele faleceu na Europa, o que nos parece menos provável.[191] Conforme seu inventário, aberto em 1843, em Caravelas, na Bahia, a Fazenda Jacarandá estava sob os cuidados de suas duas herdeiras, a esposa Guilhermina Florentina e sua única filha, Teodora Romana Luiza. Apesar da herança, de "elevada proteção" e do casamento com o rico proprietário de terras João Vicente Gonçalves de Almeida, nos anos de 1860 Teodora se encontrava, nas palavras do suíço Von Tschudi, "em situação bastante embaraçosa, depois de ter passado as várias fases de uma existência que foi tudo, menos virtuosa".[192] Nessa época, a família de Schaeffer havia muito tempo abandonado qualquer iniciativa que envolvesse imigrantes.

O Brasil não é longe daqui! 8

Embora as guerras napoleônicas tivessem terminado, a população rural da Alemanha, especialmente na região renana, origem de uma parcela considerável dos primeiros alemães que chegariam ao Brasil contratados por Schaeffer, ainda vivia em péssimas condições. Invernos rigorosos, como os ocorridos entre os anos de 1816-18, arruinaram os poucos campos cultiváveis em um território devastado por anos de campanhas militares, pilhagem e colheitas fracas.

A região do lado esquerdo do Reno, além de ocupada por tropas napoleônicas, teve a população recrutada para compor o Exército da *Grande Nation*. Em 1808, a Confederação do Reno foi forçada a fornecer 119 mil soldados a Napoleão. Cinco anos depois, quando se iniciou a expulsão dos invasores, o slogan nacionalista "o Reno é um rio alemão, não uma fronteira alemã" se tornou muito popular e concentrou esforços na criação do embrião do futuro Estado alemão. Na Batalha das Nações, em Leipzig, antigos aliados de Napoleão, parte das tropas da Baviera, da Saxônia e de Württemberg (mais de 5 mil homens) trocaram de lado e deram início aos levantes que resultaram na derrota do imperador francês e o retorno às antigas fronteiras pré-Revolução Francesa.[193]

O rastro de pilhagem deixado por esses exércitos em combate resultou em muitas plantações destruídas, colheitas apreendidas, animais mortos ou requisitados para o consumo, arruaças e estupros por parte de invasores e nacionalistas. Os invasores ainda deixaram para trás um rastro de doenças, principalmente o tifo. Apesar da preocupação de Napoleão com a higiene, as tropas francesas infestaram a Alemanha com a doença; só em Berlim o aumento no número de casos foi de 400%. Depois de Leipzig, e durante o recuo até Paris, cerca de 5 milhões de pessoas contraíram a doença e estima-se que pelo menos 250 mil morreram de tifo na Alemanha entre os anos de 1813-14. A epidemia durou até 1819, com uma taxa de mortalidade beirando os 40% entre os infectados.[194]

A outra revolução

No século anterior, mais ou menos na mesma época em que Luís XVI era coroado rei da França e a revolução ainda estava longe de Versalhes, a Inglaterra começava a obter os primeiros resultados de outra revolução, a transformação tecnológica no modo de produção: a Revolução Industrial. A máquina não era uma novidade, desde a Idade Média o ser humano já havia desenvolvido um grande número de equipamentos que iam desde aparelhos para triturar milho até os que teciam fios. Mas quase todos dependiam do esforço humano. Um levantamento feito pelo diretor do Museu de Artes e Ofícios de Paris na *Encyclopédie*, a famosa enciclopédia iluminista de Diderot e D'Alembert, do fim do século XVIII, constatou que dois terços da energia usada em máquinas da época provinham da força muscular. Destas, a do homem correspondia a quase 60% e a de tração animal, principalmente o cavalo, cerca de 10%. Alternativas naturais eram obtidas por meio da água (30%) e, em menor quantidade, pelo vento (3%). Das máquinas movidas pela força humana, 70% eram de "girar com a mão".[195]

Enquanto os enciclopedistas estavam ocupados escrevendo os mais de trinta volumes que comporiam seu trabalho, do outro lado do canal os ingleses estavam trabalhando em uma nova tecnologia, a mola propulsora da industrialização: os motores movidos pela pressão do vapor e a energia gerada por meio da combustão da hulha (o carvão mineral). Em 1698, Thomas Savery aplicou pela primeira vez o vapor produzido com a queima do carvão para transformar energia térmica em mecânica. Pouco depois, em 1705, o ferreiro Thomas Newcomen instalou uma máquina a vapor, com pistão, para esgotar água de uma mina de carvão em Staffordshire, na Inglaterra. O problema da máquina de Newcomen era que ela dependia das condições atmosféricas, por isso só podia ser usada nas minas, e havia enorme desperdício de energia com o resfriamento do cilindro.[196] Em 1765, James Watt aumentou a eficiência da máquina com a invenção do condensador. O engenho de Watt possibilitou a geração de três vezes mais energia com a mesma quantidade de carvão do que a gerada pela máquina de Newcomen. Foi um sucesso. O uso da hulha na fundição do minério de ferro permitiu o suprimento abundante do metal e possibilitou a substituição da madeira nas peças moventes de muitas máquinas. Alguns anos mais tarde, Edmund Cartwright patenteou o primeiro tear utilizando a nova tecnologia. Pela primeira vez na história, o homem criara uma máquina capaz de produzir uma quantidade muitas vezes maior de um único produto do que a produzida artesanalmente. Logo, a força motriz gerada pelo vapor passou a ser utilizada nas fábricas e nos transportes. Em 1825, o primeiro trem a vapor percorreu os pouco mais de dez quilômetros entre Stockton e Darlington, na Inglaterra. Em 1828, a novidade havia chegado à França e, em 1832, à Áustria. Em 1835, a primeira ferrovia alemã ligava Nuremberg a Fürth e, no fim da década de 1850, já havia ferrovias em quase todos os recantos do mundo.

No começo do século XIX, quando a Revolução Industrial atingiu o continente, encontrou uma Europa muito diferente do que no século anterior. A revolução de 1789 e o período napoleônico haviam derrubado a ordem vigente do *Ancien Régime* e espalhado uma onda revolucionária e liberal. E se por um lado a ocupação dos Estados renanos pela França havia roubado a identidade alemã, por outro possibilitou que essa região fosse a primeira dentro da Alemanha a se libertar do sistema feudal e derrubar todas as barreiras que faziam frente a uma sociedade capitalista. Assim, foi a primeira a industrializar-se, tendo a economia de mercado destruído o campesinato como forma autônoma de subsistência, surgindo daí os produtores e operários agrícolas assalariados.

No entanto, de maneira geral, a industrialização na Alemanha foi lenta. Em 1785, os prussianos já haviam copiado a ideia de Watt, mas dependiam de operários ingleses para operar o maquinário. Em 1846, mais de 97% dos teares alemães ainda eram operados à mão. E a fundição do ferro, usada na Inglaterra desde a década de 1780, chegou aos fornos da Silésia apenas em 1828, e só seria aplicada em larga escala no Ruhr na década de 1840.[197] Mesmo a opressão do sistema feudal, já tardio na Alemanha, tinha suas vantagens para o camponês, principalmente porque lhe era permitido extrair do campo a folhagem para o pasto do gado e a palha para forrar a cama, a lenha para ser usada como combustível e aquecimento no inverno e a madeira para construções. A propriedade absoluta, que fora uma conquista, também era um impeditivo, porque as fazendas agora eram particulares. A abolição da servidão em alguns Estados, como Mecklenburg, no Norte da Alemanha, alterou profundamente o sistema social, marginalizando um grande extrato da população rural.

O tamanho das propriedades rurais no país, em especial as das regiões renanas, eram minúsculas se comparadas às que seriam depois oferecidas por Schaeffer e seus agentes. As sucessivas divisões hereditárias em algumas áreas reduziram os campos a frações minúsculas. "As propriedades se reduzem tanto que já não bastam para a manutenção de uma vaca", escreveu um camponês.[198] O gado era a essência da vida rural; sem o gado, o camponês perdia o leite à mesa, o animal para o arado e o esterco para o solo, que, perdendo produtividade, não fornecia o cereal do qual se fazia o pão. Menos de 20% dos colonos na Alemanha possuíam propriedades que excediam dez hectares. A maioria era proprietária de pouco mais do que dois hectares. O carpinteiro Friedrich Dressbach, imigrante de 1825, por exemplo, era proprietário de aproximadamente um hectare dividido em pequenas frações de terra em

Calbach, nas proximidades de Büdingen, Hessen – quando ele precisou vender tudo para emigrar, seus bens lhe renderam pouco mais de 720 florins renanos.[199] Uma quantidade de terra muito aquém dos 77 hectares que o Brasil ofereceu por intermédio de Schaeffer. "Aqui se recebe um pedaço de terra cujo tamanho na Alemanha corresponderia a um condado", escreveu à família, em 1827, o colono Valentin Knopf, estabelecido em Três Forquilhas, no litoral gaúcho.[200]

Pelo Código Napoleônico, a partir de 1804 a divisão territorial deveria ser igualitária. Depois da queda do imperador e o restabelecimento da estrutura antiga em algumas áreas, o sistema hereditário que favorecia o primogênito voltou a prevalecer.[201] Uma parcela considerável dos emigrantes da região do Palatinado, por exemplo, era de não primogênitos sem herdade paterna. No grão-ducado de Hessen-Darmstadt, que fora desde o início aliado de Napoleão, no entanto, a divisão era universal, sendo as propriedades divididas igualitariamente entre os filhos. E nesse momento não apenas a Alemanha, mas toda a Europa passava por um aumento populacional nunca visto. Em um século, entre 1750 e 1850, a população europeia aumentou cerca de 80%. Em parte, a "culpa" também pode ser atribuída ao imperador francês; pelo menos quanto à França ou aos territórios ocupados e aliados, o que incluía boa parte da Alemanha. Napoleão obrigou, por força de lei, a vacinação contra a varíola, cujo resultado foi a diminuição da mortalidade infantil e o consequente aumento populacional na década seguinte.

A saída do campo e a busca pela cidade permitiram que trabalhadores pudessem ser utilizados na produção industrial, mas isso criou novos problemas, como o aumento desenfreado da população urbana e a formação do proletariado industrial. Em 1811, apenas um terço dos habitantes de Frankfurt do Meno era considerado cidadão, o restante havia formado uma nova classe social: a de mendigos. Na década seguinte, quase 10% da população alemã era composta de vagabundos. A maioria dos alemães, 80% dos indivíduos ativos, se dedicava às atividades agrícolas. À medida que a industrialização crescia, esse número decaía; trinta anos depois eram 65% e, em 1870, década da formação do Império alemão, menos de 50% da população estava vinculada à agricultura.[202]

Onda emigratória

Depois de Waterloo, em 1815, e com a diminuição das campanhas militares, a taxa de natividade relativamente crescente e a Revolução Industrial cobrando seu preço quanto ao número de desempregados no campo e na pequena indústria manufatureira, a solução encontrada por uma significativa parcela da população foi emigrar. E, em alguns casos, os números foram assustadores. Aldeias inteiras emigraram e deixaram de existir, como Pferdsbach e Wernings, no Hessen-Darmstadt, onde os habitantes se transferiram para Ohio, Pensilvânia ou Illinois, nos Estados Unidos.[203]

O grão-ducado de Hessen-Darmstadt, que foi o primeiro Estado de língua alemã a deixar partir para o Brasil seu excedente populacional, também foi o que mais enviou colonos para o país durante os seis primeiros anos de imigração, entre os anos de 1824-30. Dos imigrantes do *Argus*, o primeiro navio a chegar ao Rio de Janeiro com os colonos do projeto de Bonifácio e Schaeffer, 65% eram súditos do grão-duque. As destruições causadas pela guerra e a recente liberdade adquirida fizeram com que os súditos de Ludwig I emigrassem em grande número para o Brasil, o que já vinha ocorrendo desde alguns anos, de forma mascarada, para a América anglo-saxônica. Em janeiro de 1825, quase 1.200 pessoas solicitaram permissão para emigrar de Nidda. No mês seguinte, mais de oitocentas emigraram de Büdingen. É a origem da grande maioria dos colonos e soldados que desembarcaram no Rio de Janeiro, depois em Nova Friburgo e São Leopoldo, no primeiro estágio da atuação de Schaeffer.[204]

O governo do grão-ducado, inicialmente alheio à emigração para o Brasil, mudou de opinião quando o índice de emigrantes atingiu um volume expressivo de seus habitantes, principalmente durante o decorrer do ano de 1825. Em março daquele ano, o governo identificou o motivo: "o pouco valor da produção", "a paralisação do comércio" e a ação de "agitadores".[205] No fim do ano, Ludwig I deu ordem para que os passos de Schaeffer e de seus agentes fossem seguidos. Os conselheiros provinciais deviam dar-lhe voz de prisão onde quer que o encontrassem, e todas as cartas e pacotes que o tivessem por remetente deveriam ser interceptados e enviados ao governo de Hessen, em Darmstadt.

Na primeira semana de janeiro de 1826, o diplomata brasileiro na Europa, Telles da Silva, comunicou ao Rio de Janeiro que a emigração de Hessen-Darmstadt para o Brasil estava proibida. Em Baden, a emigração para o Brasil estava proibida desde junho de 1824, e a Baviera e Württemberg também restringiam as ações de Schaeffer. Ainda assim, em 10 de abril de 1826, Hessen-Darmstadt reconheceu o Brasil como um país independente e tentativas de aproximar os dois governos para regulamentar a emigração foram tentadas, principalmente pelo barão Hans Christian Ernst von Gagern. Mas elas tiveram fim, assim como a emigração para o Brasil, em 1831, com abdicação de d. Pedro I.

Nos anos de 1826-27, a febre da emigração, que até então se limitara ao lado direito do Reno, chegou ao outro lado do rio, na região de fronteira com a França. De todo o Hessen do Reno, do grão-ducado de Oldenburg, do Palatinado (pertencente à Baviera) e, principalmente, do Hunsrück (anexado pela Prússia); uma grande região espremida entre os rios Mosela e Reno, uma enorme massa humana começou a se dirigir aos portos dos Países Baixos e do Norte da Alemanha com os passaportes de viagem expedidos pelos agentes de Schaeffer. Bösche observou que o "camponês separava-se, sem pesar, da terra de seus pais, abandonando, indiferente, seus campos sobrecarregados de impostos".[206]

Após as primeiras viagens às Cortes europeias, Schaeffer havia montado seu escritório no porto de Hamburgo, mais tarde transferindo-o para Bremen. De lá, ele dirigiu o projeto de emigração para o Brasil, criando uma rede de subagentes espalhados por toda a Alemanha a fim de encontrar colonos (para satisfazer Bonifácio) e soldados (como queria e exigia d. Pedro). Como a emigração para os Estados Unidos já era comum e vinha ocorrendo em grande escala desde o século XVIII, ele usou do conhecimento e dos contatos de alguns pioneiros na área. Johann Wenzeslaus Neumann, Joachim David Hinsch e Johann Christoph Müller trabalhavam em Hamburgo; Ludwig F. Kalmann, em Bremen; e Jacob Cretzschmar, em Frankfurt. Cretzschmar era médico, professor de Ciências Naturais, também era escritor e membro de diversas sociedades científicas alemãs. Como Schaeffer, também era ligado à maçonaria.

Em meados de 1823, Cretzschmar foi nomeado por Schaeffer agente com poder de conceder os certificados de recepção, que eram necessários para que os emigrantes recebessem autorização para deixar a Alemanha nos portos de embarque. Com sua experiência no assunto, Cretzschmar agiu rápido e conseguiu fretar a primeira leva para o Brasil em pouquíssimo tempo. Em julho de 1823, o primeiro navio do empreendimento brasileiro deixou Amsterdã, na Holanda, com destino ao Rio de Janeiro.

Enquanto os agentes buscavam possíveis emigrantes e percorriam a Alemanha divulgando o interesse brasileiro em recebê-los, Schaeffer publicou, no começo de 1824, o livro *O Brasil como império independente, analisado sob o aspecto histórico, mercantilístico e político*. Schaeffer pouco tratou da imigração ou da própria atuação como agente brasileiro, mas não poupou elogios às terras brasileiras: "Entre todos os países do Novo Mundo, o Brasil é o mais magnífico, o mais abençoado, que oferece as melhores esperanças." D. Pedro é tratado como um monarca legislador, culto, bondoso, dedicado à família e defensor de seu povo. A propaganda é a alma do negócio e contra o Brasil pesavam duas importantes barreiras a serem vencidas. A primeira delas era a distância, quase duas vezes mais longa do que a percorrida para quem emigrava para a América do Norte, o que acarretava em um alto custo financeiro e um enorme sacrifício físico para quem viajava com mulheres e crianças. A segunda era a total desinformação que o povo tinha sobre o novo país. Afinal o que era o Brasil?

Com o livro de Schaeffer circulando entre cientistas, nobres e empresários entusiastas, a população foi abastecida com a publicação de folhetins ou cartas explicativas, que passaram a circular em todas as aldeias onde os agentes atuavam. Essa propaganda difundiu-se rapidamente e era repassada de mão em mão. O colono Adam Kunz, de Sötern, no Sarre, que, de fato, emigrou para o Brasil chegando a São Leopoldo em dezembro de 1827, recebeu uma dessas cartas:

> As famílias, após sua feliz chegada ao Rio de Janeiro, capital e residência do Imperador do Brasil, nada mais têm com que se preocupar, mas ser diligente. O livro *O Brasil como Império Independente*, de autoria do major Von Schaeffer, de 1824, fornecerá os pormenores sobre a emigração e as características do país. Considerando que o governo fornece, paternalmente, as terras, exige-se na Alemanha, que cada família custeie, na medida do possível, suas despesas de viagem e que cada adulto, já a partir de doze anos, contribua com cem a 120 florins renanos para a passagem. As crianças, com menos de doze anos, pagarão a metade e, com menos de seis anos, nada. Artesãos – serralheiros, pedreiros, carpinteiros, ferreiros, seleiros, carteiros e outros – terão a viagem gratuita, no entanto, todos serão responsáveis por sua viagem até aqui. [...].
>
> Às famílias que desejarem viajar ainda este ano será fornecido seu documento de admissão, com o sinete imperial brasileiro, garantia de que serão recebidos como homens livres e cidadãos. Os desprovidos de recursos

terão que aguardar a chegada de navios imperiais brasileiros, chegada esta que se publicará. É necessário que as famílias se agrupem por lugar de origem, declarando-se, exatamente, o número de familiares, idade e estado civil, restringindo-se, de início, tal medida aos que custearão suas despesas. Tal agrupamento possibilitará a confecção e expedição de um documento brasileiro de admissão conjunta, útil para o caso das autoridades negarem sua partida sem prévia apresentação do mesmo.

Cada família terá direito a quatro caixas ou barris de roupa de uso pessoal e roupa branca, ao peso máximo de 120 libras [cerca de 55 kg] cada um, além de algumas de cama, não muitas, a fim de não superlotar o espaço do navio. É necessária, também, a identificação de seus pertences.[207]

Era uma tentativa de garantir as boas intenções e apresentar o país melhor do que haviam feito alguns viajantes alemães anteriores. O jovem aventureiro prussiano, Ludwig von Rango, por exemplo, em viagem pelo Brasil em companhia do tio Theodor von Leithold, escreveu que o país ainda se achava "em projeto e no mais baixo estágio de cultura, e onde a humanidade está sendo calcada aos pés".[208] Um dos motivos da viagem de Rango era reencontrar a mãe depois de mais de dez anos. A irmã de Von Leithold se casara com o português Silveira Pinheiro, conselheiro de d. João VI, e havia deixado Berlim, em 1807, vindo para o Brasil após a invasão francesa de Lisboa. Claro que os cientistas pintaram o Brasil exótico de um colorido muito mais vivo e o jovem viajante, de apenas 25 anos, desapontado, chega a ironizar os patrícios naturalistas: "poucos, em suma, encontraram o que buscavam, excetuados talvez, os que foram à caça de borboletas e vermes, pois vermes os há em abundância".[209]

O escritor e viajante hamburguês Friedrich Gerstäcker, autor de vários relatos e um romance cuja temática foi a imigração alemã no Brasil, na década de 1860, escreveu que "os jornais de emigração apresentam uma gravura com uma colônia nos trópicos, naturalmente com palmeiras, com casa, rio e um barco, obviamente tudo do colono, e essas descrições sedutoras fecham os ouvidos de determinados pobres diabos a ponto de deixarem tudo para trás para poderem comer bananas ou abacaxis sob as palmeiras".[210]

A verdade é que as chagas do país se popularizaram no meio intelectual mais do que se poderia desejar: o Brasil era um país social e economicamente atrasado, cheio de escravizados africanos e com um clima muito diferente do europeu. Mas, para o colono, pouco importava a opinião sobre escravizados e o clima quente do país sul-americano. O historiador alemão Martin Rheinheimer resumiu, "imigração é uma reação à decadência econômica ou à ameaça da pobreza".[211] No imaginário popular, ser dono da própria terra, que, em muitos casos, excedia as posses de qualquer nobre europeu, e ao mesmo tempo estar isento da pesada carga tributária que lhe era imposta, era motivo suficiente para correr o risco. O lavrador Peter Reinheimer, de Altenglan, no Palatinado, escreveu a Kusel, comissariado administrativo da região: "Há muito me convenci de que não posso mais alimentar a mim e minhas quatro crianças nesta região e estou ameaçado de ser subjugado ao bastão da mendicância nestes tempos cada vez menos favoráveis e, por fim, teria que pegá-lo. Por isso decidi emigrar com minha mulher e quatro crianças para a América, para o Brasil".[212]

Se havia fome e dificuldades na Alemanha, o Brasil se oferecia como o Eldorado, o mítico país repleto de ouro das lendas indígenas narradas aos conquistadores espanhóis do Novo Mundo. "Aqui cresce tudo o que se possa imaginar e desejar", escreveu um colono.[213] O conto da romancista alemã Amalia Schoppe, *Die Auswanderer nach Brasilien oder die Hütte am Gigitonhonha* [Os emigrantes para o Brasil ou a cabana junto ao Gigitonhonha], publicado em 1828, em Berlim, que narra a história da família Riemann, de Württemberg, resume bem as ideias de sonho e de esperança presentes no imaginário do campesinato alemão.

Depois de um dia de trabalho, o patriarca da família Riemann encontra na estrada uma caravana de homens, mulheres e crianças. Quando Riemann pergunta a um dos homens "Para o Brasil, portanto?", fica sabendo que se dirigem para os Países Baixos, de onde pretendem emigrar para a América: "Sim, para o Brasil; aqui teríamos que morrer de fome, pois a terra não quer mais nos alimentar; por isso queremos procurar a nossa sorte na terra onde deve haver montes de ouro e prata à plena luz do dia, como muitos nos garantiram. E, também não achando isso lá, pelo menos temos certeza que há terra suficiente – e em abundância – para pessoas trabalhadoras, e que lá não precisamos morrer de fome".[214] Em *Jedem sein Paradies* [A cada um seu paraíso], romance de Otto Grellert, escrito algumas décadas mais tarde, os alemães Michael e Gotthilf, operários, donos de uma casa e uma pequena horta para alimentar uma grande família, são atraídos para um Brasil inexistente:

> Alemão! Por que ainda trabalhas como servo de senhores estranhos? Por que sofres ainda de fome num pedaço de terra acanhado? Vai para o Brasil! O país mais rico do mundo, com suas florestas virgens incomensuráveis esperam por ti. Lá, podes também tu, tornar-te um senhor, em solo e terra próprios. As melhores terras do Brasil estão sendo divididas e vendidas em nossos dias. Já está demarcado o lugar onde deve ser construída a cidade mais moderna, com igrejas, escolas, hospitais, bancos e lojas. O planejamento já está concluído. Estradas largas e excelentes deverão em breve ser construídas e também se pode contar para logo com a construção da estrada de ferro. Em quase todas as colônias há tanta madeira disponível, que ela por si só poderá cobrir, em pouco tempo, o preço da compra. Trabalhador! Pequeno agricultor! Apressai-vos! Assegurai para vós e para vossos filhos o futuro! Assegurai para vós o melhor solo do Brasil![215]

Anos mais tarde, desiludido, ainda segundo o romance de Grellert, Michael irá refletir "Onde está aqui afinal a moderníssima cidade com escolas e sabe-se lá o que mais? Onde estão as estradas excelentes e onde está a ferrovia?" Tudo não passara de blefe.

O país mais rico do mundo

As cartas de colonos já emigrados e que recomendavam a seus parentes a emigração eram copiadas e espalhadas pelo interior. O imigrante Valentin Knopf, depois das dificuldades iniciais, inclusive para receber a propriedade prometida, escreveu aos pais em Wahlheim, na Alemanha: "Desejamos que venham para cá, para viver em paz e sossego. Em resumo, você vive aqui sem se preocupar, porque aqui não precisamos pagar taxas ou tributos". Knopf, que perdeu dois filhos na viagem oceânica, complementa, "o colono que trabalhar com afinco colherá duas vezes mais, sem muito suor. Todo começo é difícil, mas aqui não tanto quanto na Alemanha".[216] O lavrador Peter Paul Müller, de Ohlweiler, no Hunsrück, escrevendo a amigos na Alemanha, em 1826, não esconde a euforia: "Vivemos aqui todos os dias esplendidamente e com alegria, como os príncipes e condes na Alemanha, pois vivemos aqui em um país que se assemelha ao paraíso; não se pode imaginar região melhor e mais bela do que esta".[217]

Convencidos afinal de que a emigração era a única chance à qual deveriam se agarrar, antes de deixar suas vilas e aldeias, os colonos precisavam notificar as autoridades locais de seu desejo e receber uma licença para deixarem suas casas. Era necessário que uma carta-licença, uma espécie de passaporte ou salvo-conduto, emitida pelo prefeito ou autoridade da cidade, informasse as autoridades durante o percurso da viagem por terra até o porto de embarque que o portador deixava, "de livre e espontânea vontade a sua condição de súdito", e que não tinha impedimentos judiciais para tal.

Como inicialmente a emigração para o Brasil não era bem-vista pela maioria dos países alemães, alguns chegaram a proibir, mesmo que temporariamente, a saída de seus súditos que se destinavam ao país. Esses governos, como os de Hessen-Darmstadt, Baden, Württenberg e Baviera, exigiam uma comprovação por parte dos colonos de que possuíam dinheiro suficiente para a viagem transatlântica e de que o governo do país para onde iriam realmente os receberia, emitindo certificados de recepção. Havia a preocupação de que esses emigrantes, não partindo para a América, permanecessem perambulando e mendigando pela Alemanha. Para que dívidas não ficassem para trás, muitas alfândegas exigiam que os burgomestres locais emitissem um certificado de boa conduta e de que haviam saldado todas as suas dívidas.

O funileiro Georg Schwinn, de Niederhosenbach, em ofício à prefeitura de Oberstein, em fevereiro de 1823, solicitando permissão para partir, relatou ao funcionário responsável se dizendo "incapaz de futuramente alimentar no seu domicílio sua família, pois, não possui casa ou outros bens, nem nos arredores, sendo obrigado a procurar o seu futuro em outro lugar". "Ele está, por isso, determinado a emigrar para o Brasil, junto com a família, que é composta por mulher e três filhos, um de nove anos, outro de quatro e outro de um ano e meio", escreveu o funcionário.[218] O prefeito concedeu a permissão prevendo que a permanência de Schwinn "futuramente mais onerará o governo do que este tirará proveito dele". O lavrador Johann Georg Raupp, antes de deixar a Alemanha, em 1826, precisou assinar um documento em que declarava desistir "de forma consciente e ponderada de seu direito civil para com Laudenbach e de todo o tipo de ligação com o Estado de Württemberg". E ainda precisou garantir que, dentro do prazo de um ano, não serviria contra o rei vurtemberguês ou contra o Estado que estava deixando. A liberação foi concedida e a obrigatoriedade da fiança revogada com a liquidação de suas dívidas.[219]

O decreto de 1820, no qual d. João VI garantiu que os estrangeiros estabelecidos em terras brasileiras tivessem os mesmos direitos que os portugueses e brasileiros, apesar de ser uma mudança no sistema colonial português, teve pouca ou nenhuma consequência prática. O governo luso não fez nenhum empenho para que esses colonos viessem para o Brasil, seja pelo receio e temor devido aos erros cometidos com os suíços em 1819, seja por completa incapacidade de organização.

A mudança só veio com a independência, com Bonifácio e, inegavelmente, com Schaeffer, que apesar de todas as negativas e dificuldades encontradas na Europa, soube superá-las uma a uma. Em 1825, depois de dois anos de dificuldades, principalmente pela falta de clareza nas ordens de d. Pedro, aliadas à inconstância de seu temperamento e Ministério, o grande idealizador do projeto de colonização no Brasil já se encontrava exilado em Talence e o alemão estava na Europa à mercê das intrigas da política brasileira. Em junho daquele ano, em uma tentativa clara de aumentar o projeto colonial, normatizar todo o processo e acabar com as contradições, Schaeffer enviou para o Brasil Johann Joachim Hanfft. Este capitão de cavalaria, maçom como o primeiro, além de ter ajudado financeiramente a imperatriz d. Leopoldina, trouxe consigo e apresentou ao imperador, via monsenhor Miranda, um projeto de imigração que claramente havia sido elaborado em conjunto com o agente do Império na Europa.

Hanfft era um abastado comerciante hamburguês e havia se tornado herói nacional durante as Guerras de Libertação contra Napoleão, glorificado em toda a Alemanha em "estampas e canções", segundo Schlichthorst,[220] e que "apesar de tudo continuava um homem simples, porém honesto, verdadeiro e franco", segundo Oberacker.[221] Recém-chegado ao Rio de Janeiro, Hanfft dirigiu-se imediatamente ao imperador. Com a recomendação de Schaeffer, foi logo feito coronel do Segundo Batalhão de Granadeiros e imediatamente apresentou seu plano "para o aumento de uma colônia alemã já existente no Império do Brasil". Grosso modo, com pequenas modificações, era o mesmo plano de d. João VI de cinco anos antes. Os principais pontos do projeto, somados aos projetos de d. João VI (1818), Bonifácio (1822) e ao que o próprio Schaeffer prometia na Alemanha desde 1823, formaram as bases nas quais os colonos seriam atendidos no Brasil. Resumia-se da seguinte forma:[222]

> 1- O governo concederia privilégios somente aos alemães que professassem a religião cristã;
>
> 2- O governo pagaria a passagem daqueles colonos que não tivessem dinheiro para isso, mas estes deveriam servir ao Estado por quatro anos, no Exército ou na Marinha;
>
> 3- Todos os colonos que pagassem pela passagem seriam isentos de todos os encargos pessoais por dez anos, como também de todos os impostos territoriais;
>
> 4- Cada família receberia uma determinada porção de terra, por concessão e sem custos, abrigo, instrumentos de lavoura, animais (bois, vacas, cavalos, ovelhas, cabras e porcos), sementes de plantio (trigo, feijões, favas, arroz, batatas, milho, legumes), sementes de mamona, para fazer o azeite usado na iluminação, de linhaça e de cânhamo; enfim, receberiam víveres em espécie, ou em dinheiro, durante os dois primeiros anos do seu estabelecimento;
>
> 5- Cada colono receberia 160 réis por dia, e por cabeça, pelo primeiro ano de sua habitação no Brasil, e oitenta réis pelo segundo;

6- Depois de servir fielmente por quatro anos, no Exército ou na Marinha, os alemães receberiam junto à baixa um terreno com seus competentes emolumentos, o mesmo concedido aos colonos alemães que vieram a sua própria custa;

7- As terras concedidas não poderiam ser trocadas ou vendidas pelo período de dez anos;

8- Todos os alemães seriam efetivamente naturalizados logo após a chegada ao país.

A questão religiosa foi um dos grandes problemas enfrentados pela administração pública nacional. A definição vaga de "religião cristã" inserida no contexto alemão, a terra da Reforma, se perde em um grande número de igrejas protestantes. Por herança portuguesa e artigo constitucional, a Igreja Católica era a igreja oficial do Estado brasileiro. E isso significava uma série de entraves e impedimentos aos não católicos. As condições de d. João VI para a vinda dos suíços, conforme decreto de maio de 1818, havia cometido o mesmo pecado. Quanto a "uma determinada porção de terra", o governo brasileiro estabeleceu que seriam de 160 mil braças quadradas, ou seja, pouco mais de 77 hectares de terra, normalmente distribuídas em um terreno de 220 metros de frente por 3.520 metros de fundos. Medidas aplicadas em São Leopoldo e Três Forquilhas, no Rio Grande do Sul, entre 1824-26. Em Nova Friburgo, as propriedades atingiam cem hectares. É bem verdade que nem todos os colonos receberam propriedades do mesmo tamanho, uma sucessão de medições malfeitas, e também mal-intencionadas, deixou alguns colonos com um pouco mais e outros com um pouco menos. Mais tarde, em colônias criadas por iniciativa privada ou provincial, os lotes não excederiam cinquenta hectares.

A naturalização foi outro grande problema. Os alemães que chegaram entre os anos de 1824-30 não foram imediatamente naturalizados, como prometido. Os colonos continuaram como estrangeiros até que a Lei de Naturalização fosse assinada em 23 de outubro de 1832. No Rio Grande do Sul, um decreto de 1846 determinou que para a naturalização bastava que o estrangeiro interessado comunicasse formalmente às autoridades públicas. Ainda assim, uma série de pendências jurídicas permaneceu até mais de um quarto de século depois, quando a Lei 601, de 18 de setembro de 1850, normatizou as questões de terras e naturalização de estrangeiros no país depois do período de dois anos de permanência no Brasil.[223] A cidadania plena, em alguns casos, só foi concedida com a Proclamação da República, em 1889.

O projeto de Hanfft para os colonos não foi sancionado pelo imperador, apesar de muitos de seus conselhos terem sidos seguidos por d. Pedro. Alguns ajustes foram feitos e, por extrema necessidade, os contratos assinados com os colonos protestantes se comprometiam a conceder livre culto, desde que com algumas restrições.[224] Da mesma época, dezembro de 1825, é um projeto que visava à melhoria das condições dos alemães que serviam no Exército; tivesse o monarca dado ouvidos ao capitão, teria evitado as dores de cabeça de 1828, ainda que Hanfft dirigisse a culpa maior na beberagem e no desinteresse pelo país dos próprios militares alemães: "Estavam de manhã cedo até tarde da noite bêbados", escreveu.[225] O capitão permaneceu poucos meses no Rio de Janeiro e retornou à Alemanha no começo de 1826 sem o projeto assinado, como desejava Schaeffer. Para o agente brasileiro, depois da viagem ao Brasil, o capitão de cavalaria e respeitado herói nacional, após o retorno ao país, publicaria pareceres favoráveis à causa brasileira, como pedira Bonifácio em 1822. "Seu parecer e opinião influirão muito no povo, e principalmente sobre aqueles homens pecuniários", escreveu Schaeffer a Carvalho e Melo.[226]

Pouco depois do retorno à Europa, no entanto, em viagem a Viena, Hanfft foi preso na tentativa de entregar uma carta da imperatriz d. Leopoldina ao tio, grão-mestre da Ordem Alemã na

Áustria e vice-rei do reino da Lombardia e Veneza. Ninguém na Áustria acreditou que a imperatriz passava por necessidades financeiras e fosse capaz de enviar um emissário como Hanfft para pedir ajuda. Com toda certeza, a prisão teve o dedo de Metternich, declarado inimigo de Schaeffer e seu amo. De qualquer forma, Hanfft morreu pouco depois do vexame vienense, o que acabou por encerrar com as tentativas de Schaeffer de ampliar a onda emigratória para o Brasil.

☙

As caravanas de emigrantes que vinham de várias aldeias do Sul e do Sudoeste da Alemanha obrigatoriamente precisavam passar pelo reino de Hanôver para chegar aos portos de Hamburgo e Bremen. A dinastia hanoveriana governava a Inglaterra desde o começo do século XVIII, o que facilitava, em parte, a vida dos emigrantes que se destinavam ao Brasil. Ainda assim, mesmo que os ingleses mantivessem boas relações com d. Pedro, o governo de Hanôver havia tomado uma série de medidas preventivas para evitar complicações e prejuízos. A alfândega de Münden, por onde as caravanas do Sul da Alemanha entravam em seu território, expediu ordens claras quando da chegada de alguns colonos para o embarque no *Kranich*, em 1824. O transporte só foi autorizado "depois de todos, e cada um dos emigrantes em separado, haverem apresentado seu passaporte e, respectivamente seu livro de viagem, reconhecidos e visados na aduana local, bem como depois de haverem comprovado sua provisão em dinheiro vivo". Os emigrantes precisaram garantir também que não abandonariam a rota estabelecida, que haviam pagado "à vista e de seus próprios recursos" todas as provisões da caravana, que não tinham "persuadido ninguém de emigrar" e que não causariam desordem durante o trajeto.[227]

Os soldados de d. Pedro não pagavam pelas passagens transatlânticas. O custo recaía sobre os combalidos cofres públicos e foi uma enorme dor de cabeça aos ministros do Império, em Londres, e a Schaeffer, na Alemanha. Em 1824, para que o *Anna Louise* pudesse deixar Hamburgo, Gameiro Pessoa precisou vender alguns diamantes brasileiros na Inglaterra e remeter o dinheiro a Schaeffer. Só assim o agente brasileiro pôde enviar ao Rio de Janeiro mais de trezentos alemães, sendo que duas centenas deles eram soldados.

Os colonos pagavam integralmente a passagem ou apenas parte dela. Segundo o folhetim distribuído por Schaeffer, cada pessoa, contando como adultos os que tivessem acima dos doze anos de idade, deveria contribuir com algo entre "cem a 120 florins renanos" para o custeio do transporte. No porto de embarque, esse valor podia ser convertido para táleres espanhóis, libra esterlina ou para o marco hamburguês. O preço e a moeda variaram muito entre 1824-29, tanto pela situação econômica quanto por exigência do armador. Mansfeldt relatou que o custo da passagem, em 1826, era de 62 táleres e meio por pessoa adulta, o que corresponderia a cerca de 44 mil réis em dinheiro brasileiro ou 650 dólares norte-americanos – em valores da época. Os passageiros de camarote, poucos, como ele, pagavam o dobro. Em muitos casos, o preço da passagem podia corresponder ao salário de um ano de muitos profissionais, algo impensável para uma população que emigrava justamente para escapar da miséria. Uma família média alemã poderia gastar mais de 200 mil réis com as passagens, o que corresponderia ao preço de um escravizado comprado na África, mercadoria cara e um luxo de classes abastadas no Brasil. O viajante Ernst Ebel, por exemplo, ao chegar ao país em 1824, alugou uma casa por 18 mil réis mensais e gastava mais 22 mil com um escravizado e uma escravizada para os serviços diários.[228] O almoço em um dos melhores hotéis da cidade, o Campbell, "com sopa, uma dúzia de pratos apresentados há um tempo, pudim e frutas como sobremesa, mais meia garrafa de bom vinho do Porto", custou a Ebel oitocentos réis.

O salário dos primeiros pastores protestantes no Brasil não era superior a 200 mil réis anuais, salvo o de Ehlers, em São Leopoldo, que era de 400 mil. Esse valor correspondia a um salário médio de um professor gaúcho na época. O ordenado do inspetor da colônia de São Leopoldo era de 600 mil réis. Peões livres de estância recebiam valores que oscilavam entre 100 mil e 200 mil réis anuais.[229] Para usar um contraponto, um médico recebia 900 mil réis anuais em Nova Friburgo e um farmacêutico, 120 mil, pouco mais do que um professor, que recebia 100 mil anuais. Ainda em Nova Friburgo, o padre Joye recebia 600 mil réis, salário só alcançado pelo pastor Sauerbronn depois de muitas requisições.[230]

Na Alemanha, a maioria dos artesãos e camponeses vendia tudo o que possuía, incluindo roupas, ferramentas, animais e carroças, saldava antigas dívidas e garantia o dinheiro das passagens. Alguns conseguiam um pouco mais, como os 375 imigrantes que vieram no *Friedrich Heinrich*, um veleiro não fretado por Schaeffer e que trouxe muitas famílias com alguma posse. Não é coincidência que aqueles que vieram às próprias custas e com dinheiro para investir logo se sobressaíram aos demais.

Organizados em grupos compostos por dezenas de famílias, reunidos conforme orientação dos agentes de Schaeffer em cidades-chave, partiam em direção dos portos em colunas de carroças puxadas por cavalos. Carregavam seus poucos pertences e entoavam uma música que se tornara muito popular na época: *Brasilien ist nicht weit von hier* [O Brasil não é longe daqui].

O encontro de dois mundos 9

Em 15 de julho de 1783, Claude-François-Dorothée, o marquês de Jouffroy d'Abbans, realizou na França a primeira demonstração do *Pyroscaphe*, seu protótipo de navio a vapor. A pequena embarcação de três metros de comprimento navegou sobre o rio Saône, na fronteira francesa com a Suíça, mas o marquês, desacreditado e com rivais políticos poderosos, foi proibido pela *Académie des Sciences* de realizar demonstrações no rio Sena, em Paris. Nos passos do francês, Robert Fulton realizou uma pequena demonstração de seu protótipo no rio Sena, em Paris, em 1803. Assim como haviam feito duas décadas antes com a máquina do marquês, os franceses não deram muita atenção à invenção do norte-americano. Fulton não desistiu, voltou para casa e construiu o *Clermont*, navegou 32 horas sobre o Hudson e iniciou a era das navegações a vapor. Um pouco mais tarde, em 1838, o *Iron Sides*, o primeiro navio fabricado em ferro atravessou o Atlântico e, em julho de 1845, o *Great Britain* completou a viagem de Bristol até Nova York em apenas catorze dias.

No Brasil do Primeiro Reinado, porém, navios em ferro e a vapor não eram comuns. Os imigrantes alemães, os primeiros colonos e também os soldados do imperador, viriam todos em embarcações em madeira e propulsão à vela, em sua maioria trimastros. Eram navios velhos e já quase que ultrapassados. Poucos, como o *Friedrich Heinrich*, o *Frederik* e o *Olbers* haviam recém-saído dos estaleiros, ainda assim sem as novas tecnologias da era industrial. As primeiras embarcações a vapor no Brasil haviam sido trazidas por empresários ingleses, em 1820, e uma concessão foi dada ao marquês de Barbacena para usar esses navios na Bahia. A primeira, a *Swift*, trazida de Nova York, foi rebatizada de *Bragança* e passou a operar na Guanabara. Depois da independência, o governo comprou o *Hibérnia*, em 1824, e o *Britania*, em 1826. Rebatizados de *Correio Imperial* e *Correio Brasileiro*, serviram para isso mesmo, como portadores de correspondências entre a Corte e as províncias.[231]

Viagens transatlânticas

Amsterdã, na Holanda, e Hamburgo e Bremen, na Alemanha, eram os três grandes portos de destino das caravanas de emigrantes vindas do Centro e do Sul da Alemanha que se destinavam ao Brasil entre os anos de 1823-30; pela proximidade e facilidade de acesso, via rio Reno, Amsterdã foi o primeiro porto utilizado por Schaeffer. Mas esses três grandes portos não eram responsáveis apenas pela remessa de colonos para o Brasil, obviamente. No entanto, os mais de 10 milhões de emigrantes alemães que deixaram suas pátrias entre os séculos XVIII e XIX, em sua maioria, saíram desses portos. Não é difícil imaginar o turbilhão de pessoas que circulavam nas docas e arredores, assim como a confusão decorrente nos procedimentos de instalação em hospedarias e estalagens e no embarque nos navios. As medidas de segurança, como hoje, nem sempre eram garantia de sucesso contra espertalhões.

Em dezembro de 1823, a polícia de Hamburgo, em auxílio do comerciante Johann Lorenz Böhrer, tentou impedir o embarque de Johannes Schmidt no navio *Caroline*, mas chegou tarde, o barco havia partido apenas três horas antes.[232] Outro caso ocorreu no *Kranich*, que partiu em novembro de 1824. Schaeffer escreveu ao responsável pelo embarque que todos os colonos que estavam há dias em Aussenmühlen, no subúrbio de Harburg, aguardando a partida, poderiam embarcar, "com exceção das três famílias indignas e trapaceiras: Jäger, Uhle e a do miserável mestre-escola

Beutel. Essas três famílias não podem contar, em hipótese alguma, com a possibilidade de que uma delas seja admitida em um dos nossos navios".[233] No entanto, o agente brasileiro foi notificado pelas autoridades portuárias que todos os portadores de passaporte seriam embarcados. Mais tarde, quando da notificação oficial de partida, Schaeffer ficou sabendo que o *Kranich* havia zarpado com as três famílias entre os passageiros.

Ainda no *Caroline*, três ex-soldados de um regimento de cavalaria de Hanôver, desempregados, tentaram embarcar alegando não terem encontrado mais emprego, nem terem esperanças de uma vida melhor na Alemanha. Expulsos do navio uma vez, por não portarem a documentação necessária, insistiram uma vez mais, tendo pela "irrevogável decisão" tido o consentimento do oficial responsável. Antes de embarcarem novamente, um deles, Heinrich Schlusen, de trinta anos, apresentou à polícia uma empregada doméstica de nome Ana Maria Pröhl, que seria sua noiva e com quem já tivera um filho. Com a promessa de que casariam no Brasil, e informados de todos os riscos, o casal deixou Hamburgo com outros emigrantes.

Como as caravanas vinham de diferentes regiões, por vezes os navios recebiam as levas em diferentes dias e em pontos distintos, o que dificultava enormemente a organização – Harburg, Altona, Glückstadt e Cuxhaven, no rio Elba, e Bremerhaven, no estuário do rio Weser, serviam de portos de embarque de navios saídos ou fretados em portos maiores. Foi o caso da primeira viagem que o capitão Becker, comandante da galera *Der Kranich* [O Grou], realizou para o Brasil em 1824. No dia 17 de setembro, após um mês de tratativas, Schaeffer fechou o contrato de fretamento do navio, em Hamburgo. Uma semana mais tarde, o *Kranich* recebeu as primeiras 228 pessoas que estavam em Harburg, do outro lado do Elba. O navio esperou por quase um mês até que um segundo e pequeno contingente de emigrantes, dez famílias, embarcasse no dia 22 de outubro. No início de novembro, o navio completou sua carga com um terceiro e inesperado grupo, pouco mais de setenta "aprendizes de ofício" – em verdade, soldados disfarçados que haviam chegado ao porto de última hora. Com um total de 359 passageiros, 282 colonos e 77 soldados, o *Kranich* finalmente deixou a Alemanha em 9 de novembro de 1824.[234]

Construído entre os anos de 1796-97 nos estaleiros da Iben, em Hamburgo, o navio foi vendido pela Sievert para os armadores Ehlers & Feuerheerd, em 1822, a empresa que locou o navio para Schaeffer. Pesando 160 toneladas e, como a maioria dos transatlânticos da época, com três mastros distribuídos entre os seus 97 metros de comprimento e os 26 metros de largura, o *Kranich* tinha cerca de metade da área média de um campo de futebol, o que não permitia muito conforto aos passageiros. O experiente capitão Claus Friedrich Becker fez pelo menos quatro viagens para o Brasil com o velho navio. A primeira ocorreu entre o fim de 1823 e o início de 1824, no inverno europeu. Entre 1824-26, realizou as duas viagens que faria a serviço de Schaeffer; ao todo, 660 passageiros, entre colonos e soldados alemães, foram desembarcados no Rio de Janeiro. No retorno à Alemanha, o *Kranich* ia carregado de mercadorias; em 1825, levou 417 caixas de açúcar, 120 caixas de café, 42 tonéis com tapioca e uma enorme quantia de chifres. Em 1827, empreendeu sua última viagem ao país, comercial, a Pernambuco. Pouco depois de voltar à Alemanha, em outubro de 1828, o navio foi finalmente desmantelado pela Ehlers & Feuerheerd, após trinta anos operando em viagens transatlânticas. Foi substituído pelo recém-construído *Georg Canning*, também comandado pelo capitão Becker.[235]

Os navios eram velhos, antiquados e, frequentemente, abarrotados. E para não repetir os erros cometidos nos tempos de d. João VI, Schaeffer se assegurou, por contrato, que os seus preciosos colonos e soldados seriam bem cuidados até a chegada ao Rio de Janeiro. O contrato de fretamento do *Brodtrae*, selado entre Schaeffer e o capitão do barco na presença de Johann Nicolaus

Peter Beckendorff, o notário de Hamburgo, onde o agente brasileiro formalizou todos os contratos entre dezembro de 1823 e julho de 1826, deixava clara essa preocupação:

> O capitão se compromete a instalar os colonos na entrecoberta e, por isto, a mandar instalar os beliches ou lugares para dormir necessários, mas eles mesmos terão de prover a roupa de cama necessária. Receberão, para alimentação e manutenção, chá, café ou cevadinha pela manhã; para o almoço, meia libra [226,5 gramas] de toucinho ou uma libra de carne salgada ou bacalhau com chucrute, ervilhas, feijão, cevadinha, batatas, massa, bem como uma libra [453 gramas] de manteiga por cabeça e semana, pão à vontade, às vezes um pouco de aguardente ou cerveja; receberão ainda os utensílios necessários de viagem e, em caso de visita do médico, vinho, óleo e vinagre de boa qualidade, assim como vinho para os doentes, se for receitado pelo médico, e tudo isto em quantidade e qualidade suficientes.[236]

Quanto à lotação dos navios, o tenente Julius Mansfeldt, oficial comandante na viagem do *Friedrich*, registrou em seu livro *Meine Reise nach Brasilien im Jahre 1826* [Minha viagem ao Brasil no ano de 1826], publicado na Alemanha em 1828, sua surpresa e observações:

> Vimo-nos diante deste novo, mas pequeno navio, no qual, conforme o senhor Von Schaeffer, deveriam se empacotar trezentas pessoas, inclusive crianças (das quais duas valiam por um adulto). Uso o termo 'empacotar' porque com apenas catorze polegadas [0,35 centímetro] de espaço [por pessoa] onde de cinquenta a sessenta pessoas são deixadas à procura de ar fresco, esta gente era realmente comparável à mercadoria empacotada. Quem ainda não tiver visto coisa parecida, se assustará ao saber que para uma viagem ao Brasil são necessárias pelo menos nove semanas. Durante este tempo, o viajante fica enjaulado, sob sol abrasador

[do Equador], em um cubículo de catorze polegadas de largura por dois pés e meio [0,75 centímetro] de altura, sem a possibilidade de mexer ou estirar-se ao comprido.[237]

Como era o encarregado de manter a organização dentro do navio, com ordens diretas de Schaeffer, Mansfeldt, assim como o capitão Hans Christian Stille, gozava de mais sorte do que os passageiros. Não escondeu a alegria ao tomar conta de seu beliche, "o melhor de todo o navio", com setenta centímetros de largura "era só um pouco mais comprido do que os demais". O "empacotamento" não era privilégio dos alemães, também os suíços já haviam passado pela experiência meia década antes. Joseph Hecht, colono a bordo do *Heureux Voyage*, deixou registrada sua impressão ao embarcar no navio: "Descemos para o interior do mesmo. Que cena miserável! As pessoas, grandes e pequenas, velhas e jovens, doentes e sãs, estavam amontoadas umas sob as outras, pois o espaço era pequeno e estava quente".[238]

Preocupado com o comportamento dos soldados diante dos colonos, principalmente depois do caso do *Germania*, em 1824, onde a mulher de um colono fora estuprada e o navio estivera à beira de uma rebelião, Schaeffer ordenou que os comandantes de transporte, oficiais que ele havia escolhido a dedo na Alemanha e que acompanhariam o navio até o Rio de Janeiro, assinassem com o capitão do navio o que ele chamou de "regulamentos marítimos". Em 1826, Mansfeldt assinou com o capitão Stille um acordo que regulamentava a vida no *Friedrich* enquanto durasse a viagem.

Artigo 1
Os habitantes de dois beliches sobrepostos formarão uma unidade comensal, sendo nomeado entre os integrantes um encarregado do controle e do recebimento diário das rações, incumbido, ainda, da ordem, do asseio e do fiel cumprimento das ordens.

Artigo 2

Cada mesa receberá um número e as provisões serão entregues mediante apresentação deste número ao segundo timoneiro. Esses números servem, simultaneamente, para designar os víveres a fim de que cada um receba o que lhe corresponde. Cada mesa receberá tantas colheres quantas pessoas a integrarem e, ainda, três copos, sendo um de madeira e outro de folha de flandres, tudo devolvido, após a viagem, pelo encarregado nomeado.

Artigo 3

Pela manhã, por volta das cinco horas, soará o despertar. Um após o outro irão ao convés para lavar-se, mas de tal forma que nunca haja mais de vinte pessoas no convés. Às sete horas, o café da manhã e a distribuição das rações. Às doze horas será o almoço e, às seis horas, o jantar. Em forma rotativa, seis pessoas serão diariamente encarregadas da cozinha. Às oito da noite, quando é montada a guarda, cada qual terá que recolher-se ao seu beliche, não podendo mais sair durante a noite.

Artigo 4

É expressamente proibido avançar da área do convés para além da cozinha.

Artigo 5

Todos os passageiros homens terão que fazer as suas necessidades no lugar aonde vão os marinheiros enquanto que, para as mulheres e crianças, serão instaladas, a cada manhã, possibilidades no convés.[239]

E para garantir a segurança das mulheres mais jovens, sujeitas à cobiça de oficiais e soldados, a tripulação e os passageiros eram rigorosamente separados. Em outro regulamento, para o mesmo navio, esse assinado pelo próprio Schaeffer, o Artigo 11 rezava: "Amai-vos uns aos outros, como se fôsseis membros de uma mesma família".

Cansados da viagem pelo interior da Alemanha, que por vezes durava dois meses, dos atropelos, atrasos e problemas burocráticos no porto, depois de embarcados, os emigrantes passariam à segunda e mais perigosa parte da odisseia que era uma viagem até o Brasil.

☙

Desde que Colombo aportara nas Antilhas no fim do século XV, os europeus sabiam dos riscos de uma viagem transatlântica, mas ainda que houvesse considerável melhora durante os séculos seguintes, no início do século XIX o número de mortes durante a travessia ainda era grande. Por portos holandeses ou alemães, os navios que se dirigiam para a América do Sul precisavam passar pelo Canal da Mancha e pelo Golfo de Biscaia, regiões temidas pelo mau tempo e tempestades frequentes.

Johann Spindler, marceneiro nascido em Niederhosenbach, em Birkenfeld, Alemanha, descreveu a tragédia do *Cäcilie*, navio que havia deixado o porto de Bremen em janeiro de 1827:

> Diante da costa holandesa, fomos surpreendidos por uma horrível e desastrosa tempestade que nos atirou de um lado para o outro, de uma hora do dia 12 até às doze horas do dia 13. Sofremos um naufrágio extraordinário. Nesta noite perdemos todos os três mastros. Dois marinheiros foram tragados pelas ondas, e mais vinte dos nossos colonos morreram afogados. Todos os beliches foram destruídos. A água penetrou no navio e quem não pôde sair imediatamente morreu afogado.[240]

Atingida pela tempestade, a embarcação foi então rebocada por um navio inglês e os sobreviventes foram alojados no porto de Falmouth, na costa sudoeste inglesa. O capitão do barco "vendeu o navio e desapareceu com o dinheiro e com nossa caução que tivemos que depositar no banco de Amsterdã", escreveu um preocupado Spindler ao irmão na Alemanha. Depois de quase dois anos de espera, acreditando que poderiam ser enviados para a Filadélfia, nos Estados Unidos, os colonos alemães finalmente foram enviados ao Brasil no navio *James Laing*, que aportou no Rio de Janeiro, em fevereiro de 1829.

Albin August Kaempffe, imigrante de 1834, também descreveu aos pais em Markneukirchen, na Saxônia, em uma das mais detalhadas cartas escritas de São Leopoldo para a Alemanha, o terror de uma tempestade no mar:

> Pouco antes do temporal, o céu ficou escuro, as velas já haviam sido recolhidas e assim o vento assobiava pelo cordame, produzindo um tom de lamentação. O navio que estava a ponto de deitar-se, de tal modo que os mastros tocavam as ondas, parecia que ficaria com a cabeça [proa] para baixo, foi coberto pelas horríveis ondas que, quais montes, vinham rolando, e jogavam o navio para cima e para baixo. Na cabina onde eu estava sentado, segurando-me pelos pés e pelas mãos, voavam mesa, cadeiras, pratos, xícaras; eu estava sendo jogado para lá e para cá; não via nem ouvia; pensava que todas as minhas costelas haviam se partido.[241]

O lenhador Valentin Knopf, de Wahlheim, no Hessen-Darmstadt, passageiro no *Kranich*, escreveu, em 1827, para os familiares na Alemanha:

> No dia 1º de outubro partimos do rio Elba, e com ventos favoráveis chegamos pelo Canal Inglês a um porto na ilha de Wight, chamado Ost e West-Cowes. Aqui fomos obrigados a permanecer ancorados durante 26 dias completos porque o vento era muito desfavorável para viajar. Além disso, eu devo, com o maior lamento, relatar que o nosso filho Johannes Jost, morreu dos abscessos, em 4 de outubro, já que os mesmos secaram totalmente; ele foi jogado na água, como costume usual em navios. Além disso,

a nossa querida filha Barbara partiu, abençoada com a morte, em 9 de novembro. Embora ela sempre tenha sido saudável e alegre, ela morreu com inflamação nos dentes caninos. [...] Das trezentas pessoas na viagem, cinco crianças morreram; algumas já estavam muito doentes e foram jogadas do navio. Morreram ainda duas mulheres e um homem de nome Einsfeld, de Partenheim. Ninguém morreu de enjoo, pois isso só dura de oito a dez dias e não passa de dor de cabeça e vômitos.[242]

O mercenário Schlichthorst, a bordo do *Caroline* – cujos passageiros eram em sua maioria soldados –, relatou que durante os 65 dias da viagem morreram "somente 29 criaturas".[243] Ironicamente, nem o *Heureux Voyage* [Viagem Feliz] fez uma viagem realmente feliz. O navio que trouxe mais de 440 imigrantes suíços para Nova Friburgo, muitos de língua alemã, chegou ao Rio de Janeiro com 43 passageiros a menos, todos mortos durante os 69 dias de viagem.[244] Aliás, das embarcações que trouxeram os primeiros colonos para o Rio de Janeiro, curiosa e macabra história viveu o *Urania*. Tendo o navio deixado a Holanda em setembro de 1819, em 16 de outubro, quando navegava na altura do Equador, Claudine, a filha de seis meses do colono franco-suíço Pierre Oddin, de Mezières, depois de ter falecido em decorrência das dificuldades da viagem, foi jogada ao mar. No entanto, no dia seguinte, segundo os relatos do padre Jacob Joye, os colonos notaram a presença de dois tubarões que acompanhavam o navio. Pela tarde, com a anuência do capitão Friedrich Boch, os colonos decidiram pescá-los. A proeza foi realizada e um dos tubarões foi pescado e trazido ao convés. Incrivelmente, para o horror de todos, ao abrirem o animal, encontraram o corpo de Claudine Oddin, jogado ao mar na véspera.[245]

Assim como muitos outros, o *Urania* era um navio "de quarta categoria", velho e ultrapassado, que havia sido lançado ao mar por volta de 1785. Seis anos depois de trazer os suíços para Nova

Friburgo, ainda iria servir aos propósitos argentinos de imigração e, antes de ser desmantelado, traria ao Brasil africanos para serem escravizados.²⁴⁶ Essa foi apenas uma parte da triste história vivida pelos suíços. No projeto organizado por Sébastien-Nicolas Gachet, nenhum navio perdeu menos do que 7% de seus passageiros; o navio do capitão Boch, o navio negreiro da colônia suíça, perdeu nada menos do que 25% dos colonos embarcados nos Países Baixos. Dos 2.006 colonos que Gachet angariou nos Alpes, apenas 1.631 chegaram ao seu destino; 43 deles haviam morrido na viagem terrestre entre a Suíça e a Holanda; 35, no hospital de Macacu, no Brasil; e não menos do que 311 morreram no mar.²⁴⁷ "As cerimônias de sepultamento no mar não são grandes" lamentou o padre Joye, "um sudário e um pequeno saco de areia amarrado aos pés, eis tudo".²⁴⁸

Era um procedimento corriqueiro que as embarcações fossem defumadas durante a viagem, para evitar infestações de insetos e "purificar o ar". Durante o dia, "quando as pessoas estavam no convés", explicou um colono, "fechava-se tudo na parte de baixo e pedras de carvão eram transformadas em brasas e sobre elas eram queimadas várias espécies de coisas fortes e aromáticas".²⁴⁹ O que de certo modo pouco ajudava, o calor dos trópicos não apenas aumentava o desconforto com o cheiro do próprio corpo, como tornava a água insalubre muito cedo e estragava a comida, não raro servida embolorada ou com carunchos. O *Mayflower*, que trouxe os peregrinos puritanos para a América do Norte, em 1620, por exemplo, era pequeno, desconfortável e insalubre. Com pouco mais de trinta metros de comprimento, o espaço reservado aos 102 colonos, abaixo do convés, era de menos de um metro quadrado por pessoa e a altura máxima não ultrapassava 1,70 metro. Ainda assim, era conhecido como "navio cheiroso", com o porão livre de cargas fedorentas, tudo graças às garrafas de vinho que transportava pelo Canal da Mancha, desde anos antes.

Graças ao metódico Mansfeldt, a viagem do *Friedrich* para o Brasil foi muito bem documentada. O tenente registrou, além das prédicas religiosas durante a travessia, a preocupação com as infestações de baratas e até as doenças e os doentes, conforme as anotações do médico do navio. Ao todo, dos 238 passageiros a bordo do *Friedrich*, 63, entre soldados e colonos, sofreram com algum tipo de moléstia ou acidente: contusões, febres, inflamações cutâneas e nos olhos, abscessos, tumores, escorbuto, reumatismo, muitos casos de sarna e até gonorreia.[250] A maioria dos casos estava associada aos soldados, ainda assim, apenas dois passageiros morreram: um recém-nascido e um colono que sofria de hidropisia. Tessmann, um mecklenburguês que no Brasil serviria no Exército imperial, também relatou em seu diário pessoal a bordo do *Georg Friedrich* problemas com as doenças e acidentes no navio. Até mesmo o curioso acidente com a mulher de um colono o alemão relatou: "Um martelo caiu através do respiradouro e sobre a cabeça de uma mulher que se encontrava em seu camarote almoçando".[251]

Como se não bastassem doenças e perigos naturais do oceano, ainda havia os navios corsários e piratas, motivo pelo qual os navios eram guarnecidos por canhões, o que, no entanto, não impediu ataques. Tanto o *Argus* quanto o *Caroline* relataram terem sido abordados por corsários, apesar de seu armamento. Seidler, a bordo do *Caroline*, em 1825, após ver no mastro de uma fragata francesa "a bandeira preta e branca de Buenos Aires", se perguntou assustado se "o prolongado idílio da nossa viagem pelo oceano sossegado deveria terminar em sangrenta catástrofe?"[252] A bandeira hamburguesa do navio fretado por Schaeffer parece ter salvado as esperanças do alemão.

O Rio de Janeiro de 1824

Os que sobreviveram às dificuldades e a todos os tipos de provações de uma viagem marítima chegavam ao Rio de Janeiro, onde a primeira impressão, unânime, é que haviam chegado ao paraíso. Spix e Martius, que chegaram à cidade em 1817, a bordo da fragata *Áustria*, relatam a beleza da paisagem ao entrarem no porto:

> Não tardou a patentear-se aos nossos olhos, embora ainda distante, a grandiosa entrada do porto do Rio de Janeiro. À direita e à esquerda, elevam-se, como portões da baía, escarpados rochedos, banhados pelas vagas do mar; o que domina ao sul, o Pão de Açúcar, é o conhecido marco para os navios afastados. Depois do meio-dia alcançamos, aproximando-nos cada vez mais do mágico panorama, os colossais portões de rocha e, finalmente, por eles entramos no vasto anfiteatro, onde o espelho do mar reluzia como sossegado lago, e, espalhadas em labirinto, ilhas olorosas verdejam limitadas ao fundo por uma serra coberta de matas, como jardim paradisíaco de fertilidade e magnificência. Do forte de Santa Cruz, pelo qual nossa chegada foi anunciada à cidade, trouxeram-nos uns pilotos a licença para nos adiantarmos. Enquanto se tratava desses pormenores, todos se deleitavam na contemplação do país, cuja doçura, cuja variedade encantadora cujo esplendor superam o que há de mais belo na natureza, como jamais havíamos visto.[253]

Theodor Bösche, que chegou ao Rio em abril de 1825, também escreveu sobre o grande anfiteatro: "não há pincel capaz de pintar a magnificência desta natureza grandiosa".[254] O pastor Langstedt, que aportou no Brasil em abril de 1782, acompanhando uma tropa mercenária alemã que se dirigia à Índia, observou, assim como os dois cientistas bávaros anos depois, que as serras cariocas eram tão pitorescas como ele nunca havia visto na vida.[255] Rango, "animado das mais gratas sensações", compôs um poema ao avistar o Pão de Açúcar, em 1819.[256] Seidler escreveu que nenhum porto no mundo "vale o porto do Rio de Janeiro". Por fim, resumiu o caráter militar da baía: "altas montanhas envolvem o conjunto e os navios aqui ficam tão seguros como o filho ao colo da mãe".[257] A visão do paraíso logo daria lugar às duras realidades do país.

Os colonos seriam desembarcados e enviados à Armação da Praia Grande, também conhecida por Armação das Baleias, um conjunto de prédios antes destinados ao beneficiamento de produtos oriundos da pesca de baleias, então transformado em local de quarentena dos recém-chegados. Situada na Ponta da Areia, no distrito da Vila Real da Praia Grande, é hoje o Centro da cidade de Niterói. Os soldados seriam destinados aos quartéis cariocas, antes passando uma temporada na Praia Vermelha, o inferno no Eldorado brasileiro.

De retorno à Europa, Mansfeldt contou sua experiência quando da chegada ao Brasil. "O navio lançou âncoras", escreveu ele sobre o desembarque do *Friedrich*, em agosto de 1826.

> Em seguida chegaram ao navio dois botes com funcionários da alfândega, acompanhados de militares que vistoriaram o navio. O chefe dos militares recolheu nossos passaportes, e uma comissão sanitária inspecionou todos os passageiros [...]. No dia seguinte, antes de nascer o sol, mandei reunir a tropa no convés. Já no dia anterior, havíamos sido informados de que haveria inspeção especial por Sua Excelência o sr. Miranda e que, por isso, todos deveriam comparecer limpos e bem-vestidos para obter, com uma aparência adequada, o contentamento do ministro. Os soldados formaram duas fileiras em ordem militar; diante deles estavam os colonos com suas mulheres e crianças; os sargentos e a música postaram-se na ala direita. [...] O ministro Miranda chegou às sete horas da manhã, acompanhado pelo intérprete. [...] passou em revista as fileiras dos soldados, enquanto a banda de música tocava. [...] Encostaram-se ao navio dois grandes botes para onde se transferiram todos os engajados ao serviço militar.[258]

Sobre os colonos, segundo o alemão, foram transferidos para uma lancha e levados a terra, onde cada família levou os "tristes restos dos seus pertences consigo". Todo o grupo foi alojado em dois paióis, onde ficaram até seguir viagem ao seu lugar de destino.

Peter Paul Müller, um dos colonos desembarcado no *Friedrich Heinrich*, um veleiro não fretado por Schaeffer, em 1825, relatou semelhante cena. Miranda chegou cedo e "ordenou, de imediato, que juntamente com nossos pertences fôssemos levados a terra. Fomos levados a doze construções grandes do imperador, de frente para a cidade, e [...] o imperador em pessoa nos visitou".[259] "Todos tiveram que formar um círculo em torno dele", continuou, "e ele se dirigiu de pessoa em pessoa, perguntou a cada um como se sentia, como se sentira durante a viagem, qual sua profissão etc."

A chegada dos colonos ao Rio de Janeiro despertava a curiosidade da população e era alvo de elogios e críticas por parte da imprensa. Mesmo que o porto recebesse, e nele circulasse uma grande quantidade de estrangeiros, a cidade nunca havia visto tanta gente loura e de olhos azuis. De modo geral, a imigração era bem vista pela população, ao menos quanto aos colonos, que os jornais locais da época chamavam de "gente laboriosa", que desenvolve o "comércio ou qualquer outro ramo de indústria útil".[260] O mesmo não poderia ser dito a respeito dos soldados, "a ralé, que, da Irlanda e Alemanha, se mandou buscar", segundo alguns. Na imprensa repercutia a opinião geral: eram bêbados e baderneiros. "Que os soldados alemães de contínuo se embriagam sabem até os moleques, que amiudadas vezes os contemplam pelas ruas, com as pernas mal seguras, fazendo ângulos imperfeitos, ou mesmo estirados por terra, exalando os aromas do Baco de Parati", escreveu o jornal *Aurora Fluminense*.[261]

Mas os alemães não tinham melhor opinião do Brasil, Mansfeldt observou que "a multiplicidade de raças dá ao visitante uma imagem mais interessante do que em qualquer outro lugar do mundo. O Rio de Janeiro é a quinta-essência dos contrastes individuais." Ebel relatou que "estranha é a sensação do desembarque. Ao invés de brancos, só vi negros, seminus, a fazerem um barulho infernal e a exalarem um cheiro altamente ofensivo ao olfato". O alemão achou que o barulho era incessante e infernal. E descreveu, horrorizado, a cena que presenciou nas ruas cariocas:

> Aqui uma chusma de pretos, seminus, cada qual levando à cabeça seu saco de café, e conduzidos à frente por um que dança e canta ao ritmo de um chocalho ou batendo dois ferros um contra o outro, na cadência de monótonas estrofes a que todos fazem eco; dois mais carregam ao ombro pesado tonel de vinho, suspenso de longo varal, entoando a cada passo melancólica cantilena; além, um segundo grupo transporta fardos de sal, sem mais roupa que uma tanga e, indiferentes ao peso como ao calor, apostam corrida gritando a pleno pulmão. Acorrentados uns aos outros, aparecem acolá seis outros com baldes d'água à cabeça.[262]

O Rio de Janeiro era a maior cidade do Brasil de então, e tinha pouco menos de 80 mil habitantes, segundo o *Mapa da população da Corte*, de 1821. Eram 43.139 pessoas livres e 36.182 escravizados, distribuídos em 10.151 casas.[263] Era uma cidade insalubre, úmida e quente, cercada por altas montanhas, mar e brejos alagadiços. Capital da colônia desde 1763 e do Império português a partir de 1808, salvo as belezas naturais, da flora e da fauna, o Rio de Janeiro ainda estava longe de agradar olhares estrangeiros.

O pintor bávaro Moritz Rugendas achou que a cidade era inteiramente desprovida "de edifícios realmente belos".[264] Mesmo com as melhorias realizadas por d. João VI, essa era a opinião da maioria dos viajantes europeus. Só as igrejas chamavam a atenção, e eram muitas, quarenta ao todo. O prussiano Von Leithold notou também o grande número de vendas, "não há rua, ou travessa, mesmo num raio de cinco ou seis horas em torno da cidade, que não tenha a sua venda a pouca distância uma das outras".[265] E as ruas eram estreitas, não havia esgoto, nem coleta de lixo, por isso a cidade era imunda e fedorenta. O tenente Schlichthorst relatou a presença de cavalos e cães mortos nas ruas, o costume de cloacas serem despejadas nas praias e praças públicas e o de mortos serem sepultados nas igrejas, uma tradição portuguesa abandonada pela maioria dos europeus na Idade Média.[266]

Quanto à fisionomia da população carioca, Ebel escreveu que "os homens são de estatura mediana e franzinos, cabelos e olhos pretos, mas as fisionomias pouco marcadas". Crítico, não poupou nem as mulheres; que mais tarde seriam admiradas pelos soldados: "O sexo feminino é igualmente miúdo, sendo raras as caras interessantes, mais ainda as realmente belas; só os olhos é que, no geral, escuros, têm-nos verdadeiramente bonitos e suas donas sabem usá-los com feitiço".[267] Já Von Leithold achou que as portuguesas tinham "uma compleição pálida de pele muito fina; as brasileiras são mais morenas e de corpos bem-feitos; todas elas, brancas ou de cor, mostram dentes alvos e miúdos, pés pequenos e delicados".[268] E claro, os negros eram uma surpresa. Charlotte Hess, esposa do colono Johann Heinrich Emmerich, estabelecido em Nova Friburgo, em 1824, escreveu aos sogros em Bleichenbach, na Alemanha: "O que mais nos impressionou no primeiro contato foi ver tanta gente de pele escura. Ouvíamos falar que existia gente com pele mais negra que a nossa quando suja de carvão. Eu e vosso filho nunca acreditamos, até vermos com nossos próprios olhos. Eles são vendidos como nós fazíamos em Darmstadt com os cavalos. Para nós, causou-nos muita estranheza ver aquela gente sendo vendida como animais".[269]

CB

A chegada dos alemães ao Rio de Janeiro era o encontro entre dois mundos muito diferentes e completamente estranhos entre si. Enquanto os alemães, mesmo que sem a unidade política de outros países europeus, tinham uma experiência de civilização milenar, o Brasil ainda era uma nação em formação.

Os países de língua alemã tinham, desde o século XV, universidades, escolas, grandes bibliotecas e uma tradição em pesquisas científicas em quase todas as áreas do conhecimento humano. Em geral, a população alemã era mais instruída formalmente; a maioria dos colonos que chegaram ao Brasil, apesar da pobreza e da miséria em que se encontravam, sabia ler e escrever. Os brasileiros, ao contrário, eram, em grande parte, analfabetos, incluindo aí mesmo os ricos proprietários de terras. Enquanto os alemães liam Goethe, Hegel, Fichte e os irmãos Grimm; no Brasil, a própria imprensa era nova, havia sido criada quando da vinda de d. João VI para o Rio de Janeiro. Foi Antônio de Araújo e Azevedo, o conde da Barca, que trouxe consigo as prensas da Inglaterra, necessárias para impressão do jornal oficial do governo. Antes disso não havia jornais e também quase não havia livros, salvo alguns poucos vindos contrabandeados de Portugal. A maioria tinha a temática religiosa. Na opinião de Tarquínio de Sousa, os livros no Brasil joanino eram "mais espionados do que as mulheres".[270] Livros como os de Voltaire e Rousseau eram proibidos e, depois da fracassada tentativa de liberdade política com os inconfidentes mineiros, poucas bibliotecas haviam escapado da censura real. Em verdade, desde 1720 a impressão de qualquer "escrito" estava proibida no Brasil e, após a Revolução Francesa, a Coroa proibiu a remessa de qualquer livro ou impresso para a colônia.

Em 1824, já havia vários jornais circulando no Rio de Janeiro, o *Correio Braziliense*, que era impresso em Londres; a *Gazeta do Rio de Janeiro*, primeiro jornal impresso no Brasil vinculado ao governo; *O Diario do Rio de Janeiro*, a *Estrela Brasileira* e o *Espectador Brasileiro*. Logo estariam em circulação *A Aurora Fluminense*, o *Jornal do Commercio*, entre outros. E publicavam de tudo. "Na rua da Quitanda, número 212, há para se vender uma preta com muito bom leite, da segunda barriga, é moça, não tem moléstias, nem vícios; e sabe cozinhar, ensaboar e engomar" anunciava o *Diario do Rio de Janeiro* em edição de janeiro de 1825.²⁷¹ Em um país onde a escravidão era a base da economia e a maioria da população era composta por negros, eles dominavam muitos anúncios. "Quem tiver um tronco que sirva para prender escravos, e o quiser vender, anuncie por este *Diario*", estampava o jornal.²⁷² Publicavam-se também as chegadas de navios ao porto da cidade, de onde vinham, o que traziam e para onde iam, se fosse o caso. Além disso, notícias sobre escravos fugidos, amas de leite, negócios imobiliários, "notícias particulares" e de interesse geral. Até novidades da moda, como anunciou Gudin, alfaiate na rua do Ouvidor, número 69, que tinha "a honra de participar ao respeitável público, que lhe chegou um lindo sortimento de coletes de rebuço, casacas muito finas de todas as qualidades" além de "muito bonitos suspensórios, sapatos, calças, robições para o verão e juntamente um lindo sortimento de botões para a Marinha".²⁷³ O jornal *A Aurora Fluminense*, publicação política e literária, reproduzia também anedotas, além de artigos críticos. E até o imperador, escondido sob pseudônimos, publicava artigos em que se defendia dos ataques que lhe eram dirigidos. Em *A Voz da Verdade* e no *Diario Fluminense*, d. Pedro era o P. Ultra-Brasileiro, o P.B. ou P. Patriota.²⁷⁴ Assinava ainda em cartas e periódicos como Sacristão de S. João de Itaboraí, Duende, O inimigo dos Marotos e, curioso, Piolho Viajante. "O imperador tem muita paciência com toda essa gente", escreve ele mesmo em *A Voz da Verdade*, "ele tem feito de tudo para o Brasil e o Brasil nada por ele. Ele é justo e defensor dos fracos e amigo dos amigos".

O encontro desses dois mundos heterogêneos explica o preconceito que a maioria dos viajantes alemães e europeus teve em relação ao Brasil e aos brasileiros, no começo do século XIX. Se a fauna e a flora locais interessavam a olhares científicos, o povo e a administração política do país eram vistos como chagas de uma nação inferior. Seidler parece resumir as esperanças alemãs quanto ao Brasil, depois de tanto saber sobre o país "de leitura ou de ouvir dizer", escreveu ele, ora descrito "como a mais rica e magnífica de todas as terras, ora como a mais pobre e miserável", perguntavam-se todos onde estaria "o ponto da verdade, no qual se tocam os dois extremos? Qual a constelação havia de assinalar a sorte da nossa vida?"[275]

O monsenhor e o visconde 10

Com o projeto de colonização em andamento, o imperador encarregou monsenhor Miranda, no Rio de Janeiro, e Fernandes Pinheiro, no Sul, de preparar as acomodações que iriam receber os colonos e soldados.

O monsenhor

Pedro Machado de Miranda Malheiro foi nomeado por d. Pedro I inspetor da colonização estrangeira em dezembro de 1823, quando Schaeffer já estava na Europa e o primeiro navio com imigrantes a bordo já havia partido de Amsterdã. Ao monsenhor Miranda, caberia receber os colonos e soldados enviados pelo agente, acomodá-los, selecioná-los e dar-lhes um destino: enviá-los para as colônias ou para os quartéis no Rio de Janeiro.

Miranda conhecia muito bem o assunto imigração. Fora ele o nomeado por d. João, em maio de 1818, para o cargo de inspetor da colônia suíça de Nova Friburgo, no Rio de Janeiro – não coincidentemente comprada de seu colega de batina e vendida ao rei por uma quantia extraordinária para a época (mais de vinte vezes o valor pelo qual o antigo proprietário havia comprado anos antes).[276] Aliás, foi para lá, diferentemente do que Schaeffer imaginara, que Miranda enviou os primeiros colonos que chegaram no *Argus*, em 1824. Pensava o alemão que os colonos seriam enviados para a Bahia, para a colônia de Frankental, quiçá para a nova capital, no Planalto Central, como havia sido informado por José Bonifácio, em 1822, e como havia pregado na Alemanha.

Os contratos assinados com os emigrantes na Europa rezavam exatamente isso, todos seriam enviados para as colônias de Leopoldina e Frankental na Bahia.[277] O funileiro Georg Schwinn mencionou a Fazenda Almada, na Bahia, como seu destino, em carta à prefeitura de Oberstein, quando solicitou permissão para deixar a Alemanha.[278] O mesmo fez o ourives Jacob Heringer, de Oldenburg. Quando Heringer chegou ao Brasil, avisado que teria que subir a serra fluminense com a família, negou-se terminantemente a ponto de insubordinar-se e só aceitou ir para Nova Friburgo, e não para a colônia baiana, por força das circunstâncias: uma ordem expressa do imperador.[279] O próprio Sauerbronn, pastor em Nova Friburgo, tinha certeza, dado as promessas de Schaeffer, de que seria pastor de uma colônia no Sul da Bahia.[280]

Monsenhor Miranda nasceu em 1780, na vila de Guimarães, província do Minho, em Portugal. Vinha de uma família que prestara valiosos serviços à Coroa portuguesa e à Casa de Bragança. O bisavô lutara na Guerra da Restauração, em 1640. Monsenhor acólito da Santa Igreja Patriarcal de Lisboa, tornara-se doutor em Cânones pela Universidade de Coimbra, além de bacharel em Filosofia e substituto da cadeira de História Eclesiástica. Lutou contra as tropas invasoras francesas como major e consta ter se destacado à frente de seus patrícios, foi, por isso, recompensado por d. João, que o nomeou desembargador do Paço e da Mesa da Consciência e Ordens, em junho de 1810, e chanceler-mor do reino, sete anos depois. Mesmo com uma longa folha de serviços prestados a Portugal, agraciado com cargos e títulos, preferiu permanecer no Brasil a serviço de d. Pedro, em 1822. Nomeado ministro do Supremo Tribunal de Justiça em 1828, ano em que deixou o cargo de chanceler-mor do Império, faleceu no Rio de Janeiro, dez anos depois, aos 58 anos. O alferes Seidler sobre ele escreveu que "era homem ambicioso, incansavelmente ativo, muito instruído e bastante patriota; conhecedor da intriga, não a estimava; seu coração primitivamente não tinha veneno, tanto mais o tinha sua inteligência; pois queria ser bom e era fraco, queria sempre ser esperto e muitas vezes era tolo".[281] Schlichthorst viu nele um homem prestativo que tentou lhe ajudar. Bösche juntou-se àqueles que achavam que Miranda era despótico e perdulário do dinheiro público e descreveu assim o inspetor:

"Monsenhor Miranda era um ancião bastante idoso, que granjeara facilmente a simpatia dos alemães por seus modos cativantes. Era considerado por todos como amigo e protetor dos emigrados alemães. Verificou-se mais tarde que à sua conduta ditavam motivos inconfessáveis, e que aduladores indignos lhe haviam dado uma auréola, que não merecia absolutamente. Convém deixar aqui assinado que ele soube enriquecer com o seu emprego de inspetor-geral das colônias".[282]

Adolfo de Varnhagen, o visconde de Porto Seguro, lamentou que o "primeiro ensaio de colonização estrangeira" no Brasil, em Nova Friburgo, tenha custado caro aos cofres públicos, principalmente por culpa de Miranda. Johann von Tschudi também creditou parte do fracasso de Nova Friburgo a ele, por sua "absoluta incapacidade como colonizador". Sem saber que as terras da colônia haviam sido "escolhidas" e compradas por Miranda, inocentemente o suíço concedeu a maior parte da culpa aos "que fizeram a infeliz escolha, e pouco escrupulosa, das terras a serem colonizadas".[283] Se este primeiro "ensaio de colonização" deu errado, ou não prosperou tanto quanto dele se esperava, pela má administração e corrupção que se tornariam a marca do poder público no país ao longo dos dois séculos seguintes, o segundo superou as expectativas ali depositadas, a tal ponto de ser considerado, em que pese às colônias e aos empreendimentos anteriores, o berço da colonização alemã no Brasil. O sucesso de São Leopoldo, em parte, deveu-se a um homem muito diferente de Miranda: Fernandes Pinheiro, mais tarde conhecido apenas como o visconde de São Leopoldo.

O visconde

Poucos brasileiros contribuíram tanto para a organização da administração pública no país, especialmente no Rio Grande do Sul e São Paulo, quanto Fernandes Pinheiro. Embora São Leopoldo tenha sido sua obra mais conhecida e popular, ele foi também o responsável pela organização da colônia de Três Forquilhas, no litoral gaúcho, assim como pela fundação da Santa Casa de Misericórdia, em Porto Alegre, além de ter participado, como deputado por São Paulo, das Cortes portuguesas, em 1821. Participou ainda da Assembleia Constituinte de 1823, na qual defendeu a ideia de Bonifácio quanto à criação de uma universidade de Ciências Sociais e Jurídicas, o que, de fato, se concretizou quando da sua atuação no Ministério da Justiça, em 1827. Em agosto daquele ano, d. Pedro assinou o decreto que criava as duas primeiras universidades brasileiras de Direito, em São Paulo e Olinda.[284] Primeira a entrar em funcionamento, em 1828, a universidade paulista formou os primeiros seis alunos em 1831.

Ainda assim, o visconde não deixou de cometer pecados. Defendeu, por exemplo, a escravização dos indígenas pelos bandeirantes paulistas e a destruição das Missões Jesuíticas, tudo em nome do iluminismo despótico, "civilizar e educar". Filho de comerciante português radicado no Brasil, José Feliciano Fernandes Pinheiro nasceu em Santos, em 1774. Seu pai, José Fernandes Martins, era, assim como monsenhor Miranda, da vila de Guimarães, na província do Minho, e como tantos portugueses, viera para o Brasil na segunda metade do século XVIII em busca de riquezas. Em Santos, José Fernandes casou com Thereza de Jesus Pinheiro e ali prestou serviços diversos à Coroa portuguesa, tendo falecido como coronel de milícias reformado. A mãe, segundo o próprio Fernandes Pinheiro, descendia de uma família de nobres que dera muitos "bons servidores" a Portugal.[285] A família da mãe, em verdade, era grande proprietária de terras e de escravizados indígenas, o que talvez explique a defesa, mais tarde, das atrocidades cometidas no Sul. E foi para agradar a mãe e os tios, que eram quase todos padres ou frades, que ele partiu para a Europa aos dezoito anos, em 1792, para concluir os estudos eclesiásticos. Seis anos mais tarde, se formou em Direito Canônico pela Universidade de Coimbra.

Sem inclinação para a vida religiosa, tão logo soube da morte da mãe, solicitou e recebeu do pai a permissão para dedicar-se à magistratura. Apesar da deficiência da educação na infância – com a expulsão dos jesuítas da colônia, aprendeu as primeiras letras com o próprio pai e caixeiros viajantes –, adquiriu enorme cultura ao longo de seus estudos particulares. Aprendeu latim e francês ainda em Santos, e o inglês, já em Coimbra. Dessa forma, durante três anos depois de formado, entre 1799 e 1801, serviu como tradutor de obras literárias. O emprego lhe oportunizou desenvolver um dos dons pelo qual ficaria conhecido, escrever. Os gaúchos devem a Fernandes Pinheiro, por exemplo, *Anais da Província de São Pedro*, de 1819, obra pela qual recebeu o título de "pai da historiografia gaúcha".[286] Filho de Coimbra, influenciado pelas reformas políticas do marquês de Pombal, é claro que a historiografia do visconde objetivava justificar o colonialismo português. A obra é, antes de tudo, a história militar da conquista do Sul sob a visão do administrador luso.

Era um intelectual, disso não há dúvida, prova é a amizade que tinha e a numerosa correspondência que manteve com cientistas, como o naturalista francês Auguste de Saint-Hilaire e o prussiano Friedrich Sellow, o mesmo que havia percorrido o Brasil com o príncipe Maximilian von Wied-Neuwied e Freyreiss, o fundador de Leopoldina, na Bahia. Foi um dos fundadores do Instituto Histórico e Geográfico Brasileiro e seu primeiro presidente, eleito em 1839; além de sócio correspondente da Academia Real das Ciências de Lisboa e membro correspondente do Instituto Histórico da França, da Sociedade de Agricultura de Karlsruhe e da Academia Real dos Amigos Curiosos da Natureza, de Berlim; entre outras, na Alemanha, na França e na Itália.

Em julho de 1800, d. Rodrigo de Souza Coutinho o incumbiu de criar e ser juiz vitalício da alfândega de Porto Alegre, no Rio Grande do Sul (à época ainda subordinado à capitânia do Rio de Janeiro) e da ilha de Santa Catarina. No dia 1º de junho de 1801 foi nomeado auditor dos regimentos da província e, seis dias mais tarde, agraciado com o Hábito de Cristo, importante condecoração portuguesa. Em novembro daquele ano, deixou Lisboa e retornou ao Brasil. Permaneceu no Rio de Janeiro por quase um ano, quando finalmente partiu para o Sul, chegando a Porto Alegre em 5 de dezembro de 1802.

Em 1811, recebeu o posto de coronel graduado e, como auditor militar, seguiu o exército pacificador do brigadeiro d. Diogo de Souza Coutinho, quando este invadiu a Banda Oriental em 1812. Fernandes Pinheiro casou-se já velho, em 1819, aos 45 anos, com a porto-alegrense Maria Eliza Júlia de Lima, vinte anos mais nova do que ele. Tiveram dez filhos, dos quais quatro faleceram ainda crianças. Uma de suas filhas, Maria Rita, casou-se com José Antônio Corrêa da Câmara, mais tarde segundo visconde de Pelotas. Esse casal herdou o solar construído pelo visconde na rua Duque de Caxias, em Porto Alegre, hoje conhecido como Solar dos Câmara.

Em 1820, mesmo depois de tantos anos no Sul, foi eleito deputado por São Paulo. Chegou a Lisboa e tomou parte da Assembleia em abril de 1822, quando o Brasil já havia se transformado em um barril de pólvora. Em 25 de setembro, sem saber que d. Pedro já havia declarado o Brasil independente em São Paulo, jurou a Constituição portuguesa apresentada pelas Cortes. Foi duramente criticado pelos deputados brasileiros que haviam deixado Lisboa em desagravo à intransigência portuguesa. Retornou ao Brasil em maio do ano seguinte, e tomou parte da Constituinte, na qual defendeu, em 14 de junho, a criação da universidade de Direito "convencido de que a difusão das luzes e adiantamento da instrução pública são as verdadeiras bases do governo constitucional".[287] Dissolvida a Assembleia, foi nomeado pelo imperador o primeiro presidente da província do Rio Grande do Sul, tomando posse em 8 de março de 1824. No dia 31, recebeu ordens do Rio de Janeiro para que fechasse a Feitoria do Linho Cânhamo, no Faxinal do Courita, e que iniciasse os preparativos para a acomodação dos primeiros colonos alemães no local. São Leopoldo seria, para o visconde, "dos fatos mais salientes da minha administração".[288]

Em novembro de 1825, foi nomeado ministro da Secretaria de Estado dos Negócios do Império. Deixou inacabado seu projeto de criar uma segunda colônia, desta vez, no litoral gaúcho, visando à criação de um grande porto que substituísse o de Rio Grande. Em 1826, tornou-se senador pela província de São Paulo e, em 1827, foi nomeado pelo imperador conselheiro de Estado, cargo do qual se demitiu dois anos mais tarde. Sobre d. Pedro I, aliás, o definiu usando as palavras que o historiador inglês Goldsmith usou para definir Carlos I: "todas as suas faltas procediam da sua imperfeita educação, ao passo que suas virtudes e excelentes qualidades nasciam de seu coração".[289]

Considerado um partidário do imperador, após a abdicação de d. Pedro I, Fernandes Pinheiro foi perseguido, principalmente na regência do padre Diogo Feijó. Foi por isso privado dos rendimentos como titular da Inspetoria da Alfândega, o que lhe causou grandes embaraços. Legalista, durante a Revolução Farroupilha teve a chácara no Caminho do Meio ocupada e saqueada por farrapos, a quem chamou de "indivíduos interessados, com vistas de egoísmo, desígnios particulares, cálculos de ambição, rebuçados em afetados provincianismos" e "gentes perdidas por dívidas, ou atraídas pelo engodo do saque".[290] Mesmo como senador, permaneceu longe das querelas políticas do Império, e quando convidado por Araújo Lima para uma pasta no governo, declinou do convite.

Em 1846, depois da revolução, foi eleito deputado provincial, mas não exerceu o cargo. Faleceu em Porto Alegre, no ano seguinte.

Para Carlos Henrique Hunsche, monsenhor Miranda e Fernandes Pinheiro faziam parte do que o gaúcho chamou de "máquina de quatro tempos", composta ainda pelo próprio Schaeffer e o médico Johann Daniel Hillebrand.[291] De fato, foram esses quatro homens os que deram forma, cada um a sua maneira, ao projeto de Bonifácio e aos desejos de d. Pedro. Mas Bonifácio não sobreviveu ao projeto iniciado em 1822, demitiu-se menos de um ano depois do início do que chamou de "grande projeto para o Brasil". Com a Assembleia Constituinte dissolvida pelo imperador, em 1823, foi exilado na França. Schaeffer também não iria muito longe, cairia em desgraça em poucos anos e se veria destituído de suas funções, com a imagem destruída por calúnias e difamações. Fernandes Pinheiro deixou o Ministério e a Secretaria de Estado dos Negócios do Império pouco depois de assumir o cargo. Permaneceu no cargo apenas dois meses. E, diga-se a verdade, bem poucos tiveram mais tempo para trabalhar do que ele. Entre a independência e a abdicação não menos do que dezenove ministros passaram pela pasta, uma marca do governo brasileiro notada por Metternich. O único a permanecer em seu cargo, de inspetor da colonização estrangeira, durante todo o tempo, foi monsenhor Miranda.

A Fazenda do Morro Queimado 11

No dia 24 de julho de 1823, o porto de Den Helder, em uma pequena península ao Norte de Amsterdã, na Holanda, viu partir para o Brasil o primeiro navio com imigrantes alemães. Era a primeira vez que o país, independente há menos de um ano, receberia uma leva de colonos que faziam parte de um projeto de colonização organizado pelo novo governo.

O *Argus* tinha pouco mais de vinte anos, era um veleiro com três mastros, como a maioria dos transatlânticos da época. Propriedade da empresa Baetjer & De Vertu, era capitaneado por B. Ehlers e Peter Zink. O pouco tempo em que estava na Alemanha e a urgência com que d. Pedro e José Bonifácio exigiam soldados para o Exército imperial, fizeram com que Schaeffer usasse da influência de Jacob Cretzschmar, que já organizava expedições para a América do Norte com colonos da região de Frankfurt e arredores, principalmente no Palatinado (em poder do reino da Baviera). Por isso, a primeira leva de colonos partiu para o Brasil da Holanda e não de Hamburgo ou Bremen, na Alemanha, de onde sairia a grande maioria dos navios fretados por Schaeffer depois de 1823.

Schaeffer escreveu que os trezentos colonos estavam acompanhados por "um digno e muito respeitável pastor ou vigário, ao qual eu dei segurança de que o governo lhe concederá as mesmas vantagens e emolumentos de que os demais vigários gozam no Brasil".[292] Prometeu ainda "que o governo fará construir a igreja e a escola da paróquia". O agente brasileiro julgava que os colonos seriam direcionados para a Bahia, onde já residiam algumas famílias alemãs e onde seu sócio Henning poderia auxiliar na construção da escola e da igreja e melhor administrar a colônia. O imperador não pensava assim. Os soldados foram enviados para a Praia Vermelha e os colonos, alguns também trazidos pelo *Caroline*, recém-chegado ao Rio, foram enviados à Fazenda do Morro Queimado, na serra fluminense, no fim de abril.

A Fazenda do Morro Queimado, depois denominada Nova Friburgo, é um exemplo do sistema corrupto da administração colonial portuguesa existente no Brasil de então e, infelizmente, prática comum no país até hoje. O local, de "quatro sesmarias com duas léguas de testada e três de fundo",[293] no Cantagalo, era propriedade do monsenhor Antonio José da Cunha Almeida, amigo de ninguém menos do que monsenhor Miranda, uma espécie de faz-tudo de d. João, menor apenas que d. Antônio de Araújo e Azevedo, o conde da Barca, principal ministro do rei. De terras inférteis, em um local de difícil acesso, montanhoso e pedregoso, a mais de três dias de viagem da capital, a fazenda havia sido comprada de Lourenço Correa Dias pelo monsenhor Almeida pela ninharia de 500 mil réis. Ele a revenderia "voluntariamente", por intermediação de Miranda, ao governo joanino por quase doze contos de réis – nada menos do que 24 vezes o valor pago por ela. Por decreto real e carta régia, ambas de 6 de maio de 1818, d. João destinou a fazenda ao assentamento dos colonos suíços e o monsenhor Miranda como inspetor do estabelecimento.[294]

Primeiro, os suíços

Depois das guerras napoleônicas, a Confederação Helvética restabeleceu relações diplomáticas com Portugal. E uma das primeiras realizações foi o firmamento de um contrato que visava trazer camponeses do Cantão de Fribourg para o Brasil. A Confederação, só mais tarde chamada de Suíça, era análoga ao Sacro Império Romano da Nação Alemã, uma reunião de vários

Estados semi-independentes de língua alemã, francesa, italiana e romanche, conhecidos como cantões. E assim como os demais países europeus pós-Napoleão, passava por reestruturação política e social, além de grave crise econômica. O músico e artista plástico Gachet, um personagem controverso, assim como Schaeffer, foi o responsável pela vinda dos suíços para o Brasil. Enviado à embaixada brasileira em Paris, de lá encaminhou para o Rio de Janeiro uma solicitação para que se pudesse organizar uma colônia com gente dos cantões no Brasil. A ideia foi bem recebida na Corte, desde 1811 d. João projetava a criação de colônias compostas de "industriosos e agricultores" estrangeiros. O monarca havia decidido "substituir por colonos brancos os escravos negros".

Sébastien-Nicolas Gachet, nascido em Paris, cujo pai era de Gruyères, no Cantão de Fribourg, servira como secretário particular do rei de Nápoles, cunhado de Napoleão e, ao que parece, viveu certo tempo no Norte da África. "Insinuante e imaginativo", escreveu Raphael Jaccoud, autor de um livro sobre a história da cidade fluminense, o suíço era raquítico e deformado fisicamente, mas tinha muita lábia e boa conversa.[295] De vida "vagamente aventuresca", escreveu Henrique Bon, historiador friburguense.[296] Segundo relato de Joseph Hecht, marceneiro nascido em Willisau, na Suíça, e um dos que caiu na lábia do francês "quem poderia suspeitar que no interior deste homem, que a natureza guarnecera com uma grande corcunda, estivesse escondida tanta velhacaria?"[297] Monsenhor Miranda, também conhecido por seus "modos cativantes", sobre o agenciador francês fez pesar acusações de muitas "velhacadas".[298]

Em 1817, Gachet se dirigiu ao Rio de Janeiro e, em 16 de maio de 1818, conseguiu que d. João VI assinasse um contrato e um decreto firmando as bases nas quais os suíços viriam para o Brasil.[299] Seriam cem famílias, "homens, mulheres e crianças de ambos os sexos, com todos os seus móveis e instrumentos rurais". Os 24 artigos que compõem o decreto serviriam, mais tarde, de base para os projetos de Bonifácio e já se via neles claramente a ideia de aproveitar os estrangeiros não apenas como colonos, mas também para o fornecimento de homens para o Exército. A preocupação com o abastecimento de sementes, ferramentas e animais, bem como os mesmos subsídios de 160 réis diários e a imediata naturalização, também seriam depois utilizados no projeto com os alemães.

De volta à Suíça, Gachet não teve muito trabalho para encontrar gente disposta a emigrar. E não apenas as cem famílias do contrato. Segundo seu sócio, Jean-Baptiste Jérôme Brémond, nomeado cônsul português na Suíça por d. João, havia mais de 5 mil pessoas interessadas no projeto da colônia. Pelo menos 2.006 chegaram ao porto na Holanda e, destes, pouco mais de 1.600 chegaram ao Rio de Janeiro. O jornal brasileiro *Correio Braziliense*, editado em Londres, publicou em maio de 1817, na mesma edição em que noticiava o casamento por procuração entre o herdeiro do trono português e a arquiduquesa da Áustria, um artigo não assinado que de tão interessante e oportuno merece ser reproduzido quase que na íntegra.

> As gazetas de Viena queixam-se, em termos muito amargos, do espírito de emigração que prevalece em toda a Europa; e chamam a esta emigração uma moléstia moral, que reina atualmente em muitos países; assim como pelos anos recém-passados a moléstia universal era a sedição e revolução.
>
> Se, com efeito, o desejo de emigrar e deixar a sua pátria, que tão geralmente se observa na Europa, é uma moléstia, não pode deixar de ser útil indagar a sua causa, para lhe aplicar o conveniente remédio. As calamidades da continuada guerra, que se seguiu à Revolução Francesa, sucedeu a escassez e penúria de alimentos, que naturalmente devia resultar do grande número de homens, que se empregaram nos exércitos, na ruína e devastação dos campos, que esses exércitos ocasionam, e na estagnação de comércio. A fome tem chegado a tal ponto em vários países da Europa, a Suíça, por

exemplo, que muitos centos de pessoas têm atualmente morrido à míngua; e muitas mais têm padecido por moléstias contagiosas, que procedem do uso de alimentos corruptos e não sãos.

O governo dos Grisons tem tomado muitas medidas para socorrer e prevenir os mendigos e vagabundos; porém não tem bastado para isto nem a beneficência com os pobres, nem os castigos com os criminosos: a massa total da miséria não diminui, e com ela continuam os crimes, e a quase geral imoralidade. Daqui resulta o espírito geral da emigração, como única alternativa para evitar a morte. Milhares de homens, mulheres e crianças têm passado por algumas cidades dos Países Baixos, procurando meios de embarcar para a América. Aos 23 de abril, desceram pelo Reno abaixo 1.200 famílias em seus barcos, vindas do cantão da Basileia somente; no dia seguinte apareceram mais seiscentas; destinavam-se a Utrecht, para ali embarcarem para os Estados Unidos.

Se aquela infeliz gente fosse criminosa, ou rebelde, a seu governo outra coisa seria; porém isso não é assim; longe de serem turbulentos, corrompidos ou depravados, os paisanos da Suíça são sóbrios, valentes, industriosos e sadios, a dura necessidade os faz emigrar; e eles constituirão uma preciosa adição à população dos Estados Unidos.

A isto acresce mais a repugnância, que tem mostrado a maior parte dos potentados principais, em adotar as reformas que os povos pedem altamente, e que muitos soberanos prometeram, quando quiseram estimular o espírito público, a fim de derrubar a tirania de Napoleão, que os oprimia.

Considerem-se estes motivos juntamente, e se achará neles causa muito suficiente para que os homens se desgostem de viver em seu país natal, e procurem mudar de domicílio; e se a isto se chama moléstia moral, seguramente o remédio deve ser adaptado as suas causas. Supor que uma população esfomeada deseje continuar no país onde se definha, é raciocinar contra a natureza das coisas.[300]

O texto, provavelmente de Hipólito José da Costa, explica não apenas a causa da onda emigratória, especialmente a emigração dos cantões suíços, de onde saíram os primeiros colonos para o Brasil, bem como acusa os governos europeus quanto à falta de reformas políticas. Reformas essas que seriam, em seguida, na década de 1840, motivo de novas revoluções sociais e terminariam, finalmente, por derrubar as monarquias absolutas até o fim do século.

Reunidos em Estavayer-le-Lac, nas margens do lago Neuchâtel, na Suíça, os primeiros colonos foram alocados em três grandes barcas e, no dia 4 de julho de 1819, partiram com destino a Roterdã, nos Países Baixos. Os colonos de Soleura juntaram-se no caminho e, ao chegarem à Basileia, no dia 10, estavam todos reunidos, vindos de outros cantões. Três dias depois, sob o comando de Gachet e Brémond e divididos em onze embarcações, iniciaram a viagem pelo Reno. No dia 18, alcançaram Colônia, na Alemanha, e, no dia 26, entraram na Holanda. Depois de um percurso de quase mil quilômetros chegaram a Dordrecht, nos subúrbios de Roterdã, no dia 29 de julho, depois de 26 dias de viagem em situação muito precária. "Tudo o mais dá uma impressão miserável, mas, ao contrário do que se pode esperar, esses imigrantes, jovens e velhos, estão bem-humorados e dispostos", relatou o jornal holandês *Alkmaarsche Courant*.[301]

Somente depois de um mês e meio de espera em Mijl é que os primeiros suíços partiram para o Brasil do porto de St. Gravendeel, no dia 11 de setembro. A última leva deixou a Holanda somente no dia 10 de outubro. O primeiro navio, o *Daphne*, chegou ao Rio de Janeiro em 4 de novembro de 1819 e o último, o *Camilus*, em 8 de fevereiro do ano seguinte. Sobre a partida da primeira leva, "não se pode comunicar aos brasileiros notícia de maior interesse", exultou Hipólito José da Costa, entusiasta da colonização europeia do Brasil.[302] Antes da partida, a longa espera, as precárias acomodações e a falta de alimentação, além da disenteria, farão perecer nos pântanos do Maas 39 colonos, segundo as listas oficiais, número que certamente foi muito maior, haja vista que os recém-nascidos por vezes não eram registrados.

O padre Joye relatou a estadia e a promiscuidade na cidade portuária, ocasionada por soldados mercenários suíços acantonados em Dordrecht e que visitavam o local onde estavam os colonos: "Não podeis fazer ideia do número de maus indivíduos, sem fé, sem leis, sem instrução e sem costumes, que fazem parte da colônia. Chega até o ponto de os menos suscetíveis de escândalos se escandalizarem".[303] Caso semelhante ocorreria depois, no Rio, quando soldados alemães fariam frequentes e indesejadas visitas aos colonos na Praia Grande.

Depois dos tormentos da viagem europeia e transatlântica, até meados de fevereiro de 1820 desembarcaram no Rio de Janeiro mais de 1.600 colonos. Um número espantoso, se levarmos em conta que mais tarde, São Leopoldo, no Sul, receberia pouco mais de 4.800 alemães, distribuídos em levas, no período de seis anos. Avisado um mês antes da chegada dos colonos sobre as providências a serem tomadas, Miranda e o tenente-coronel Francisco Cordeiro da Silva Torres, encarregado de construir as habitações, não haviam sequer demarcado os lotes. "Infelizmente a administração da colônia tinha sido confiada a monsenhor Miranda, uma das mais vis criaturas da Corte, que começara sua carreira seduzindo várias moças", escreveu o visconde de Porto Seguro.

Von Leithold, que esperava se estabelecer no Brasil com uma fazenda de café e estava no Rio de Janeiro quando da chegada dos suíços, em 1819, relata que os "colonos estavam longe de serem todos suíços católicos. Havia também emigrados de Württemberg, da Baviera e de Baden" e que poucos eram "agricultores, mas profissionais na maioria, atraídos pelo prospecto de se tornarem proprietários ou fazendeiros e de possuírem escravos". Sobre o sucesso da colônia, a sentença: "Quero muito saber a verdade sobre o futuro desses colonos. Só poderá ser um desastre. [...] E aqui, onde mesmo os habituados ao calor e a uma nutrição inferior não progridem, porque o clima lhes é contrário, é que os europeus, mormente alemães, irão cultivar a terra, sem o auxílio de escravos?"[304]

O próprio Von Leithold deixou o Brasil em seguida, desistindo de seu intento. Mas ele estava certo quanto à nacionalidade e à religião dos imigrantes. Böhel, Hemmpler, Keller e Schnebel eram de Baden, Bohnd era natural de Hamburgo e Metzger era vestefaliano. Havia ainda 38 franceses, seis italianos, três holandeses, nove austríacos, dois dinamarqueses, além de alguns cuja origem é desconhecida ou não pode ser identificada com precisão. Quanto à religião, aproximadamente 15% eram de credos não católicos; luteranos e calvinistas, principalmente. Nestes, também estavam incluídos muitos suíços.

Pouco mais de um ano depois, em 17 de abril de 1820, a colônia foi oficialmente instalada, com toda a pompa e circunstância que merecia a primeira colônia fundada no Brasil com colonos não lusos e com o patrocínio do governo português. Obviamente que pompa e circunstância vindas da administração lusitana não equivaliam à organização e comodidade. Devido ao grande número de colonos, eles haviam sido previamente agrupados em "famílias artificiais", ocupando 97 das cem casas disponíveis, permanecendo duas delas à disposição do padre Joye e do médico Jean Bazet. Uma terceira casa ficou inexplicavelmente desocupada enquanto a média era de dezesseis pessoas por casa. Jérémie Lugon, colono de Valais, não perdoou: "Nova Friburgo é um vilarejo composto de algumas casas ou várias choupanas de um cômodo só, imundas e úmidas, sem assoalho, cheias de vermes e de toda a sorte de insetos".[305] Lugon não exagerava. Construídas de pau a pique, as casas não tinham janelas, assoalho ou forro – edificadas de forma tão precária, treze anos depois grande parte já se encontrava em ruínas.

No momento da instalação foi realizada a "eleição" para a Câmara Municipal. Tudo previamente decidido por monsenhor Miranda; dos oito vereadores, apenas dois eram suíços. Não por acaso o juiz presidente seria Lourenço Correa Dias, o antigo proprietário da Fazenda do Morro Queimado. Bon escreveu: "Libertos do autoritarismo institucional de Schaller e outros líderes cantonais, apartados da voracidade mercantil de Gachet e Brémond, quedariam à mercê do absolutismo lusitano, representado no plano geral por Miranda".[306]

Com a má administração, o clima que nem de longe se assemelhava ao da Suíça, o desconforto das casas, a alimentação precária, "um sentimento depressivo generalizado" assolou os colonos. Acometidos pela disenteria e pela diarreia, acompanhadas de febres intermitentes, o número de mortos aumentou consideravelmente. Nos seis primeiros meses de 1820, mais de 130 colonos morreram. Em março, antes da instalação oficial, pelo menos seiscentos estavam doentes.

Já no ano seguinte, de posse de suas propriedades, que tinham pouco mais de cem hectares, incluindo rios, montanhas, vales rochosos e terras pouco produtivas, iniciou-se a evasão da colônia. Nova Friburgo estava destinada ao fracasso enquanto colônia agrícola. Ainda assim, um saudoso Seidler escreveu: "O nome de Nova Friburgo jamais sairá de minha memória". Sempre um crítico das coisas do Brasil, lembrou com carinho da colônia: "Aí passei dias bem felizes. Encontrei geralmente entre os colonos mais antigos aquele espírito intacto que outrora foi o orgulho de Helvécia; mas da mesma forma não pude desconhecer que a geração mais nova, pela cultura, pela cor e pelo coração, não mais merece o título de honrados livres suíços".[307]

A vez dos alemães

Foi para uma Nova Friburgo combalida e parcialmente abandonada pelos suíços que monsenhor Miranda enviou os primeiros colonos alemães, trazidos pelos navios *Argus* e *Caroline*, no início de 1824. Monsenhor seguia ordens do imperador, conforme decisão de 31 de março de 1824, que, para dar tempo a Fernandes Pinheiro no Sul, se via livre dos que já estavam no Rio de Janeiro levando-os para a serra fluminense. Pela mesma portaria, mandava o futuro visconde de São Leopoldo organizar a nova colônia e ordenava que para lá fossem enviados os alemães que estavam por vir. A ideia original de Schaeffer, de enviá-los para o Sul da Bahia, foi, assim, abandonada.

Depois de uma viagem de seis meses, o *Diario do Rio de Janeiro* noticiou a chegada do *Argus* à cidade, em 14 de janeiro de 1824. Vinha de "Amsterdã, com escala em Tenerife", trazendo a bordo "251 colonos alemães e mais 29 a oferecerem-se para o serviço do Império".[308] Dentre os navios que trouxeram alemães no Primeiro Reinado, com exceção do *Cäcilie,* que nem chegou a deixar a Europa, talvez a viagem do *Argus* tenha sido a mais desafortunada. Já no transporte dos colonos pelo rio Reno, na Alemanha, até o porto de embarque, na Holanda, dois colonos morreram e a caravana teve problemas com a polícia por causa dos passaportes. Como os dois mortos não tinham permissão para deixar a Alemanha, o condutor da caravana entregou o passaporte de dois colonos vivos, o que solucionou o problema na hora, mas trouxe problemas posteriores aos donos verdadeiros dos documentos.

Dezoito dias depois de ter deixado o golfo de Zuiderzee, na Holanda, o *Argus* passou por uma violenta tempestade, perdeu o mastro principal e foi obrigado a voltar ao porto. Depois de quase um mês de espera, enquanto recebia reparos, 26 colonos fugiram do veleiro e nunca mais voltaram. O barco holandês partiu novamente com destino ao Brasil, agora com o capitão Zink no auxílio de Ehlers. Segundo Conrad Christoph Meyer, amigo de Schaeffer e "merecedor de toda a confiança", cronista da viagem, Ehlers "foi encarregado da vigilância dos passageiros e das provisões" e Zink, "da manobra e do comando do navio".[309] No entanto, uma vez mais o *Argus* foi castigado por fortes ventos no Canal da Mancha. Avariado, foi obrigado a ancorar no porto inglês de Cowes, na ilha de Wight, nas proximidades de Southampton. Depois de quinze dias o barco zarpou, apenas para novamente ser atingido por um furacão, que o jogou do Golfo de Biscaia às costas da África. E, antes de chegarem a Santa Cruz de Tenerife, o veleiro ainda foi atacado por piratas. De nada adiantaram os 36 canhões do navio, tampouco os soldados que o *Argus* transportava. Para salvar a própria pele, não correr mais riscos e chegar ao Rio de Janeiro antes do desafortunado barco holandês, Meyer se aproveitou da presença do navio inglês *Eclipse* na ilha e nele embarcou para o Brasil. De fato, chegou à capital de d. Pedro quase um mês antes do *Argus*.

Seu relatório ao imperador não poderia ser outro: "A expedição do dito navio *Argus* falhou, em parte, desde o seu começo e teria malogrado completamente, se o senhor major e cavaleiro Schaeffer não fizesse, com tanta perseverança, quanto atividade, com que esta expedição fosse adiante".[310] Meyer, assim como Hanfft mais tarde, sabia que Schaeffer passava por maus lençóis para dar seguimento ao projeto de Bonifácio e agradar d. Pedro. "Mil obstáculos apareceram de todos os lados", exclamou ele. Mas o *Argus* chegou, assim como chegariam outros trinta navios. Alguns, como o *Caroline* e o *Fortuna*, fizeram três viagens; outros, como o *Creole*, fizeram não menos do que cinco expedições. Para horror do padre Joye, que atendia os colonos suíços católicos, junto dos colonos alemães do *Argus* estava o "digno e muito respeitável" pastor Sauerbronn, o primeiro pastor luterano no Brasil. Sauerbronn, assim como a grande maioria dos imigrantes alemães que chegaram ao país no Primeiro Reinado, vinha de Hessen-Darmstadt, coração da Alemanha moderna. Foi o primeiro, dos quatro pastores que Schaeffer encontrou na Europa dispostos a acompanhar os colonos, a chegar ao Brasil. E foi o único que não se dirigiu para São Leopoldo. Aliás, o contrato de Schaeffer com Sauerbronn, firmado na Alemanha, celebrava que ele seria "cura e pregador evangélico das comunidades de Leopoldina e Frankental", colônias alemãs na Bahia.[311]

Friedrich Oswald Sauerbronn nasceu na pequena Hilsbach, hoje Baden-Württemberg, em 1784, filho do pastor calvinista Karl Ludwig Sauerbronn e Anna Maria Handell.[312] Em 1805, no mesmo ano em que Napoleão vencia o Exército austro-russo em Austerlitz, na Batalha dos Três Imperadores, Sauerbronn se formava em Teologia, na Universidade de Heidelberg. Dois anos depois, casava-se com Charlotte Wilhelmine Kühlenthal, em Becherbach, no Hunsrück, comunidade onde substituiria o sogro, também pastor, em 1809. Algumas informações dão conta que Sauerbronn teria atuado ainda como presidente do consistório de Meisenheim.

O pastor permaneceu em Becherbach até 1823, quando Jacob Cretzschmar iniciou a procura de colonos interessados em vir para o Brasil.[313] Não apenas o eclesiástico, mas muitos dos membros da comunidade de Becherbach fizeram a viagem até o Rio de Janeiro no *Argus*. Robert Mörsdorf, em seu trabalho sobre emigração do principado de Birkenfeld, relata terem sido 110 os emigrantes de Becherbach que se dirigiram a Nova Friburgo.[314] Números semelhantes foram levantados pelo pastor Müller, por meio dos livros eclesiásticos da antiga colônia: das quase oitenta famílias, pelo menos nove foram identificadas como sendo da localidade de Sauerbronn.[315]

O artigo 5 da Constituição brasileira tornou árdua a missão de Sauerbronn. Mas, apesar de todos os protestos e querelas com o governo e a Igreja Católica, o pastor parece ter passado ileso a tudo. O visconde de Bom Retiro se referiu a ele, em 1854, como "pobre, velho, honestíssimo e com uma grande prole".[316] Numerosa mesmo. A primeira esposa morreu durante a viagem do *Argus*, ao dar à luz seu oitavo filho, Peter Leopold, que sobreviveu ao parto, mas faleceu depois da chegada – foi o primeiro alemão a ser sepultado no cemitério protestante de Nova Friburgo, em maio de 1824. A segunda esposa de Sauerbronn, Christiane Storck, lhe deu outros catorze filhos! A última, Luisa, nasceu em 1848, quando o pastor já contava 64 anos. Com família tão numerosa, deixou uma vasta descendência na região. Depois de quarenta anos de serviços prestados à colônia, Sauerbronn faleceu em 1864.

Assim como ocorrera com os suíços, tão logo os alemães chegaram e foram postos diante das enormes dificuldades da colônia, iniciou-se o êxodo. Em agosto de 1821, menos de dois anos desde a chegada a Nova Friburgo, após inúmeras queixas, os suíços haviam conseguido do então príncipe regente, d. Pedro, a permissão para abandonar os lotes coloniais e se dirigir para terras mais produtivas, o que alguns já haviam feito antes mesmo da permissão real. Agora, a história se repetia com os alemães. Em 1824, eles haviam ocupado as propriedades abandonadas pelos suíços e igualmente passaram a deixar a colônia tão logo foi possível. O príncipe Adalberto da Prússia, em viagem pela colônia, na década de 1840, achou que "em geral, o pessoal aqui não parece satisfeito com a sua permanência, e almeja regressar; contudo não são todos, porque, para muitos, as coisas parecem que correm bem".[317]

A profecia desdenhosa de Von Leithold se confirmou, seja por uma ou outra causa, os suíços – e depois os alemães – não confirmaram a expectativa criada em torno deles. Segundo o censo das colônias suíça e alemã de Nova Friburgo, de 1851, havia uma população de 1.476 pessoas, sendo 837 suíços e 639 alemães.[318] Número muito aquém de São Leopoldo e da maioria das colônias alemãs existentes no Brasil de então.

Dez anos depois do censo, o governo da Suíça, preocupado com a situação de seus ex-cidadãos, enviou Johann von Tschudi para visitar e estudar os problemas da imigração no Brasil. O suíço de língua alemã classificou Nova Friburgo como uma das tentativas frustradas de colonização no país. "O projeto de d. João VI deu bons resultados", escreveu ele, "mas se tivesse ainda contado com colaboradores e poderes executivos inteligentes e bem-intencionados, os resultados obtidos teriam sido excelentes."[319] E para que não se acuse os estrangeiros de falar mal do Brasil, mesma opinião emitiu Thomé Maria da Fonseca e Silva, um dos fundadores do Instituto Histórico e Geográfico Brasileiro, em relatório de 1849: "Oxalá que outras colônias melhor organizadas e dirigidas se empreendam."[320]

Soldados, mais soldados! 12

Apesar das ações e dos projetos de José Bonifácio e Schaeffer – e do próprio d. João VI nos anos que antecederam o rompimento entre colônia e metrópole – estarem direcionados às tentativas de implantação de colonos no minifúndio agrário, o principal motivo para a vinda de alemães para o Brasil era a necessidade que o país tinha de arranjar soldados que garantissem, se necessário, a independência junto a Portugal e mantivessem o imperador a salvo no trono. Seria essa a mola propulsora de todo o processo.

Mercenários

Depois do Dia do Fico, o Brasil se preparou para a independência. José Bonifácio e Caldeira Brant Pontes, o marquês de Barbacena, trocaram correspondências. "É logo urgente levar tropas da Irlanda, França ou Suíça", escreveu o marquês, de Londres. Sabiam eles das enormes dificuldades de arranjar tropas no país. Depois da Revolução Pernambucana de 1817, não podiam confiar nas províncias do Norte e achavam difícil exigir mais do Sul, constantemente em prontidão nas fronteiras platinas. Até tropas mercenárias estrangeiras estabelecidas na Bolívia o marquês sugeriu ao ministro.

E Bonifácio, que estivera muitos anos na Europa e conhecia bem a tradição militar alemã, sabia da grande contribuição que essas tropas, agora desnecessárias no Velho Continente, haviam dado à causa da liberdade na América espanhola. O Estado-Maior do Exército de Simon Bolívar, o libertador, era composto, em sua grande maioria, por oficiais que haviam lutado nas campanhas napoleônicas. Wiederspahn chegou a afirmar que a famosa Legião Britânica de Bolívar era composta, uma quarta parte, por alemães do reino de Hanôver.[321] Um número igualmente significativo de mercenários alemães havia também contribuído com Washington na luta contra o rei Jorge III, na Guerra da Independência estadunidense. Neste último caso, tanto revolucionários quanto colonizadores usaram forças mercenárias de países alemães.

De qualquer modo, ainda que Bonifácio acreditasse que Portugal pouco podia fazer contra o Brasil, "pelo estado deplorável de suas finanças e Marinha", era bom não se descuidar. Às vésperas da independência, despachou Schaeffer para a Europa e por essa mesma época negociava com o marquês de Barbacena a vinda de ingleses para solução de outro problema brasileiro: a Marinha. A força naval brasileira se constituía de dez ou quinze barcos de grande calado e diversos outros menores. Muito pouco, é verdade, mas era um começo; o problema todo era a tripulação, essencialmente de origem portuguesa. Como confiar a segurança dos portos da nação às mãos do inimigo? "Nunca terei completa confiança nos marinheiros portugueses sem mistura de ingleses", escreveu Bonifácio ao marquês em junho de 1822.[322] Depois de muito esforço e a custos altos para o falido erário nacional, de Londres, o marquês, que era formado pela Academia Naval, arregimentou para a causa brasileira trinta oficiais e quinhentos marinheiros súditos do rei Jorge IV.

Após o Sete de Setembro, não apenas a independência, mas a própria unidade do Império era frágil. "As notícias de Lisboa são péssimas; catorze batalhões vão embarcar nas suas naus [...] na Bahia entraram seiscentos homens e duas ou três embarcações de guerra; e a nossa traidora esquadra ficou de boca aberta olhando para eles", escreveu uma preocupada princesa Leopoldina a d. Pedro, em 22 de agosto de 1822.[323] As inquietações não eram recentes; desde um ano antes, d. Leopoldina, escrevendo ao pai, na Áustria, informava o soberano que as tropas portuguesas estavam "animadas pelo pior espírito".[324]

No ano seguinte ao grito do Ipiranga, as províncias da Bahia, do Grão-Pará, do Maranhão e do Piauí ainda se recusavam a aceitar ordens vindas do Rio de Janeiro. Na Batalha do Jenipapo, no interior do Piauí, em março de 1823, tropas portuguesas haviam vencido um improvisado Exército brasileiro composto de vaqueiros, lavradores, artesãos e escravizados e, só após muito esforço e usando táticas de guerrilha, os nacionais conseguiram expulsar as tropas do major João José da Cunha Fidié do Piauí. Refugiado em Caxias, no Maranhão, Fidié foi finalmente vencido por patriotas piauienses, maranhenses e cearenses no fim de julho.

Na Bahia, Salvador estava em mãos portuguesas desde fevereiro de 1822. Em julho, o Recôncavo aclamou a regência de d. Pedro e milicianos sob o comando de Joaquim Pires de Carvalho e Albuquerque, o futuro visconde de Pirajá, obstruíram a estrada de acesso principal à capital. Os portugueses ficaram cercados. Após a proclamação da independência, o tenente-coronel Luiz Inácio Madeira de Melo negou-se a obedecer às ordens vindas do Rio ou mesmo retirar-se de Salvador. O imperador enviou armas, tropas e Pierre Labatut (um general francês, veterano das guerras napoleônicas) para colocar ordem na casa. Em novembro, Madeira de Melo tentou furar o cerco em Pirajá, mas foi rechaçado pelo Exército brasileiro – um misto de tropas regulares, milicianos negros e indígenas! Cercado por terra e mais tarde por mar, pelo almirante escocês Thomas Cochrane, outro veterano das guerras na Europa, Madeira de Melo deixou Salvador em 2 de julho de 1823, com o restante de suas tropas e mais de noventa navios portugueses. Um ano mais tarde, d. Leopoldina, escrevendo novamente ao pai, acreditava que o esposo poderia "talvez garantir a obediência da Província do Rio de Janeiro, porém não das outras, que se encontram constantemente em convulsão revolucionária".[325]

Assim, animado pela extrema necessidade, d. Pedro criou o Regimento de Estrangeiros, também chamado de Corpo de Estrangeiros, por decreto, em 8 de janeiro de 1823. Como fora constituído de um único batalhão, de pouco mais de oitocentos homens, era popularmente chamado de Batalhão de Estrangeiros. Enquanto os alemães de Schaeffer não chegavam, recrutaram-se os suíços de Nova Friburgo, aos quais se juntaram vagabundos de todas as nacionalidades, marinheiros desertores e operários sem trabalho.[326] Em outubro do ano seguinte, já com um efetivo maior, decidiu-se que o Regimento seria constituído por dois batalhões de caçadores e um de granadeiros. Mais tarde, devido ao crescente número de alemães que começaram a desembarcar na capital, foi necessário criar mais um batalhão de granadeiros.

Pelo decreto de 1º de dezembro de 1824, o Exército imperial Brasileiro era finalmente organizado de forma a acabar com a anarquia militar que vinha desde os tempos em que d. João VI chegara ao Rio. Ao menos no papel isso foi feito. Pelo decreto, formavam o Exército imperial um batalhão destinado à guarda pessoal do imperador, que seria um Batalhão de Estrangeiros, leia-se de alemães, três de granadeiros, 27 de caçadores, sete de cavalaria e dezessete de artilharia. Eram pouco mais de 26 mil soldados. A guarnição maior ficaria na Corte: o batalhão do imperador, os três de granadeiros, oito de caçadores, um de cavalaria e dois de artilharia. D. Pedro queria estar certo de que não seria deposto.[327]

Constituía-se então o Regimento de Estrangeiros, com a presença de alemães e também irlandeses: o Segundo e o Terceiro Batalhão de Granadeiros, o 27º e o 28º Batalhão de Caçadores. Formavam ainda o Regimento, o Corpo de Engenheiros e o de Lanceiros Imperiais, organizado em 1826, com efetivo recrutado entre os granadeiros. Quase 3 mil alemães teriam servido no Exército imperial até 1831, o que, considerando o efetivo total de primeira linha, era um número considerável, cerca de 10% do exército regular.

Os irlandeses viriam um pouco mais tarde, foram chegando durante o ano de 1827 e somaram mais de 2.200 pessoas, entre homens, mulheres e crianças. As ordens dadas ao coronel do Terceiro Batalhão de Granadeiros, o irlandês William Cotter, que antes já prestara serviços a Portugal, tanto nas Guerras Ibéricas como no Sul e no Nordeste do Brasil, era de que, na Irlanda, recrutasse quinhentos homens "ou os que puder obter no menor espaço de tempo possível, no mais tardar dentro de nove meses".[328] Cotter conseguiu bem mais do que isso: setecentos voluntários, vindos de diversas províncias ao Sul da Irlanda. O problema é que parte deles só aceitou vir com a família e o irlandês se viu obrigado, por motivos semelhantes aos de Schaeffer com os alemães, a trazê-los todos. "Não tive outro remédio senão trazer muitos casados para enganar as autoridades", justificou-se.[329] E assim como o injuriado agente brasileiro na Alemanha, Cotter precisou trabalhar bastante, burlando a lei inglesa e correndo o risco de ser preso de um dia para o outro. Nesse caso, no entanto, um gasto enorme para o governo imperial e que não deu em nada, salvo dor de cabeça. Os irlandeses, tanto quanto os alemães, dados ao excesso de cerveja, foram os principais responsáveis pelos distúrbios na capital e também estiveram, em grande número, envolvidos na revolta de junho de 1828. Tão logo foi possível, todos foram despachados de volta para a Europa, e apenas alguns poucos foram enviados para a Bahia.

A história de Cotter e de seus colonos-soldados irlandeses, em muitos pontos, é análoga à de Schaeffer, o que apenas confirma as dificuldades de ambos e a enorme confusão que reinava no Brasil naquela década revolucionária. A defesa do irlandês às acusações a que foi acometido é praticamente idêntica à de Schaeffer. Ordens, contraordens, ilegalidade, perseguição por jornais e autoridades locais, dificuldades financeiras, falta de apoio e clareza por parte do governo e, finalmente, desilusão com a causa; o que, no caso de Cotter, não impediu que ele servisse uma última vez a d. Pedro, agora em Portugal, na guerra contra o irmão d. Miguel pela Coroa portuguesa. O irlandês morreu no Porto, em 1833, antes da vitória final dos pedristas.[330]

☙

O comando do Regimento de Estrangeiros era heterogêneo. Enquanto entre os soldados, com raríssimas exceções, havia somente alemães e irlandeses, o corpo de oficiais se parecia muito com o Exército das Nações Unidas: havia ingleses, escoceses, alemães (principalmente prussianos), suíços, italianos, suecos, holandeses, dinamarqueses, irlandeses, franceses e, claro, portugueses. Uma verdadeira miscelânea. Bösche, que serviu entre os granadeiros, resumiu assim o motivo de tantos mercenários aportarem na capital do Império de d. Pedro: "Soldados veteranos, cuja vida fora toda consagrada à profissão das armas, indiferentes à causa por que combatiam, julgavam de bom proveito pôr a bravura ociosa à disposição do governo brasileiro. Muitos destes, poupados pela morte nas batalhas sangrentas da Europa, encontraram nos desertos da América o fim da sua carreira aventurosa".[331]

Enquanto no Brasil d. Pedro tentava organizar o exército, na Europa a situação dos diplomatas brasileiros não era das melhores. Quando, em abril de 1823, Telles da Silva foi nomeado encarregado dos negócios brasileiros em Viena, recebeu ordens para tentar "um ou dois Regimentos Austríacos para o serviço deste Império",[332] Metternich já havia batido com a porta na cara de Schaeffer. O primeiro-ministro de Francisco I não confiava no alemão, até porque Schaeffer não tinha nenhum cargo oficial no Brasil – a missão era secreta. O alemão, ainda por cima, era maçom (considerados os principais influenciadores das revoltas sociais contra o sistema monárquico), como, aliás, era também Bonifácio.

Telles da Silva foi ao menos ouvido por Metternich, já em 1826. Os austríacos estavam dispostos a enviar tropas, afinal de contas a imperatriz brasileira era uma filha da Áustria. Também era uma ótima oportunidade para fortalecer a única monarquia de uma América republicana. Mas as constantes trocas no ministério de d. Pedro, as revelações do barão Mareschal, representante austríaco no Rio de Janeiro, e da própria imperatriz – que morreria no fim daquele ano depois de todas as amarguras causadas pelo seu "amado Pedro" –, não eram uma boa propaganda para o Brasil.

O fato é que a Áustria, assim como os próprios brasileiros, não confiava no que d. Pedro faria com tantos soldados, a essa altura com a independência já garantida. A resposta de Metternich às intenções do Brasil foi clara:

> As coisas no Brasil vão como iam ao tempo em que éreis governados pelo mau regime português, e admiro-me que depois da independência continuais a ser com o maior servilismo, fiéis imitadores dos erros de vossa antiga Mãe Pátria. Vós quereis colonos, vós quereis oficiais, muito bem, mas parece-me que primeiro de tudo deveríeis querer sistema. Vós carregueis o vosso carro sem vos lembrardes de que ele não tem rodas, o que acontece? Que querendo fazer que ele ande, não podeis; o vosso carro está parado por falta de rodas e assim estará enquanto vosso amo não cuidar da primeira das coisas, que é formar um ministério provável, prático, homogêneo, e inacessível a toda a espécie de intriga, e por isso permanente, em que os outros ministérios confiem, e que tenha a confiança dos brasileiros.[333]

A guerra particular entre d. Pedro e Metternich ainda daria muito o que falar. Depois da morte de d. Leopoldina, enquanto o marquês de Barbacena procurava uma nova imperatriz para o trono brasileiro, o ministro austríaco fez o possível para desacreditar o imperador nas Cortes sob influência da Áustria.

Assim, sem soldados austríacos, franceses ou suíços, viriam os alemães. E Schaeffer os fez vir como colonos, conforme combinado com José Bonifácio, nas instruções de agosto de 1822. Em verdade,

d. Pedro sempre se viu mais preocupado com o envio de soldados do que povoadores. Foi pela clarividência de Bonifácio, e pela atuação de Schaeffer, que o Brasil recebeu colonos e famílias de camponeses e artesãos, para finalmente dar fim ao tráfico negreiro e tirar o país de vez do atraso colonial a que fora submetido por Portugal.

Após a chegada dos dois primeiros navios vindos de Hamburgo, em abril e julho de 1824, um entusiasmado d. Pedro escreveu a Schaeffer, na Alemanha: "Meu Schaeffer. Muito agradeço a boa gente que tem mandado para soldados. A imperatriz já lhe mandou da minha parte encomendar mais oitocentos homens para soldados, agora eu lhe ordeno que em lugar de colonos casados mande mais 3 mil solteiros para soldados. O ministro dos Negócios Estrangeiros lhe mandou dizer que não mandasse mais, mas eu quero que os mande".[334]

O imperador adorava tanto seus soldados que os visitava com frequência, do mesmo modo como visitava os cavalos enviados da Alemanha por Schaeffer e que lhe davam enorme prazer. Bösche, sargento do Terceiro Batalhão de Granadeiros, aquartelado na Praia Vermelha, relata que "ao romper do dia entrava d. Pedro a cavalo pelo portão da fortaleza, acompanhado pela esposa e de alguns cortesãos. Não há talvez no mundo soldado algum que entenda melhor do que d. Pedro do manejo das armas e dos exercícios com a espingarda".[335] Gostava de armas, adorava mandar e queria os soldados, que não faltavam na Alemanha pós-Napoleão. "Uma geração nascida e criada na guerra, sem maiores habilitações que a de matar o próximo", definiu o historiador militar Saldanha Lemos.[336] Von Leithold, que chegou ao Brasil antes do processo imigratório criado por ocasião da independência, resumiu o pensamento de muitos europeus alemães:

> Calamitosa era minha situação financeira, devido à guerra de 1806 e suas consequências; para melhorá-la de algum modo no futuro eu não via possibilidade, pois a má sorte vinha eriçando de espinhos até a minha

carreira de oficial de hussardos. Aqui em tua terra não te sorri a fortuna, parecia dizer-me uma voz interior e, acreditando nela, ocupou-se minha fantasia unicamente em arquitetar planos num país longínquo. O Brasil, terra da promissão, cujos campos sempre verdes se abrem generosos aos descontentes e aos desamparados de outras regiões atraiu minha atenção; e, como muitos compatriotas, alemães do Norte e do Sul, principalmente suíços, para lá emigravam, resolvi também empreender viagem no ano de 1819.[337]

A "terra de promissão" não era o paraíso imaginado, mesmo Von Leithold desistira do Brasil após sua fracassada tentativa de uma fazenda de café no Rio de Janeiro. Ainda assim, sendo ou não um paraíso, o Brasil se apresentava como um sonho melhor do que o sonhado na Europa.

No quartel

A expressão "caçadores", do francês *chasseurs*, começou a ser utilizada na França em meados do século XVIII, para designar os soldados que combatiam em ordem dispersa, na vanguarda da linha de combate. No fim do mesmo século, essa designação foi adotada pelo Exército português. Enquanto os "batalhões leves" (os caçadores) eram compostos por soldados com menor porte físico e armas leves, os "batalhões pesados" (granadeiros ou fuzileiros) eram caracterizados pelo maior efetivo de armamento e com soldados mais altos e robustos. O primeiro procedimento usado para a separação dos soldados, para um e outro grupo, caçadores ou granadeiros, era a *tosa* (a medida de altura). Nem os oficiais escapavam dessa regra, os que mediam mais de seis pés, cerca de 1,80 metro, serviriam como granadeiros, os demais formariam os batalhões de caçadores.[338]

O relato de Schlichthorst, assim como o de Seidler e o de Bösche, não foi nem um pouco elogioso à organização militar brasileira, em particular, e ao país, em geral. A imagem que o jovem tenente do batalhão de granadeiros pintou do Rio de Janeiro nos anos em que permaneceu na capital do país foi extremamente negativa. O alemão só não cansou de elogiar as negras do Brasil (que, a propósito, virou marca registrada dos cronistas alemães), cujos olhos irradiavam "um fogo tão peculiar e o seio arfa em tão ansioso desejo que é difícil resistir a tais seduções", escreveu ele.[339] As queixas começavam pelo fardamento. O dos granadeiros consistia em compridas casacas azuis com "vivos brancos, golas e canhões encarnados". O dos caçadores lembrava o das tropas ligeiras das antigas legiões anglo-alemãs, "curtas fardetas azuis com pequenas abas, guarnecidas de vivos, golas e canhões verde-claros.". Cada soldado recebia a mais uma fardeta de exercício, um par de calças azuis e dois pares de brancas.

Para resumir, "fardamento sem gosto e de péssimo material", sentenciou Schlichthorst.[340] Seidler, completando, escreveu que eram tão mal confeccionados que "os uniformes azuis do 27º Batalhão de Caçadores em menos de quatro semanas ficaram cor de raposa, as costuras se desfaziam e os sapatos, com toda a boa vontade, não era mais possível usá-los". A propósito disso, aliás, conta o alferes, que o próprio imperador, fiscalizando a fábrica, deu umas boas bofetadas no brigadeiro responsável pelo Arsenal de Guerra, onde eram fabricados os uniformes, sem que isso em nada tenha resolvido o problema da desordem e roubalheira instalado ali.[341]

Além disso, os soldados pagavam do próprio bolso sapatos, polainas e demais peças miúdas do equipamento. As condições de vida no Exército no século XIX não eram as melhores, mesmo para aqueles que estavam aquartelados e longe dos campos de batalha, como estavam os batalhões de granadeiros. Schlichthorst também reclamou da "falta absoluta de qualquer comodidade nos quartéis". "Em parte", escreveu, "não há sequer tarimbas e os homens dormem pelo chão em esteiras, com um cobertor. Atormentados por incontáveis insetos, procuram na cachaça alívio a seu martírio e curto esquecimento da desgraça".[342] Também quanto a isso a opinião era unânime. "Tudo se reunia aqui para aumentar as misérias da vida de soldado", escreveu Bösche sobre a vida na fortaleza da Praia Vermelha.

> Miríades de mosquitos; de bichos-de-pé, os quais se introduziam profundamente na carne por baixo da sola do pé e das unhas e lá depositavam a sua ninhada; escorpiões e escolopendras, as doenças, a fome, os tratos desumanos dos chefes concorriam para minar a saúde dos soldados, produzindo um estado de desespero e abatimento, em que o espírito não era mais acessível à aspiração ou desejo algum. Muitos se suicidaram. Cedo, antes do romper do dia, o tambor despertava-os, obrigando-os a abandonar o seu rude catre, onde praguejavam toda a noite, virando de um lado para o outro sem encontrar descanso, incomodados constantemente pelos bichos imundos. O mau estado do telhado não os abrigava da chuva e dos ventos tempestuosos, que penetravam no edifício por todos os lados, afastando qualquer ideia de repouso e produzindo entre os soldados verdadeiros acessos de desespero. Os seus corpos atormentados pelo terrível calor do dia perdiam a flexibilidade natural sob a bengala do oficial instrutor.[343]

Trachsler, o jovem mercenário suíço que chegou ao Brasil em 1828 e foi logo enviado à fortaleza, escreveu, em suas memórias, que o quartel da Praia Vermelha "era um maldito ninho rochoso".[344] Além da deficiência no alojamento e da má qualidade do fardamento, a alimentação também era muito precária. Fazia parte do cardápio militar a farinha, o feijão e o arroz, uma comida tipicamente brasileira ao que os alemães não estavam acostumados. "Uma sopa insulsa e sem valor nutritivo que só a fome pode fazer tragar", conforme Schlichthorst.[345] Não era fácil ser soldado do imperador. E ainda havia a tortura psicológica: em geral, davam-se as ordens de comando em francês, e, no domingo pela manhã, rezava-se uma missa católica em português; para soldados protestantes e alemães!

A situação não era animadora. Alguns oficiais deixaram o país logo depois de terem desembarcado no Rio de Janeiro. O jornal *A Aurora Fluminense* escreveu, em abril de 1828, que um ex-mercenário havia "publicado em Hamburgo uma obra que afasta de seus compatriotas a ideia de passarem para o Brasil ou entrarem em serviço militar, ou debaixo de qualquer outro título".[346] Era a obra de Jakob Friedrich von Lienau, encarregado por Schaeffer do transporte de soldados no *Peter und Maria* (chegado ao Rio em 1824), publicada na Alemanha, em 1826. Von Lienau deixou a Alemanha e o posto de "capitão de infantaria do rei dinamarquês" com a promessa de manter patente equivalente no Brasil. Mas, ao chegar ao Rio de Janeiro, recebeu a de tenente, o que não lhe agradou nada. O alemão recusou-se a servir em posto subalterno; insubordinando-se, foi preso e recolhido à fortaleza da ilha das Cobras. Absolvido por uma Corte Marcial, deixou o Brasil e dedicou-se a atacar Schaeffer (que era, claro, o alvo principal de todos os desafetos do Brasil) e a anarquia na administração pública do país. "O major Schaeffer está muito enganado se pensar que aquilo que concede e promete na Europa deve ser cumprido no Brasil", escreveu Von Lienau.[347] Brasileiros e alemães "estão furiosos com ele", escreveu o capitão sobre o major. Apesar da intensa propaganda contra, a obra não teve o efeito desejado pelo autor.

Os Regimentos de Estrangeiros 13

Os números não são precisos, mas é certo que mais de 2.700 soldados de língua alemã envergaram o uniforme do Exército Imperial Brasileiro no Primeiro Reinado. Em que pese o caráter militar da vinda desses homens, a maioria deles, depois de dispensados, será distribuída em colônias agrícolas como São Leopoldo, Três Forquilhas, São Pedro de Alcântara e Santo Amaro, entre outras.

Batalhões de Caçadores

Os recrutas do 27º Batalhão de Caçadores, alemães que chegaram ao país entre janeiro e abril de 1825, eram em sua maioria passageiros dos transatlânticos *Kranich*, *Triton*, *Caroline* e *Wilhelmine*. Desembarcados na Praia Grande, foram enviados para o inferno da Praia Vermelha, a uma hora de distância da cidade. Aqueles que suportaram as dificuldades e privações da fortaleza carioca receberam a formação em 12 de outubro, no Campo de Santana – depois Campo da Aclamação, atual Praça da República, em frente ao Palácio Duque de Caxias –, onde d. Pedro havia sido aclamado imperador.

O batalhão seguiu, com o monarca, para a Campanha Cisplatina, em novembro de 1826. E lá lutou como nenhum outro pela defesa nacional – ou pela própria vida e futuro. Foi com toda a certeza o batalhão de estrangeiros de melhor reputação na história militar do Primeiro Reinado. Para o historiador militar Saldanha Lemos, o Exército imperial só não foi aniquilado na batalha do

Passo do Rosário, em fevereiro de 1827, pela atuação da infantaria brasileira, composta de dois batalhões fluminenses, um baiano, um pernambucano e um alemão – o 27º de Caçadores.[348]

Se o 27º de Caçadores estava entre os mais conceituados batalhões de estrangeiros do Exército imperial, o 28º Batalhão de Caçadores era de longe o mais impopular deles, extremamente odiado no Rio de Janeiro por suas estripulias e enfrentamentos com os regimentos nacionais e a população carioca. Seidler escreveu que os brasileiros o denominaram de o Batalhão do Diabo.[349] Faziam jus à alcunha. Saldanha Lemos observou que para esse batalhão, criado com a designação de Primeiro Batalhão de Caçadores, mais tarde 26º, e, finalmente 28º, em junho de 1825, "eram destinados os piores espécimes que os navios mandados por Schaeffer descarregavam no porto do Rio de Janeiro".[350] Bêbados, arruaceiros, indisciplinados, só tinham o apreço de uma pessoa no Brasil: o próprio imperador. D. Pedro deleitava-se com os relatórios e as numerosas reclamações sobre o comportamento do Batalhão do Diabo que chegavam ao Paço Imperial. Acreditava que as evoluções e o comportamento do batalhão durante o serviço lhe serviam. Então, quando se necessitou reforçar as tropas imperiais que lutavam para debelar a Confederação do Equador, na província rebelde de Pernambuco, não teve dúvidas em enviar para lá seu batalhão predileto. Aliás, era para isso que o imperador queria soldados alemães, para lhe garantir autoridade. O batalhão partiu para Recife em março de 1825 e de lá só voltou no começo de 1828. Assim como ocorrera em 1817, a província nordestina se rebelara contra o poder central. Mais uma vez os pernambucanos lutavam pelo separatismo e pela república. E uma vez mais seriam duramente repreendidos.

A dissolução da Assembleia Constituinte por d. Pedro no ano anterior foi recebida em Recife no começo de 1824 com diversas manifestações populares, principalmente porque o imperador nomeara presidente da província Francisco Paes Barreto. Contrário às arbitrariedades do jovem monarca, liderado principalmente por Frei Caneca, veterano da revolução de 1817, e por Manuel de Carvalho Paes de Andrade, este conhecido pela admiração que nutria pelos Estados Unidos, inclusive casado com uma estadunidense, e o presidente pretendido pelos liberais. O movimento chegou a ganhar apoio não apenas do povo e da imprensa local, mas também da própria elite açucareira pernambucana, abalada pela crise do açúcar no mercado internacional e descontente com os altos impostos.

Em 2 de julho de 1824, Paes de Andrade proclamou uma república independente, que recebeu apoio também do Rio Grande do Norte, da Paraíba e do Ceará. Com apelo abolicionista, a Confederação do Equador seguiria o modelo administrativo estadunidense, uma república onde as províncias teriam mais liberdade e menor subserviência ao poder central do que o modelo usado no Brasil. Tudo não passou de um delírio. Em agosto, Recife foi sitiada pelas tropas do brigadeiro Francisco de Lima e Silva, pai do futuro duque de Caxias, e pela frota de lorde Cochrane. Em setembro, a capital foi invadida e subjugada.

Temendo o que lhe esperava, Paes de Andrade fugiu para a Europa. José da Natividade Saldanha, o secretário da Confederação, refugiou-se na Colômbia, e de lá enviou uma curiosa carta ao novo presidente da província, concedendo o direito para que ele "como si eu próprio fora, possa morrer enforcado e sofrer qualquer castigo, desautorizações e penas, que a comissão militar julgar impor-me; pois para tudo lhe concedo amplos poderes".[351] Não houve misericórdia, tribunais militares inconstitucionais foram criados com o único fim de punir os rebeldes. Frei Caneca, julgado e sentenciado à morte, sem encontrar carrasco disposto a enforcá-lo, foi fuzilado em janeiro de 1825. O corsário João Guilherme Ratcliff, antigo desafeto de d. Carlota Joaquina, foi enforcado e sua cabeça e suas mãos foram enviadas para Portugal – e lá não chegaram, o navio que as transportava naufragou próximo às ilhas de Cabo Verde, na costa africana. Ironicamente, anos mais tarde, quando da abdicação do imperador, em 1831, a Revolta dos Cabanos, que pregava a restauração do monarca, foi duramente reprimida pelo mesmo Paes de Andrade, que era agora o presidente da província de Pernambuco. O mundo dá voltas.

Como a rendição incondicional dos confederados ocorreu em novembro de 1824, antes da chegada do batalhão, a missão do Batalhão do Diabo era "limpar o terreno" e não desapontar d. Pedro I, o que parece ter feito com competência. Parte desses mercenários, talvez cem deles, já desmobilizados, junto de um grupo de imigrantes que desembarcara desafortunadamente na costa pernambucana, ajudou a criar a colônia Amélia, erigida na área do quilombo do Catucá. A presença de mais de setecentos colonos e ex-soldados na área eliminou a comunidade quilombola, mas não impediria o desaparecimento da própria colônia.

De volta à Corte, em 1828, o batalhão foi enviado para longe do Rio e seguiu, em agosto, para o Sul. Desembarcados em Santa Catarina, em setembro, seguiram em marcha até Porto Alegre, passando por Torres, não sem antes fazer suas conhecidas estripulias durante o caminho. Da capital gaúcha foram enviados a Rio Pardo e Santa Maria, onde pouco tempo depois começou o licenciamento do batalhão. A grande maioria foi enviada ou acabou indo parar no núcleo alemão da província, a colônia de São Leopoldo.

Batalhões de Granadeiros

Ao contrário dos caçadores, os batalhões de granadeiros alemães permaneceram na capital do Império para fazer a guarda da família imperial e manter a ordem na cidade. Essa, pelo menos, foi a ideia posta no papel.

Para o Segundo Batalhão de Granadeiros foram escolhidos os "alemães mais fortes, mais altos e de melhor aparência", afinal, esse batalhão deveria guarnecer a família do imperador.[352] Sob o comando do coronel Dell'Hoste, estabelecido inicialmente no Mosteiro de São Bento, onde dividiu espaço com os monges, foi mais tarde enviado para São Cristóvão, próximo à Quinta da Boa Vista, em um barracão improvisado, para que melhor pudesse prestar segurança a d. Pedro. Foi o batalhão onde serviu, por dois anos, Carl Schlichthorst, o cronista autor de *O Rio de Janeiro como é*, livro publicado na Alemanha em 1829. Esse foi também o batalhão responsável pelas descargas fúnebres quando do sepultamento da imperatriz d. Leopoldina, em 1826. Sem sombra de dúvidas, o Segundo Batalhão de Granadeiros foi o mais fiel e disciplinado dos batalhões estrangeiros a servir na capital. Quando houve a revolta mercenária, apesar de ter iniciado as hostilidades, foi o único que se manteve leal ao imperador, tendo jamais deixado de se responsabilizar pela guarda da família imperial. "Merece menção o fato dos granadeiros alemães terem feito, durante todo o tempo que durou o movimento sedicioso, o seu serviço com a maior pontualidade", relatou Bösche.[353] "A guarda do palácio do imperador cumpriu fielmente o seu dever até o último momento", finalizou o cronista que servira entre os granadeiros da Praia Vermelha. Em 1828, a maioria dos soldados do Segundo de Granadeiros foi enviada para Santa Catarina, onde o batalhão foi desmobilizado junto com o 27º Batalhão de Caçadores, ajudando na formação da nova colônia de São Pedro de Alcântara. Os que haviam participado da revolta e estavam presos no Rio de Janeiro foram enviados para Pernambuco.

A quarta grande unidade alemã criada por d. Pedro foi o Terceiro Batalhão de Granadeiros. O efetivo inicial desse batalhão, assim como o 27º de Caçadores, foi formado por imigrantes chegados nos navios *Kranich*, *Triton*, *Caroline* e *Wilhelmine*, que aportaram no Rio de Janeiro entre janeiro e abril de 1825. No *Caroline* e no *Triton*, haviam desembarcado os soldados que tanto agradaram o imperador. Não imaginava d. Pedro a dor de cabeça que teria com esse batalhão. O comandante, major Eduard von Ewald, segundo Lemos "um dos maiores estrumes" que a Europa havia enviado ao Brasil, era, antes de tudo um incompetente, sobre o qual a crônica da época não poupou adjetivos depreciativos.[354]

Em maio, o batalhão foi enviado para a Praia Vermelha, o inferno no El Dourado, e deveria estar pronto para as comemorações do 12 de outubro, aniversário da aclamação de d. Pedro. Não estava. O cronista Theodor Bösche relatou o fiasco do batalhão na formatura, no Campo de Santana: "o comandante, nas poucas manobras realizadas, dera provas convincentes da sua incapacidade, incorrendo no desagrado de d. Pedro".[355] O batalhão não se achava em condições de fazer o serviço de guarnição da cidade e foi enviado novamente para a Praia Vermelha. Dois meses depois, uma comissão julgou o Terceiro de Granadeiros apto para o serviço e os alemães foram enviados para o quartel da Guarda Velha. Em 1826, um grande número de soldados alemães do batalhão foi preencher os claros no 27º Batalhão de Caçadores e no Esquadrão de Lanceiros Imperiais, também de alemães. Em 1827, o Terceiro de Granadeiros tornou-se quase que por inteiro um batalhão de irlandeses – salvo o comandante, um inglês, e os oficiais e sargentos, alemães.

Os irlandeses foram a gota-d'água em um copo cheio de problemas, como era a situação das tropas mercenárias aquarteladas no Rio de Janeiro. O coronel William Cotter, o Schaeffer irlandês, havia angariado na Irlanda o que de pior poderia haver na ilha. Bösche relatou sua chegada: "Estes homens vieram cobertos com os mesmos trapos que usavam na Irlanda, os quais não lhes escondiam, suficientemente, a nudez. Traziam consigo grande número de mulheres e prostitutas".[356] Para o inglês John Armitage, foram logo conduzidos para os quartéis, "entre os insultos da população, e escárnio da multidão dos negros, vozeando e batendo palmas, pela aparição dos *escravos brancos*, como se dignaram a apelidar os desgraçados irlandeses".[357]

Já na chegada a população carioca teve a nítida impressão de que nada de bom viria dali. E não demorou muito.

Rio Grande de São Pedro 14

O extremo Sul do Brasil sempre fora motivo de disputas entre portugueses e espanhóis, mesmo antes de Cabral chegar a Porto Seguro, na Bahia. Pelo Tratado de Tordesilhas, de 1494, celebrado para resolver as questões sobre a posse das novas terras encontradas por Colombo dois anos antes, a região entre a linha imaginária do tratado (370 léguas a Oeste do arquipélago de Cabo Verde) e os rios da Prata e Uruguai pertenceria à Coroa espanhola. O que não impediu os portugueses de cobiçarem o território. Primeiro porque o tratado nunca foi demarcado com precisão, segundo porque Portugal passara a ter interesses comerciais na região. A humilhação ocorrida durante a União Ibérica e a perda de territórios na Ásia e na África forçou o país a voltar suas atenções para a América Meridional.

Em 1680, quando os portugueses fundaram a Colônia do Sacramento, às margens do rio da Prata, no atual território uruguaio, e, em algumas décadas, deram início ao povoamento do litoral gaúcho, o território passou a ser efetivamente disputado. E por um objetivo bem claro: quem dominasse a entrada do rio da Prata controlaria o acesso não apenas a esse rio, mas também aos rios Paraguai e Paraná, ao interior do continente e às minas de ouro e prata. Isso só seria possível se os portugueses tomassem o lado oriental do grande rio. Menos de sete meses depois de fundada, Colônia do Sacramento foi atacada e arrasada pelos espanhóis. Foi apenas a primeira das muitas batalhas travadas na região até que tudo se resolvesse, quase cem anos depois. Em 1737, d. João V enviou José da Silva Paes para ser o primeiro governante da futura capitania e socorrer os portugueses em apuros na região. O brigadeiro fundou, então, em 19 de fevereiro daquele ano, Rio Grande, a primeira povoação da capitânia, localizada na desembocadura da Lagoa dos Patos. Mas a linha demarcatória entre as terras pertencentes a Portugal e Espanha, na bacia platina, ainda estava longe de uma definição. A disputa pela Colônia do Sacramento e o controle do comércio no Prata resultaram nos Tratados de Madri (1750) e no de Santo Ildefonso (1777). Pelo primeiro, Portugal legalizava as incorporações feitas no interior da América espanhola e praticamente definia os limites ocidentais do Brasil, mas perdia a maior parte da bacia platina, incluindo Sacramento. Pelo segundo, perdia em definitivo sua antiga colônia às margens do Prata, mas assegurava o território das missões jesuíticas e a região do Chuí, na lagoa Mirim. Em 1801, após a chamada Guerra das Laranjas, as Coroas ibéricas assinaram o Tratado de Badajoz, que definiu praticamente as fronteiras do Rio Grande do Sul, aumentadas em um terço desde o tratado anterior.

Entre esse período e o da chegada da família real ao país, a capitania esteve subordinada à do Rio de Janeiro. Somente em setembro de 1807, d. João VI, ainda na Europa, criou a capitania de Rio Grande de São Pedro do Sul, subordinada, como as outras, ao vice-rei do Brasil – até se tomar o nome atual, o Rio Grande do Sul teve mais trinta denominações, como Rio Grande do Sul de São Pedro, São Pedro do Sul e Rio Grande de São Pedro. O brigadeiro d. Diogo de Sousa Coutinho, primeiro conde do Rio Pardo, foi nomeado primeiro governador, assumindo suas funções em 1809.

Nessa época, a capitania foi dividida em quatro grandes municípios: Santo Antônio da Patrulha, na região Nordeste; Rio Pardo, no Noroeste e fazendo fronteiras com Argentina e Cisplatina; a cidade portuária de Rio Grande, ao Sul; e Porto Alegre, na região central. Com mais de seiscentos quilômetros de extensão de costa e um único porto, a província permanecia isolada do resto do país por uma "cortina de areia". "Sempre areia e mar", escreveu o

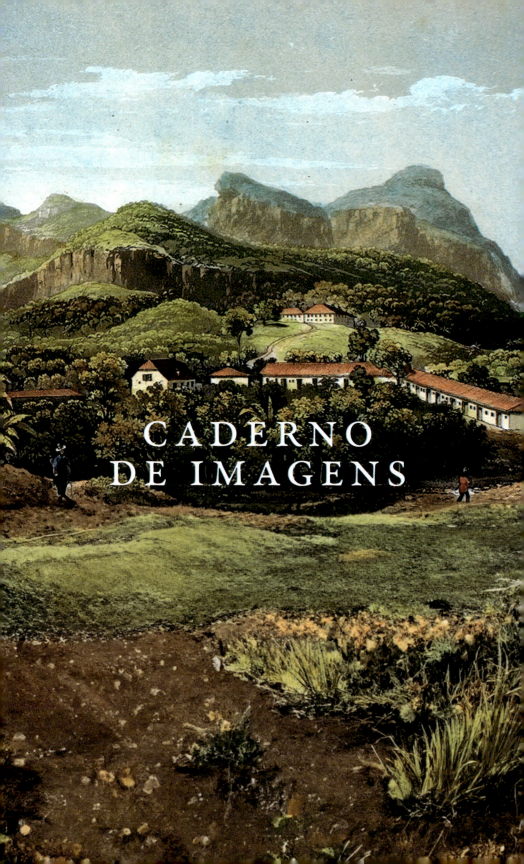

CADERNO DE IMAGENS

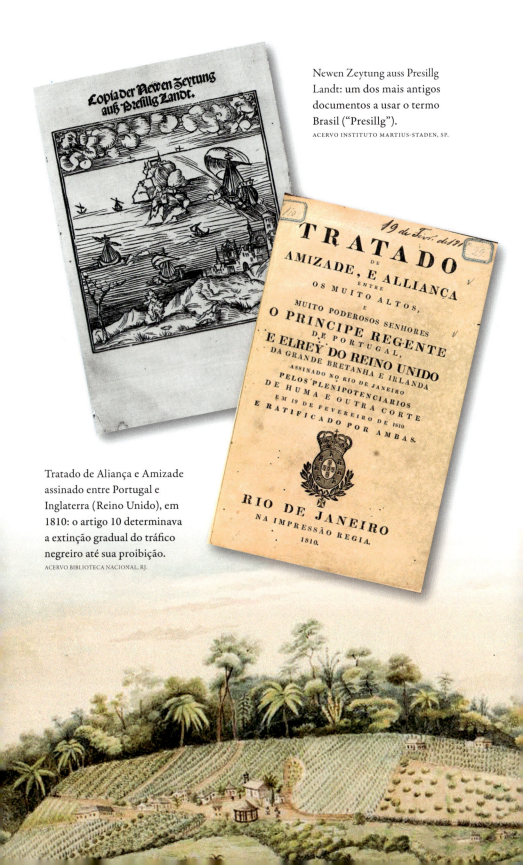

Newen Zeytung auss Presillg Landt: um dos mais antigos documentos a usar o termo Brasil ("Presillg").
ACERVO INSTITUTO MARTIUS-STADEN, SP.

Tratado de Aliança e Amizade assinado entre Portugal e Inglaterra (Reino Unido), em 1810: o artigo 10 determinava a extinção gradual do tráfico negreiro até sua proibição.
ACERVO BIBLIOTECA NACIONAL, RJ.

Colônia europeia próxima a Ilhéus: as primeiras tentativas de instalação de colônias com alemães foram realizadas no sul da Bahia.
JOHANN MORITZ RUGENDAS, LITH. DE THIERRY FRÈRES, 1835. ACERVO BIBLIOTECA NACIONAL, RJ.

PÁGINA ANTERIOR
Floresta virgem próximo a Mangaratiba, no Rio de Janeiro. O Brasil era um paraíso para jovens viajantes, cientistas e naturalistas de língua alemã que visitaram o país no início do século XIX.
JOHANN MORITZ RUGENDAS, LITH. ENGELMANN & CIE, 1835. ACERVO BIBLIOTECA NACIONAL, RJ.

Fazenda Pombal, na colônia Leopoldina, Bahia.
BOSSET DE LUZE, AQUARELA SOBRE PAPEL, ENTRE 1820 E 1840. ACERVO DA PINACOTECA DO ESTADO DE SÃO PAULO, SP. COLEÇÃO BRASILIANA/ FUNDAÇÃO ESTUDAR. DOAÇÃO DA FUNDAÇÃO ESTUDAR, 2007. / CRÉDITO FOTOGRÁFICO: ISABELLA MATHEUS

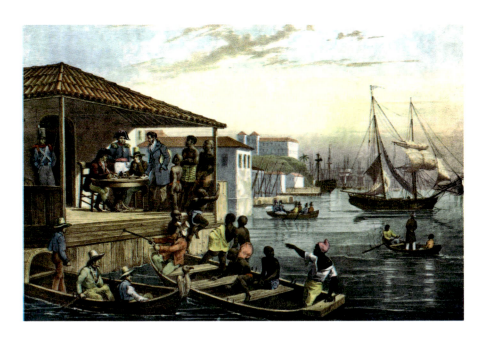

O trabalho escravo era o sustentáculo da economia brasileira. Na década de 1820, cerca de 30 mil novos cativos chegavam ao país.
JOHANN MORITZ RUGENDAS, LITH.
ENGELMANN & CIE, 1835.
ACERVO BIBLIOTECA NACIONAL, RJ.

Em 1816, o barão Georg Heinrich von Langsdorff adquiriu a Fazenda Mandioca, em Inhomirim, e para lá enviou, em 1822, cerca de vinte famílias de imigrantes do reino de Baden, no sul da Alemanha.
JOHANN MORITZ RUGENDAS, LITH.
ENGELMANN & CIE, 1835.
ACERVO BIBLIOTECA NACIONAL, RJ.

D. João VI (1767-1826): "Decidi substituir por colonos brancos os escravos negros."

MANUEL ANTONIO DE CASTRO, 1825. / ACERVO DA PINACOTECA DO ESTADO DE SÃO PAULO, SP. COLEÇÃO BRASILIANA/ FUNDAÇÃO ESTUDAR. DOAÇÃO DA FUNDAÇÃO ESTUDAR, 2007.
CRÉDITO FOTOGRÁFICO: ISABELLA MATHEUS

D. Pedro I, então como duque de Bragança (1798-1834), em pintura atribuída a João Baptista Ribeiro, 1834.

ACERVO MUSEU IMPERIAL/IBRAM/MINC.

Nova Friburgo, no Rio de Janeiro, a primeira experiência patrocinada pelo governo português de uma colônia não lusa no Brasil.

JOHANN JACOB STEINMANN, ÁGUA-TINTA E AQUARELA SOBRE PAPEL, 1839. / ACERVO DA PINACOTECA DO ESTADO DE SÃO PAULO, SP. COLEÇÃO BRASILIANA/ FUNDAÇÃO ESTUDAR. DOAÇÃO DA FUNDAÇÃO ESTUDAR, 2007. CRÉDITO FOTOGRÁFICO: ISABELLA MATHEUS

NO TOPO DA PÁGINA

Coroação de d. Pedro I, copiada da coroação de Napoleão em Notre-Dame. O verde-amarelo nada tem a ver com as cores do ouro e das matas nacionais, eram as cores dos Bragança e Habsburgo.

JEAN-BAPTISTE DEBRET, O.S.T., 1826 / ACERVO MUSEU NACIONAL DE BELAS ARTES/IBRAM/MINC.

PÁGINA AO LADO

D. Leopoldina (1797-1826): "o mais lindo diamante da coroa brasileira".

JOSEPH KREUTZINGER, O.S.T., 1817 / ACERVO KUNSTHISTORISCHES MUSEUM, VIENA.

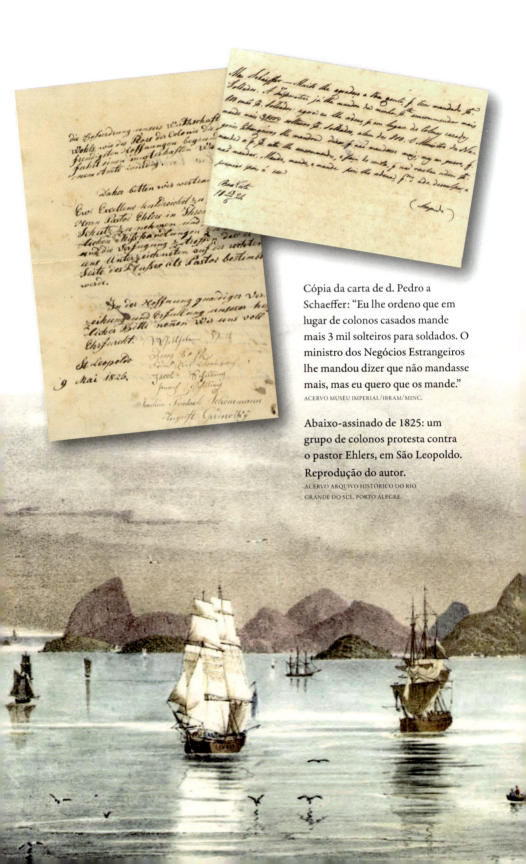

Cópia da carta de d. Pedro a Schaeffer: "Eu lhe ordeno que em lugar de colonos casados mande mais 3 mil solteiros para soldados. O ministro dos Negócios Estrangeiros lhe mandou dizer que não mandasse mais, mas eu quero que os mande."
ACERVO MUSEU IMPERIAL/IBRAM/MINC.

Abaixo-assinado de 1825: um grupo de colonos protesta contra o pastor Ehlers, em São Leopoldo. Reprodução do autor.
ACERVO ARQUIVO HISTÓRICO DO RIO GRANDE DO SUL, PORTO ALEGRE.

O *Georg Friedrich* retornado do Brasil, em 1826. Em sua segunda viagem com imigrantes alemães, o trimastro comandado pelo capitão J.P.C. Rosilius trouxe para o Rio de Janeiro mais de 370 mercenários destinados ao Exército imperial, entre eles muitos reclusos de Mecklenburg.
AQUARELA DE AUTOR DESCONHECIDO.
ACERVO ALTONAER MUSEUM, HAMBURGO.

Ao fundo, imagem do Rio de Janeiro visto da entrada da baía de Guanabara.
JOHANN MORITZ RUGENDAS, LITH. ENGELMANN & CIE, 1835.
ACERVO BIBLIOTECA NACIONAL, RJ.

José Feliciano Fernandes Pinheiro (1774-1847), o visconde de São Leopoldo, presidente da província do Rio Grande do Sul e responsável pela instalação da primeira colônia alemã.
HENRIQUE MANZO, O.S.T., SÉC. XX. / ACERVO MUSEU PAULISTA DA USP.

AO LADO
José Bonifácio de Andrada e Silva (1763-1838), um dos artífices da Independência. "A riqueza só reina, onde impera a liberdade e a justiça, e não onde mora o cativeiro e a corrupção."
LITH. DE S.A. SISSON, 1861.
ACERVO BIBLIOTECA GUITA E JOSÉ MINDLIN / BIBLIOTECA BRASILIANA DIGITAL USP.

Parada militar em São Cristovão (RJ): Quatro batalhões de alemães foram criados no Primeiro Reinado.
JOHANN MORITZ RUGENDAS, LITH. ENGELMANN & CIE, 1835.
ACERVO BIBLIOTECA NACIONAL.

Única pintura conhecida do major von Schaefer (1779-1836), o odiado "aventureiro internacional", responsável direto pela vinda dos primeiros colonos e soldados alemães durante o Primeiro Reinado (1822-31).
AUTOR DESCONHECIDO, REPRODUÇÃO.

Os Batalhões de Estrangeiros do Exército imperial, em 1825. Segundo o alferes Carl Seidler: "Os uniformes azuis do 27º Batalhão de Caçadores em menos de quatro semanas ficaram cor de raposa, as costuras se desfaziam e os sapatos, com toda a boa vontade, não era mais possível usá-los."
ARQUIVO HISTÓRICO DO EXÉRCITO, RIO DE JANEIRO.

Planta da cidade de Porto Alegre, ao final do Primeiro Reinado. A capital gaúcha tinha pouco mais de 6 mil habitantes em 1820. Em menos de seis anos, entre 1824-31, chegaram ao porto gaúcho mais de 5 mil imigrantes alemães.
LIVIO ZAMBECARI, 1833.
ACERVO MUSEO CIVICO DEL RISORGIMENTO, BOLONHA.

Batalha de Ituzangó.
JOSÉ WASTH RODRIGUES. ACERVO
DO MUSEU PAULISTA DA USP.

Chegada dos alemães
ao passo da Feitoria Velha,
em São Leopoldo.
ERNST ZEUNER, O.S.T., S.D.
ACERVO MUSEU HISTÓRICO
VISCONDE DE SÃO LEOPOLDO.

Carl Leopold Voges (1801-93), à esquerda da foto, o segundo pastor protestante a chegar no Rio Grande do Sul, em 1825. Atuou como pastor no litoral gaúcho de 1826 até 1893.
COLEÇÃO PARTICULAR ELIO E. MÜLLER.

ABAIXO

A Feitoria Velha (hoje Casa do Imigrante), em foto anterior a 1941, antes da reforma que descaracterizou o prédio histórico. Os colonos foram acomodados em antigas senzalas.
ACERVO MUSEU HISTÓRICO VISCONDE DE SÃO LEOPOLDO.

Uma página do registro geral de colonos chegados no Rio Grande do Sul entre 1824-53. A quase totalidade dos imigrantes alemães do Primeiro Reinado consta nas anotações de Daniel Hillebrand, com informações como a data de chegada, idade, profissão, religião e procedência.

naturalista francês Auguste de Saint-Hilaire, em passagem pela região em 1820.[358] Toda essa extensão de praia, quase imperceptível para navios ao longe, raramente passa dos vinte metros de altitude. De acesso perigoso, o porto de Rio Grande fazia ligação entre o mar e a Lagoa dos Patos e daí a Porto Alegre, a capital.

Quando d. Diogo de Sousa Coutinho assumiu o governo, a capitania tinha pouco mais de 92 mil habitantes, sendo que aproximadamente um terço era de escravizados. Porto Alegre, a maior cidade, contava apenas 6.035 habitantes.[359] Após a Independência, a província passou a ser administrada por juntas governativas com vários membros e conselheiros. Somente em março de 1824, assumiu a presidência o desembargador José Feliciano Fernandes Pinheiro, o futuro visconde de São Leopoldo.

Com exceção dos casais açorianos que chegaram em 1752, o território gaúcho não havia participado de nenhuma outra tentativa de colonização. O que não impediu que alguns alemães, de forma isolada, viessem parar nas inóspitas pastagens gaúchas. Caso de Antônio Adolfo "Charão", filho do cirurgião Johann Adolph Schramm (nascido por volta de 1700, em Braunschweig, e casado no Rio de Janeiro com uma portuguesa), que em 1758 casou em Viamão com Joana Velosa Fontoura, filha de um capitão do regimento dos Dragões. Charão foi alferes em Rio Pardo e seus descendentes tiveram participação nas guerras e revoluções sulinas do século XVIII e XIX.[360] Em 1809, um irlandês de nome John Hearn Quan teria vindo, a mando do tio, estudar a possibilidade de uma colônia na então capitania. Em carta régia, dois anos depois, d. João VI ordenou ao governador Diogo de Souza conceder à família do irlandês uma sesmaria próxima a um rio navegável e com ligação com o mar. E, mesmo assim, o projeto não saiu do papel.

O Rio Grande do Sul fora até então um território de disputas militares, cuja escassa população pouco teve contato com outros povos, salvo espanhóis e viajantes franceses, fator determinante para a formação bélica do povo gaúcho, avesso à presença estrangeira. O santista Fernandes Pinheiro relatou o entusiasmo militar dos "naturais desta província"; tudo conspira para que "ao primeiro grito de guerra, bandos de paisanos corram voluntariamente às armas e zombem dos perigos", escreveu ele.[361] O naturalista francês Arsène Isabelle achou que os gaúchos estavam mais próximos de Buenos Aires do que do Brasil.[362] E o viajante belga Alexandre Baguet escreveu, na década de 1840, sobre algo pelo qual mais tarde as pessoas do Sul ficariam mundialmente conhecidas: "a primeira bebida que lhe oferecem é o mate".[363] O chimarrão, que é um hábito tipicamente da região platina, não apreciado em outras regiões do Brasil. Por fim, Saint-Hilaire viu diferença até no mais fiel amigo do homem: "na zona tórrida, os cães latem menos, são tímidos, fogem à menor ameaça; ao contrário, nesta capitania, ladram muito e, constantemente, perseguem os transeuntes com audácia e obstinação".[364] E foi para essa província desgarrada, "diferente" e não bem segura de olhos interesseiros do Prata, para onde d. Pedro enviou seus colonos alemães. O interesse militar mais uma vez selou o destino dessas populações.

 C3

Tão logo assumiu a presidência, Fernandes Pinheiro recebeu ordem do Rio de Janeiro, com data de 31 de março de 1824 e assinada por Carvalho e Melo, para que desativasse a Feitoria do Linho Cânhamo e iniciasse os preparativos para a acomodação dos primeiros colonos alemães no local. Às pressas e de última hora, como rezava a tradição administrativa herdada dos lusos:

> Manda o mesmo Augusto Senhor pela Secretaria de Estado dos Negócios Estrangeiros, que o presidente do governo daquela província proceda: 1º) A mandar medir o mesmo terreno para ser dividido em datas de quatrocentas

braças; 2º) Que dê logo parte da quantidade de terreno, e dos casais que nele se puderem arranjar, visto estar muito próxima a chegada de colonos; 3º) Que se faça avaliar os escravos pertencentes à Fazenda Pública, que ali se acharem, remetendo sua avaliação, e ficando na inteligência de que, a chegada dos colonos, deverão os referidos escravos vir para esta corte.[365]

Fernandes Pinheiro deveria ainda empregar "toda a eficiência e esmero nesta comissão", recebendo os colonos em Porto Alegre, pagando as passagens pela viagem do Rio de Janeiro até o Sul, o que cabia aos cofres da província, e certificar-se que tudo seria feito para o sucesso do projeto. E o presidente trabalhou entusiasticamente. Tão logo recebeu as ordens do imperador, escreveu, em abril de 1824, ao ministro Carvalho e Melo sobre as "incalculáveis vantagens" de aliar ao de São Leopoldo outros dois empreendimentos, na fronteira Oeste, onde se formaria a "mais formidável linha de fronteira do Uruguai", e no litoral, "a chave da parte Norte da província".[366] O que, de fato, seria concretizado em 1825 e em 1826, respectivamente. Assim, a necessidade de soldados para garantir a independência aliou-se à grande necessidade de manutenção da fronteira platina.

ଓଃ

O transporte dos colonos até a capital gaúcha era realizado em navios costeiros, patachos, escunas, sumacas ou bergantins, bem menores do que os veleiros trimastros que cruzavam o Atlântico. A sumaca, especialmente, era um dos navios mais usados no litoral brasileiro, possuía dois mastros, vela latina e transportava, em média, cem pessoas. O bergantim não era muito diferente.

O valor pago pelas passagens custava aos cofres do governo provincial aproximadamente 10 mil réis por pessoa. A viagem durava em média vinte dias e era bem menos turbulenta que a viagem transatlântica, mas não menos perigosa. O bergantim *Flor de Porto Alegre*, que levava 66 colonos para a capital gaúcha, naufragou na altura de Mostardas, em janeiro de 1825, e dois colonos alemães morreram afogados. O próprio Fernandes Pinheiro, retornando à província após uma sessão do Senado, no Rio de Janeiro, no fim de 1831, por pouco não naufragou na barra de Rio Grande.[367] Em 1824, passaram pelo porto 64 navios, sete anos mais tarde, o número havia mais que dobrado. O número de naufrágios, na primeira metade do século XIX, atingiu a média de cinco por ano.[368]

A chegada ao Rio Grande e à província em nada lembrava a entrada e o deslumbre encontrado no porto do Rio de Janeiro. "Nada se iguala à tristeza desses lugares", observou Saint-Hilaire. "De um lado, o bramir do oceano; e do outro, o rio. O terreno, extremamente plano e quase ao nível do mar, é todo areal esbranquiçado, onde crescem plantas esparsas", escreveu o sábio francês.[369] Baguet também achou que o Rio Grande tinha um "aspecto muito triste". De fato, com ruas mal iluminadas, algumas sem pavimentação, a cidade não tinha "edifício realmente digno de nota".[370]

O imigrante alemão August Kaempffe, de passagem pelo porto gaúcho, também notou a simplicidade das casas e das ruas que o vento cobria com areia das dunas. Nem por isso deixou de observar a beleza das mulheres locais: "As senhoras brasileiras e portuguesas são elegantes, não muito altas, mas bem proporcionadas; a tez é esmaecida, a fisionomia é ardente e que fica ainda mais interessante por causa dos grandes olhos negros e do cabelo preto reluzente".[371] Sempre os encantadores olhos negros, notados por quase todos os viajantes e cronistas alemães.

A capital encantou mais. O belga descreveu Porto Alegre como "uma das localidades mais pitorescas do Brasil. Construída na encosta de uma colina, tem vista para a enseada coberta de navios e para cincos rios, dispostos como os dedos de uma mão aberta".[372] O francês elogiou o clima agradável, que lembrava o Sul da Europa, mas foi menos generoso quanto à cidade: "depois do Rio de Janeiro, não tinha ainda visto uma cidade tão imunda, talvez mesmo a capital não o seja tanto".[373] O alferes alemão Carl Seidler não escondeu sua preferência: "Porto Alegre é certamente a mais agradável estada que o Brasil pode oferecer aos alemães".[374]

Julho de 1824

A Real Feitoria do Linho Cânhamo foi criada em 10 de outubro de 1783, no Rincão do Canguçu, em Pelotas, por ordem do vice-rei do Brasil, d. Luiz de Vasconcelos e Souza. Seu objetivo era fabricar cordas, cabos e tecidos para a Marinha portuguesa e livrar Portugal dos altos preços cobrados pela Inglaterra na aquisição do linho. Foi a primeira empresa agrícola de iniciativa governamental a ser instalada no Rio Grande do Sul. E o governo apostou muito no projeto. Só em escravizados, para dar início ao empreendimento, foram enviados 21 casais de negros da Fazenda Real de Santa Cruz, no Rio de Janeiro. Mais quatro soldados com experiência na lavoura do cânhamo também foram cedidos à empresa. Tudo ficou sob a responsabilidade do padre Francisco Xavier Prates, auxiliado ainda por um segundo inspetor, um almoxarife, um escriturário, um capelão e um cirurgião. Tinha tudo para dar certo, mas não deu. Uma administração incapaz e corrupta e o insucesso no plantio e na colheita do linho cânhamo fizeram com que o empreendimento não prosperasse, como esperado pelo governo português. O governo brasileiro não faria coisa melhor.

Em 1787, por sugestão do coronel Rafael Pinto Bandeira, governante militar da capitânia, o vice-rei ordenou que a Feitoria inteira fosse levada para os Faxinais do Courita, nas margens do rio dos Sinos. Sementes, escravizados e tudo mais foram embarcados e transportados para Porto Alegre e depois estabelecidos no local indicado por Pinto Bandeira. José Machado de Moraes Sarmento, padre Antônio Gonçalves da Cruz e José Manuel Antunes da Frota sucederam-se na inspetoria da Feitoria até julho de 1820. Malograda tentativa, a Feitoria não alterou sua história de insucesso. Não foram poucos os conflitos entre negros e inspetores. A coisa ia tão mal que o padre Cruz foi assassinado pelos escravizados, que já eram mais donos da empresa que os portugueses.[375]

Em julho de 1820, assumiu o comando José Tomás de Lima, o último inspetor do empreendimento, que por ocasião da Independência passou a ser denominado de Imperial Feitoria do Linho Cânhamo. Assim como a mudança de local, a mudança no nome não alterou em nada a situação. O historiador gaúcho Aurélio Porto resumiu: "quarenta anos se haviam escoado nessa tentativa sempre frustrada e sempre renovada, cada vez mais onerosa à Fazenda Pública".[376]

No dia 4 de junho de 1824, chegou ao Rio de Janeiro o *Anna Louise,* transatlântico que havia deixado Hamburgo em abril, com mais de trezentos passageiros a bordo, a maioria deles soldados para o Exército imperial – cerca de 260. Depois de uma rápida passagem pela Armação da Praia Grande, Miranda despachou as famílias, e alguns dispensados do quartel, para Porto Alegre. Por ofício, no dia 20, Carvalho e Melo informou Fernandes Pinheiro que o bergantim *São Joaquim Protector* estava prestes a deixar o Rio de Janeiro com as primeiras famílias destinadas a São Leopoldo. Solicitava ao presidente, "zelo e atividade" e providências necessárias para "o imediato desembarque, recebimento e acomodação na Fazenda do Linho Cânhamo" dos colonos; além de permitir que o antigo inspetor permanecesse como administrador da nova colônia.[377]

Em 18 de julho, o barco do capitão José Joaquim Machado chegou a Porto Alegre. Assim que o *Protector* lançou âncoras no Guaíba, Fernandes Pinheiro subiu a bordo, queria dar "uma prova ostensiva do sumo apreço" que o governo tinha pelos colonos e pelo projeto.[378] E foram realmente bem assistidos. Agasalhados e alimentados com carne, farinha, legumes e toucinho, depois de cinco dias de "refrigério", foram enviados para a Feitoria, no dia 23. Última etapa de uma viagem iniciada na Alemanha em abril, o transporte até a Feitoria foi realizado por pequenas embarcações movidas à vela e à força braçal de escravizados através do sinuoso rio dos Sinos. Chegaram ao Porto das Telhas, hoje Praça do Imigrante, provavelmente no mesmo dia 23 de julho ou logo depois, no dia 24, ainda que a historiografia tenha consagrado, por uma série de equívocos, o dia 25. Desembarcados no Porto das Telhas, os colonos ainda precisaram andar quatro quilômetros por terra até a Feitoria. Ali receberam comida e foram acomodados nas antigas senzalas, onde aguardariam a distribuição de seus lotes de terra. Foi somente por portaria de 22 de setembro que a nova colônia recebeu, finalmente, autorização do imperador para usar o nome Colônia Alemã de São Leopoldo, conforme havia solicitado Fernandes Pinheiro. Era uma homenagem à imperatriz d. Leopoldina, cujo onomástico provinha do santo padroeiro da Áustria, São Leopoldo. O diretor da colônia e os colonos receberam a informação apenas no fim de outubro, dia 26, quando o presidente os informou por ofício.[379]

Terras e propriedades

Dois anos depois da fundação da colônia, sucessivas levas haviam transformado as margens do rio dos Sinos, no coração das matas gaúchas, em uma pequena Alemanha. Em carta para um amigo, Magdalena Metzen relatava, em abril de 1826, que "se continuar assim, se poderia acreditar que toda a Alemanha viria para cá".[380]

A instrução inicial do governo era de que os lotes de terras concedidas aos colonos fossem de 160 mil braças quadradas, o que corresponderia a 77 hectares. Em 27 de abril de 1824, Fernandes Pinheiro havia transmitido as ordens de d. Pedro a Domingos José de Araújo Bastos, juiz de sesmarias da cidade de Porto Alegre, para que realizasse a medição das terras da nova colônia. E pediu ao inspetor da antiga Feitoria, Tomás de Lima, que auxiliasse Bastos nessa missão. Foi como deixar as ovelhas aos cuidados do lobo.

Ainda que Araújo Bastos nomeasse o experiente agrimensor João Batista Alves Porto para realizar as medições, o inspetor conseguiu quase que duplicar o número de lotes. A medição durou três meses, sendo finalizada somente em novembro de 1824. Porto demarcou 160, Tomás de Lima, 296! E ficaram de tal forma irregulares que variavam entre 33 e 82 hectares. O alferes e cronista Seidler, escrevendo sobre José Tomás de Lima, não lhe poupou adjetivos negativos: "Fizeram inspetor desta colônia a um português, ao qual a suprema ganância induzia às mais vergonhosas falcatruas, um castrado tanto física como moralmente, ao qual a mais suja cobiça tornava venal em todas as ocasiões e o qual a par de tão nobre caráter nem ao menos conhecia o alemão, a não ser as palavras dinheiro e vinho".[381]

Os colonos, aparentemente, foram mais generosos com Tomás de Lima. Mais de 140 deles assinaram, em 1º de setembro de 1825, uma carta, em alemão, dirigida ao imperador, solicitando a condecoração do inspetor da colônia com a Ordem do Cruzeiro, nada menos que a mais importante condecoração instituída pelo Império. Ainda que muito provavelmente influenciados pelos dois médicos da colônia, o pastor e o boticário, que encabeçaram o pedido, descrevem Tomás de Lima como "um homem totalmente imbuído da importância de sua profissão", que havia conseguido criar "um ambiente onde a todos envolve com amor" e que cada colono o via como "um pai e um conselheiro, de quem, nos casos mais difíceis, busca conselho".[382] Parece, no entanto, que outro grupo não o enxergava dessa forma. Pouco tempo depois da petição, o inspetor foi obrigado a fugir da colônia; corria o eminente risco de ser surrado pelos colonos. Só voltou em novembro. E para acalmar os ânimos e garantir a boa ordem, levou consigo os subsídios enviados pelo governo. Fernandes Pinheiro, que acompanhou pessoalmente Tomás de Lima e Alves Porto durante a visita ao local que designou para a fundação da colônia, lamentou que em sua ausência "pode a intriga fazer desprezar o lugar que eu havia designado para a povoação e, contra todas as regras, foi fundar-se no lugar mais péssimo".[383] O Rincão do Euzébio, hoje no parque Floresta Imperial, no bairro Rondônia, em Novo Hamburgo, foi desprezado. E tão inadequado a uma povoação era o novo local que, em fevereiro de 1831, segundo o próprio visconde, "tomando o rio algumas águas das chuvas, e a metade da povoação já estava debaixo d'água".

Sem o visconde na presidência, Tomás de Lima, cuja esposa era prima da esposa de Fernandes Pinheiro, herdeiro de tradicionais famílias rio-grandenses,[384] conseguiu que o novo governante, o brigadeiro José Egídio Gordilho de Barbuda assinasse, em 22 de maio de 1826, a autorização para que finalmente se procedesse às demarcações dos lotes de terra. Mas tal eram os problemas, que o governo provincial decretou que novas medições fossem feitas em dezembro de 1830. O que se tornou impossível com a lei que cortou os gastos com a imigração, em 15 de dezembro daquele ano. Assim como ocorrera com Nova Friburgo, a corrupção e as maquinações dos homens públicos do Brasil venceram. A colônia não foi erguida no lugar desejado pelo visconde. O francês Isabelle notou o erro administrativo já em 1829, quando de passagem pela colônia. "Não se teve muito em vista a higiene pública ao fundar a vila num lugar muito pantanoso, que, com as menores chuvas, se inunda e torna as ruas intransitáveis", escreveu ele. "Só se pensou, sem dúvida, na vantagem do comércio e na grande comodidade que oferece a vizinhança da água".[385] O engenheiro belga Alphonse Mabilde, radicado no Brasil e designado para realizar a estrada entre Taquara e São Leopoldo, escreveu em 1848 sobre "o pouco escrúpulo com que foi feita a medição e a divisão das colônias".[386] Em relatório ao governo provincial, em 1854, três décadas depois das medições, o diretor-geral das colônias, Hillebrand, não poupou o inspetor: "O maquiavelismo de que o inspetor se tinha servido, para que a medição e demarcação fossem seguindo pelas divisas arbitrárias que bem lhe parecia, não era, contudo, suficiente para levar a efeito o projeto de lesar a uns e de favorecer a outros, era preciso também que a planta da fazenda que se acabou de medir não desse demonstração dessas arbitrariedades".[387] E com o progresso de São Leopoldo, houve uma supervalorização da propriedade. Antes da chegada dos colonos, um terreno valia cerca de 50 mil réis, três décadas depois esse valor havia sido multiplicado por trinta.[388]

Adaptações, confrontos e assimilações

Anos depois da criação da colônia, o "velho Brockmann" lembrou como havia sido a experiência da chegada em 1826, depois de selecionados os lotes: "Largaram nossas coisas e caixas no chão; estávamos na nossa propriedade, mas o nosso teto era o céu azul e os animais da floresta eram nossos únicos vizinhos".[389] Um começo não muito animador. Os imigrantes haviam chegado ao Brasil dispostos a levar a cabo uma revolução no sistema agroindustrial do país, mas antes que isso pudesse ser realizado, o meio lhe imporia uma série de pequenas revoluções no modo de vida.

A urgência com que a colônia fora criada e a carência de recursos da administração provincial não permitiu, como fora feito em Nova Friburgo, a construção de casas para a recepção das famílias. Acostumado a construir edificações com pedras, tijolos, tábuas e inúmeras outras facilidades existentes na Europa, o imigrante se viu incapaz de construir a própria habitação. A nova "casa" consistia em quatro postes fincados no chão, paredes de ramos de árvores cobertas de barro amassado, algumas aberturas para janelas, para a porta, e telhado coberto de capim. Não havia divisórias e os pregos eram substituídos por cipós. O chão era de barro batido, sem assoalho de madeira. Sem tábuas disponíveis na região, muitas nem porta tinham. Somente após muitos sacrifícios e inúmeras requisições foram conseguidas tábuas e fechaduras para portas e janelas; e só anos mais tarde, as primeiras casas começaram a ser substituídas por outras mais bem elaboradas e resistentes.

Outra grande dificuldade enfrentada pela maioria dos imigrantes foi a adaptação à alimentação. A dieta do camponês alemão incluía o consumo da batata-inglesa (que salvara o Velho Continente da fome no século XVII e fora um dos fatores decisivos para o aumento populacional europeu a partir de meados do século XVIII), a carne de porco, alguns poucos legumes e massas de farinha de trigo. Quando chegou ao Brasil, o alemão precisou se acostumar com batata-doce, abóbora, feijão-preto, carne bovina, farinha de milho e farinha de mandioca. A farinha de mandioca que se tornou, na fase inicial, a salvação de muitos, evitou a carência alimentar e até mesmo a fome.

Como muitos eram artesãos e não tinham a mínima intimidade com a terra, necessitaram de auxílio nos primeiros anos. Curiosa situação relatou José Tomás de Lima ao novo presidente da província, Salvador José Maciel, em carta de 1827; escravizados negros foram usados em socorro dos colonos: "Quando chegaram a este lugar as primeiras famílias alemãs para princípio da colônia, ainda nele existia parte da escravatura da antiga Feitoria, e que esta, por uma justiçosa deliberação do governo da província, foi empregada nos trabalhos rurais daqueles colonos, que, por assim dizer, vinham às cegas sobre a forma da cultura neste país".[390] E como mesmo os agricultores eram ignorantes quanto ao manejo da lavoura da nova terra, os primeiros anos foram difíceis. Um imigrante relatou como se dava o trabalho na lavoura:

> Fazíamos uma pequena derrubada, picávamos em seguida os ramos das árvores, amontoando-os para queimar quando estivessem secos [...]. Os troncos grossos eram arrastados com grande custo às beiradas do mato, ou, quando havia uma sanga na vizinhança, ali atirados. Em seguida escavadas as raízes, porque julgávamos que elas impediriam o desenvolvimento das plantas. Do mesmo modo desajeitado procedíamos com a sementeira, plantando milho de grão em grão, ao passo que

amontoávamos demasiadamente o trigo e o centeio. O resultado foi que as primeiras colheitas ficaram muito aquém das nossas esperanças.[391]

E para que os colonos superassem as dificuldades quanto à adaptação das técnicas agrícolas brasileiras, o inspetor chegou a sugerir ao presidente que se comprassem dois exemplares do *Dicionário de Agricultura*, "extraído dos melhores autores franceses por Francisco Soares Franco".

A esperança, as descrições e promessas sedutoras feitas na Europa haviam permitido que pobres colonos se tornassem grandes proprietários de terra, da mesma forma que haviam se tornado escravos dela. Um descendente do colono Rudolf Gressler, mesmo que estabelecido em Santa Cruz um pouco mais tarde, em 1849, resumiu o que foi a sina da grande maioria dos alemães que chegaram ao Brasil no começo do século XIX: "Cada qual era escravo da floresta virgem, que chamavam sua propriedade, e do duro trabalho a que estavam obrigados pela posse da mata, pois se eles não a vencessem, seriam vencidos por ela. Haviam de lutar, para que com o tempo e a custa de muito esforço, fosse possível tornar-se senhor de suas rendas e homem livre".[392]

Antes do sucesso (o que para a maioria das famílias só ocorreu duas ou três gerações depois), muito suor se derramou e muito golpe de machado foi dado em vão. E machados não faltaram, o governo colocou enorme quantidade de ferramentas à disposição dos colonos. Durante o Primeiro Reinado, o Rio Grande do Sul entregou nada menos do que 1.253 machados, a mesma quantia de foices e 2.753 enxadas aos imigrantes.

Outro fator de adaptação para o colono foi quanto ao vestuário. Na Alemanha, o camponês estava habituado ao uso da lã, das camisas de linho, de botas e sapatos. No clima quente sul-americano precisou adaptar-se ao uso de roupas leves e, pela extrema necessidade, até mesmo andar descalço. O que não impediu que a primeira leva, chegada no frio de julho, tenha necessitado da ajuda do governo da província. Tomás de Lima solicitou com urgência que se fornecesse a cada homem "pelo menos uma coberta, ou ponche, uma jaqueta e pantalona azul, e uma camisa", e "uma coberta, um vestido de baeta e uma camisa" às mulheres.[393] Dada a situação em que muitos se encontravam, o vestuário inicial tornou-se parte integral dos subsídios fornecidos pelo governo. Com o tempo, os próprios colonos deram início à fabricação da indumentária. "Fabricávamos as roupas para o nosso uso e com tintas extraídas de cipós, as tingíamos de variadas cores. E se as nossas roupas não eram lá muito elegantes, não deixavam de ser bastante resistentes", relatou um colono.[394]

Lutando para se adaptar às novas realidades quanto à alimentação e o vestuário, ainda havia o confronto com os índios, que "vagando pelas florestas virgens, ao norte da colônia várias vezes puseram em sobressalto os colonos", escreveu um imigrante. Segundo o relato do imigrante Peter Tatsch, 25 pessoas haviam sido mortas por "selvagens" entre 1827-32.[395] Hillebrand, em relatório apresentado ao governo provincial, em 1854, escreveu que, nos primeiros tempos da colônia, os colonos alemães viviam "num desassossego pelas repetidas invasões dos índios selvagens, que perturbavam os seus trabalhos, assassinavam famílias, queimavam suas casas, raptavam suas mulheres e filhos". Apesar de alguns colonos terem sido mortos, a maioria daqueles que haviam sido raptados, principalmente mulheres e crianças, foi resgatada por grupos empregados "na defesa contra selvagens, não somente para resgatar as famílias raptadas, como para afugentá-los das matas em que os colonos formavam seus estabelecimentos".[396]

O viajante alemão Robert Avé-Lallemant, escrevendo em seu diário, mais de três décadas após a chegada dos primeiros colonos a São Leopoldo, relatou não só as dificuldades de instalação na mata ainda virgem, como as difíceis relações com os povos indígenas. Baseado no que diz ter ouvido dos próprios colonos, Avé-Lallemant chamou os indígenas de gente infeliz e os definiu como seres inferiores e violentos. Carregado do etnocentrismo, característico do século XIX, que desprezava as populações ameríndias e africanas e exaltava a civilização europeia como "superior", considerou que os imigrantes, seus compatriotas e contemporâneos, eram "vítimas" do meio hostil. Para ele, assim como para os governantes, a matança indígena promovida pelos colonos era plenamente justificável. "Deram-se encontros sangrentos", escreveu, "num desses ataques foram mortas onze pessoas. Os bugres raptaram das plantações mulheres e crianças, só um ano depois reconquistadas. Uma jovem senhora grávida teve o filho entre os índios e, logo que a criança chorou, eles a tomaram e, diante dos olhos da mãe, a despedaçaram, batendo-lhe com a cabeça contra o tronco de uma árvore".[397]

O que ocorreu, em verdade, é que os indígenas estavam defendendo seu território da ocupação pelos colonos, eram eles os donos originais das terras. E os alemães enfrentavam pela primeira vez aquilo que só tinham ouvido falar ou lido em relatos de viajantes e cientistas. O enfrentamento com os indígenas talvez tenha sido o pior pesadelo dos imigrantes, mas não restam dúvidas de que o povo nativo foi a maior vítima nos processos de povoamento com europeus, tanto no Rio Grande do Sul quanto no restante do Brasil e na América.

Além dos confrontos com os indígenas e de todas as dificuldades enfrentadas na adaptação, havia ainda um complexo sistema de aculturação social que passava pela alteração na instituição familiar e todas as suas vertentes, tais como uma nova relação entre pais e filhos, as formas de casamento, as responsabilidades legais dos cônjuges, a língua, os conflitos religiosos, as atividades culturais e a mentalidade política. Em se considerando que os colonos vinham de países que só recentemente haviam dado a seus cidadãos maiores liberdades políticas, esta última se mostrou especialmente ativa e as reivindicações na colônia foram uma constante. Nem mesmo a ação dos pastores foi uma unanimidade.

O sucesso de São Leopoldo

Um bom tempo se passou até que a prosperidade viesse a ser notada por colonos e viajantes estrangeiros. O inspetor de São Leopoldo, lamentando a situação de alguns colonos, em carta ao vice-presidente da província Antônio Vieira da Soledade, datada de 4 de outubro de 1829, escreveu: "Causa lástima! Pais de família, dela cercados, sem ter com que ocorrer à fome que os devora! Ver mulher e filhos quase nus sem ter com que lhes cubra as carnes! E seria para isto, exclamam eles, que deixamos nossa pátria e viemos povoar um país onde se nos prometia todo o auxílio!"[398]

Até novembro de 1830, quando a última leva de colonos chegou a São Leopoldo no Primeiro Reinado, haviam desembarcado no Rio Grande do Sul nada menos do que 4.838 imigrantes alemães. Em média, pouco mais de oitocentos colonos por ano. Era a metade do número de colonos de língua alemã que se estabeleceram, de uma forma ou de outra, em todo o país. Um número realmente expressivo se considerada a complexa engrenagem envolvida em todo o processo: intrincada e delicada situação política nacional e internacional; um número muito grande de agentes e homens públicos, nem todos honestos; enormes quantias de dinheiro saindo de cofres combalidos; e a distância continental entre Europa e Brasil.

A ideia de imigração e colonização no Brasil passava pela necessidade de criação de uma nova classe média, branca e pequena proprietária, que desenvolvesse a policultura agrícola e o artesanato, povoasse áreas de fronteira e que fosse capaz de abastecer cidades importantes. São Leopoldo cumpriu muito bem esse papel, muito mais do que Nova Friburgo ou qualquer outra tentativa anterior.

A colônia deu provas disso na Revolução Farroupilha (1835-45), ao abastecer a capital durante um cerco de nove anos. Os farroupilhas não tinham navegação lacustre e os colonos desenvolveram um sistema de escoamento via rio dos Sinos praticamente livre de intervenções militares. Não fossem os colonos alemães, Porto Alegre possivelmente teria sido derrotada pela fome, e a República Rio-Grandense alcançado seu objetivo de independência. O comércio no período de hostilidades possibilitou a criação de um mercado consumidor pós-revolução vital para o desenvolvimento econômico da colônia. Daí que, mesmo não sendo o projeto pioneiro, São Leopoldo é considerado o berço da colonização alemã no Brasil, justamente pelo sucesso no empreendimento, em que pese todos os custos e dificuldades iniciais. Não foi à toa que anos mais tarde, em suas memórias, Fernandes Pinheiro escreveu que "muito me desvaneço de ver o meu nome ligado a uma criação de resultados tão extensos, cuja realização promovi com o máximo empenho".[399]

Em carta datada de 18 de dezembro de 1843, o duque de Caxias, enviado ao Sul para dar fim à Revolução Farroupilha, escreve ao Rio de Janeiro dando conta da prosperidade alcançada entre os alemães: "Estive ontem na colônia de São Leopoldo e fiquei satisfeitíssimo de ver o estado dela. Esta colônia pacífica e industriosa abastece a capital da província com todos os gêneros necessários à vida".[400] Opinião que se justifica, com base nas informações obtidas em um levantamento realizado nos registros protestantes de São Leopoldo. Um número muito grande de artesãos havia emigrado para o Vale dos Sinos e até 1844 haviam se estabelecido em São Leopoldo 29 marceneiros, 37 carpinteiros, dez pedreiros, 23 ferreiros, vinte tecelões de linho, 36 alfaiates, 52 sapateiros e 22 curtidores, quinze seleiros, além de sete moleiros, catorze açougueiros, dezesseis padeiros e mais de sessenta comerciantes e outra infinidade de profissões menos representativas como carreteiros, lapidadores, ourives, médicos, oleiros, músicos, fabricantes de meias, taverneiros, estofadores, peliqueiros, serralheiros, chapeleiros, um fabricante de papel e um fabricante de remédios caseiros, construtores de carroças e até um construtor de estábulos.[401] Do artesanato e da produção agrícola saíam os cerca de dezoito contos de réis que a colônia exportava mensalmente naquela época, segundo as informações do próprio

Caxias. Dez anos depois da Revolução Farroupilha, sem os entraves da guerra, as exportações aumentaram mais 150% e o número de estabelecimentos comerciais quintuplicou.

Sucesso comprovado também por muitos viajantes estrangeiros. O belga Baguet, escrevendo em 1845, observou que os colonos que haviam se estabelecido ali eram "há alguns anos pobres artesãos e pequenos agricultores, alguns dos quais possuem agora vastos estabelecimentos e uma fortuna considerável". São Leopoldo havia alcançado, na opinião do viajante, "alto nível de prosperidade".[402] O alemão Avé-Lallemant, visitando a colônia em 1858, achou que o núcleo urbano de lá, em volta de "uma grande praça verde, onde desembocam algumas ruas regulares", tinha a "aparência de um lugar abastado ou mesmo rico".[403]

O viajante inglês Michael George Mulhall, visitando a colônia cinco décadas depois de sua fundação, achou que o lugar tinha a "atmosfera germânica" e o "zumbido da indústria", do "progresso e da civilização". "O alemão que visitar as colônias de Porto Alegre encontrará razões para se orgulhar de seus conterrâneos, que formam uma das maiores e mais florescentes comunidades deste continente", escreveu o inglês. "Os alemães são um povo admirável", observou ele, "a natureza certamente os dotou para serem colonizadores por excelência".[404] E o viajante francês Isabelle, a respeito das dificuldades iniciais impostas pela má administração, corrupção e um terreno alagadiço, completou, não sem deixar de usar o típico etnocentrismo europeu do século XIX: "Isto prova que os alemães não recuam de nenhum obstáculo e que a palavra "impossível" já não tem equivalente em sua língua como não tem na nossa".[405]

O médico idealista

Poucos foram os alemães chegados ao Sul do Brasil, no século XIX, que atingiram o respeito e a admiração, seja de estrangeiros ou nacionais, quanto Johann Daniel Hillebrand. O nome desse hamburguês se confunde com a própria história da imigração alemã, principalmente com a de São Leopoldo. O historiador gaúcho Souza Moraes escreveu que "ele representou, sem dúvida, os sofrimentos e desventuras de seus compatriotas e descendentes no período mais crucial e decisivo do esforço pela sobrevivência e sucesso incipiente da colonização". Aurélio Porto o chamou de "primeiro cidadão" e "sacerdote do bem".[406]

Arsène Isabelle, que visitou o alemão em São Leopoldo, em 1834, o descreveu como um jovem muito instruído, de grande modéstia, muita amabilidade e que era admirado por toda a colônia, "por seus variados conhecimentos e por seus sentimentos tão humanos". Apaixonado por História Natural, principalmente pela Ornitologia e Entomologia, Hillebrand tinha uma grande coleção de pássaros, insetos e madeiras, e também muitos objetos indígenas, como armas e vasos. "Excelente desenhista, pintou uma coleção dos lepidópteros da colônia. Fiquei encantado com a exatidão do desenho e a frescura do colorido desses lindos insetos", escreveu o francês.[407]

Seus relatórios e estatísticas sobre as colônias do Sul do Brasil, assim como o *Registro Geral de Imigrantes*, conhecido como "Lista de Hillebrand", elaborado em 1848, quando o médico percorreu a colônia e visitou praticamente todas as famílias chegadas ao Rio Grande do Sul entre 1824 e aquela data, anotando os nomes e as datas de nascimento dos imigrantes, a data de chegada à província, a profissão e a procedência deles na Alemanha, são os mais importantes registros históricos da presença alemã no Brasil. Hillebrand estava ligado à maçonaria, como estavam, aliás, também Schaeffer, José Bonifácio, Hipólito da Costa, o marquês de Barbacena e Fernandes Pinheiro, e esteve de tal forma envolvido com a vida pública e privada da colônia, que era, segundo Souza Moraes, "o receptáculo de todas as agruras, de todas as queixas, como a caixa de ressonância das tristezas e alegrias de sua gente".[408]

Daniel Hillebrand era filho de Johann Christoph Hillebrand e Dorothea Elisabeth Warkhaupt. Nascido em Hamburgo, em 11 de maio de 1795, formara-se em Medicina pela Universidade de Göttingen em 1823 e, ainda quando estudante, participou da batalha de Waterloo, servindo no leprosário da ambulância número 1, de Merseburg.[409] Deixou a Alemanha a bordo do *Germania* e após rápida estada na capital imperial, quando teve negado o pedido para se dirigir a Nova Friburgo, o médico chegou a Porto Alegre no começo de novembro, a bordo da sumaca *Ligeira*. Os passageiros da *Ligeira* eram a terceira leva de colonos chegados para a nova colônia. O próprio Hillebrand anotou, mais tarde, o dia de sua chegada a São Leopoldo: 9 de novembro.

Incansável, ocupou todos os cargos importantes na colônia. Foi vice-inspetor, diretor por duas oportunidades e diretor-geral das colônias da província. Ainda que instigado pelos revolucionários, permaneceu legalista e fiel ao Império, lutando contra os farrapos durante a Revolução Farroupilha, o que lhe rendeu o posto de coronel da Legião da Guarda Nacional e a alcunha de Baluarte da Legalidade (foi Hillebrand o fundador da loja maçônica União e Fraternidade, a única a funcionar durante o período farroupilha na colônia alemã). Quando São Leopoldo foi assolada pela cólera no verão de 1855-56 e os poucos médicos que havia na cidade fugiram para o interior, Hillebrand permaneceu e prestou auxílio aos colonos necessitados. Foi ainda delegado de polícia, juiz municipal e encerrou a vida pública como presidente do Legislativo de São Leopoldo, recebendo do Império o título de Cavaleiro da Ordem da Rosa e da Ordem de Cristo. Em 1874, pouco antes de sua morte, o jornalista Karl von Koseritz descreveu assim o quase octogenário médico: "alto, de olhos claros e inteligentes, protegidos por óculos em consequência da miopia, com cabelos grisalhos, já um tanto escassos, mas ainda compridos". Ao falecer solteiro seis anos depois, em 9 de julho de 1880, deixou em seu testamento 700 mil réis aos amigos e pobres de São Leopoldo.[410]

Seu necrológio resume sua vida: "João Daniel Hillebrand é São Leopoldo e São Leopoldo é João Daniel Hillebrand".[411]

Três Forquilhas e São Pedro de Alcântara

A ideia de fundar uma colônia com alemães também no litoral gaúcho, mais precisamente no presídio das Torres, partiu de Fernandes Pinheiro. Torres era o posto militar que guarnecia a entrada da província e a ligava ao resto do país pela antiga estrada de Laguna, usada desde o século XVII por tropeiros paulistas, e controlava a entrada e saída de mercadorias – daí seu nome oficial: Guarda de Registro. ("Presídio", na época, queria dizer exatamente isso, um posto militar avançado e tem origem no latim *praesidium* ou *praesidere*, da raiz *prae*, à frente, mais *sedere*, estabelecer-se).

Ao passar pelo presídio em fevereiro de 1824 a caminho de Porto Alegre, onde assumiria a presidência da província, Fernandes Pinheiro conversou com o tenente-coronel Francisco de Paula Soares, responsável pela guarnição, e consultou o militar sobre a possibilidade de ali instalar uma pequena colônia. Tão logo chegou à capital, escreveu, em 22 de abril, a Carvalho e Melo, no Rio de Janeiro, "quando viessem colonos em superabundância, desejaria ser autorizado a plantar uma pequena colônia no sítio chamado das Torres".[412]

Apesar da presença de colonos açorianos desde o século anterior, nos anos 1820, entre Torres e Santa Vitória do Palmar, no litoral gaúcho, não havia mais do que 24 mil habitantes – menos de um quarto do total da província incluindo os habitantes do porto de Rio Grande.[413] Torres era então, para Fernandes Pinheiro, um ponto importantíssimo, a "chave" da província no setor norte. E para guarnecer esse ponto-chave nada melhor do que implantar o sistema "rural-militar" pregado por Bonifácio e pelo qual Schaeffer trabalhava na Alemanha. Como foi nomeado para ministro da Secretaria de Estado dos Negócios do Império, em novembro de 1825, o visconde não pôde concluir seu intento, cabendo aos seus sucessores na presidência da província, os brigadeiros José Egídio Gordilho de Barbuda e Salvador José Maciel, o andamento do projeto.

Em junho de 1826, Gordilho de Barbuda recebeu a ordem do Rio de Janeiro para formar a nova colônia em Torres. Agindo depressa como ordenava o imperador, Gordilho visitou a colônia de São Leopoldo em julho e na mesma época enviou ofício ao tenente-coronel Paula Soares lhe confiando à direção da colônia. Iniciou-se então a seleção dos colonos que iriam formar a nova colônia. Foram escolhidas aquelas famílias que ainda não haviam recebido seus lotes, os solteiros, aqueles colonos que se achavam descontentes em São Leopoldo e os que acabavam de chegar a Porto Alegre vindos do Rio. Paula Soares elaborou então duas listas nominais com o total de 422 pessoas. Eram 86 famílias e 64 solteiros.

Após alguns contratempos – alguns colonos já esperavam em Porto Alegre desde setembro e como a província estava agora sob o comando do brigadeiro José Maciel – em 1º de novembro de 1826 seguiram todos em cinco iates com destino ao litoral. Utilizando o rio Guaíba e a Lagoa dos Patos, chegaram à embocadura do rio Capivari de onde continuaram a viagem por terra em carreta de bois. No dia 7 do mesmo mês, chegaram ao passo do rio Tramandaí e ao longo da praia andaram até as Torres aonde chegaram no dia 17. O imperador, a caminho de Porto Alegre, passaria por ali poucos dias depois, em 5 de dezembro de 1826. Segundo uma tradição local, nessa viagem o monarca teria sido saudado entusiasticamente pelos colonos e pelo comandante Paulo Soares com 101 tiros de canhão. Mas em uma carta do próprio imperador à imperatriz, no Rio, datada de 8 de dezembro de 1826, d. Pedro não menciona ter visitado os colonos, somente ter sido recebido na entrada da província por Paula Soares, "um oficial do Batalhão de São Paulo". Em suas memórias, o comandante menciona o encontro com o imperador, as salvas de canhão, quando foi "alvorado o Pavilhão Brasileiro", mas não menciona os alemães. Os colonos por sua vez, escrevendo uma carta-agradecimento ao imperador em 1827, também não mencionam terem sido visitados por d. Pedro no ano anterior. O visconde de São Leopoldo, em suas memórias, relembra o encontro com o imperador no dia 25 de dezembro, quando ambos se dirigiam rumo ao Rio de Janeiro, mas também não menciona qualquer visita aos colonos. O único documento que atesta que d. Pedro visitou os imigrantes em Torres é uma carta de 1827, escrita pelo colono Valentin Knopf. Segundo o alemão, o imperador teria dado "a cada pai de família 4 mil réis". É muito provável que d. Pedro tenha visitado os colonos depois do dia 25 de dezembro, em alguma oportunidade antes da partida para Santa Catarina.[414]

Os quase 240 protestantes foram estabelecidos por Paula Soares nas margens do rio Três Forquilhas, por isso a colônia foi denominada de Colônia Alemã das Três Forquilhas. Os pouco mais de 180 católicos foram estabelecidos entre a Lagoa do Morro do Forno e do Jacaré e a colônia foi denominada de São Pedro de Alcântara, em homenagem ao herdeiro do trono brasileiro. Paulo Soares justificou a alteração nos planos do presidente devido à presença de um pastor junto dos protestantes: "como não precisavam ser socorridos pelo cura de Torres, os coloquei com seu pastor e médico, oito léguas mais ou menos distantes da povoação".[415]

Como em São Leopoldo, dois anos antes, os colonos receberam lotes de terras com mais ou menos 77 hectares, ferramentas, animais domésticos, sementes e subsídios. E por problemas semelhantes aos que ocorreram em Nova Friburgo e também na primeira colônia gaúcha, os colonos tiveram que esperar sete meses para que pudessem assentar em definitivo em suas propriedades. Os protestantes entraram no vale do rio Três Forquilhas somente em julho de 1827. O colono calvinista Valentin Knopf, que havia chegado com os pioneiros no fim de 1826, escreveu aos pais na Alemanha, em dezembro de 1827, que "há muito tempo era o nosso desejo de informá-los sobre o nosso destino, mas só recentemente fixamos uma residência certa, terras e casa de moradia".[416] Os católicos tiveram que esperar um pouco mais, entre fevereiro e junho de 1828. E só depois de muitas reivindicações, protestos e prisões. Primeiro, os católicos não aceitaram as terras alagadiças junto ao rio Mampituba, depois, dos 48 lotes medidos em outra área, que viria ser a definitiva, só quinze foram ocupados pelas famílias. Com os subsídios cortados pelo governo, um grupo se dirigiu à capital. Liderados pelos colonos Johannes Magnus, Anton Kreuzburg e Mathias Deutsch, os revoltosos fizeram o possível para terem suas solicitações atendidas. Os dois últimos acabaram trancafiados no *Presiganga*, o navio-cadeia ancorado às margens do Guaíba. Soltos e dispersos, tiveram que se contentar com a nova área demarcada, muito distante de Torres.

E assim como ocorrera em São Leopoldo, os conflitos com os indígenas da região iniciaram tão logo os colonos construíram suas casas. Seidler, que visitou Torres em março de 1829, relatou que, pouco antes de sua chegada, uma alemã havia sido raptada por um "bando de índios". E descreveu as dificuldades e o medo dos colonos para desbravar a mata fechada com a presença dos "intrépidos filhos da selva": "Nos estabelecimentos lançados mais para o interior da mata, só por meio de grande número de cães e abundante provisão de armas de fogo podiam os colonos defender-se em suas casas contra os assaltos noturnos das hordas nômades".[417]

As duas colônias tinham tudo para prosperar e suplantar São Leopoldo, principalmente porque Fernandes Pinheiro havia planejado a construção de um porto que faria escoar a produção da colônia, assim como aproximar as comunicações entre a capital do Império e a da província. O porto nunca passou de um sonho do visconde e tanto Três Forquilhas quanto São Pedro de Alcântara (hoje Dom Pedro de Alcântara) quase caíram no esquecimento da administração provincial. Logo após os primeiros insucessos, algumas famílias e principalmente os solteiros deixaram as colônias ou retornaram para São Leopoldo. Para Seidler, além do penoso trabalho de desbravar a floresta virgem, os ataques indígenas contribuíram para que alguns colonos deixassem o litoral e retornassem para a "simpática São Leopoldo".

Sem comunicação segura com a capital ou um rio navegável como o dos Sinos para o transporte da produção, as colônias nunca conseguiram cumprir os objetivos esperados. Ainda que em 1849 só a colônia de Três Forquilhas contasse com 21 engenhos de cana-de-açúcar, quarenta engenhos de farinha, três curtumes e cinco casas de negócio, e em relatório de junho de 1855, o presidente da província José Lins Vieira Cansanção de Sinimbu se mostrasse "satisfeito ao ver o estado de prosperidade" local (tudo, segundo ele, graças "ao gênio laborioso dos colonos" e aos "bons conselhos do digno pastor Carlos Leopoldo Voges"), desde 1853 a província já não as considerava mais colônias: "seus habitantes achavam-se confundidos na massa da população".[418]

Em carta-resposta a uma solicitação do mesmo Sinimbu, em janeiro de 1855, o pastor escreveu que tudo correria melhor não fosse um detalhe: "o maior e falível mal da colônia das Três Forquilhas é a falta de uma boa estrada".[419] Sem esta e o porto planejado, a colônia estava praticamente isolada do resto da província. Na década de 1870, Mulhall escreveu que as colônias, apesar de serem tão antigas quanto São Leopoldo, "não eram tão prósperas". Um pouco antes, o historiador alemão Heinrich Handelmann já havia identificado seu estado e não perdoou: "lastimável".[420] O fracasso no desenvolvimento econômico das colônias dispersou os imigrantes e integrou os descendentes à cultura nacional de tal modo que o político e escritor gaúcho Fernandes Bastos, escrevendo em 1926, ano do centenário de fundação da colônia, notou que "de todos os núcleos de colonização germânica existentes nos três Estados do Sul do Brasil, Três Forquilhas é aquele onde mais dificilmente se poderá distinguir entre nacionais e estrangeiros de origem".[421]

Ainda assim, quase que esquecida também pela historiografia, o francês Jean Roche, que junto com a esposa permaneceu por quase uma década em Porto Alegre atuando como professor na UFRGS, em visita ao litoral, em 1951, achou que Três Forquilhas "era, quando a vimos, uma amostra milagrosamente conservada da primeira fase da colonização no pé da Serra".[422]

Delinquentes e ex-presidiários 15

Quando o navio hamburguês *Germania* aportou no Rio de Janeiro, em setembro de 1824, estavam entre os passageiros dois nomes que se tornariam muito conhecidos na colônia de São Leopoldo: Hillebrand, o primeiro médico da colônia, depois seu diretor, e Ehlers, o primeiro pastor protestante do Sul do país.

Não foram, no entanto, esses dois personagens que deixaram a história do *Germania* conhecida, apesar de Ehlers ter iniciado o livro de registros eclesiásticos de São Leopoldo nesse navio, ainda durante a viagem transatlântica. Foram os 23 ex-reclusos da cidade de Hamburgo que Schaeffer angariou no Norte da Alemanha que marcaram a história do navio, um veleiro de três mastros sob o comando do experiente capitão Hans Voss. Esses "delinquentes" eram apenas uma parte do total de 381 presos das casas de correção e do sistema prisional de Hamburgo, Güstrow, Rostock, Bützow e Dömitz, que Schaeffer enviaria para o Brasil em quatro navios.

O *Germania*

O grupo de ex-presidiários do *Germania* era heterogêneo: um padeiro, um criado, um ferreiro, um operário, um lavrador, um carroceiro, um lanceiro, um estampador de chitas, um saboeiro, um refinador de açúcar, dois escreventes, dois marinheiros, dois sapateiros, dois joalheiros, três soldados e mais alguns cuja profissão era desconhecida. Muitos já tinham servido como soldados, oito eram desertores. Um estava preso desde 1819, outro desde 1820, mas a maioria estava na cadeia havia pouco tempo. Grande parte, treze deles, estava presa por pequenos furtos e apenas dois por homicídio.[423]

O navio deixou a Alemanha com 124 colonos e 277 soldados a bordo em 3 de junho de 1824. Pelo histórico recente dos últimos, uma bomba-relógio prestes a explodir. O comandante do transporte, a voz de Schaeffer no barco, era o tenente Ferdinand von Kiesewetter, um mecklenburguês rígido e ríspido, que de maneira alguma gozava da simpatia da tropa. E os soldados eram sempre um problema em uma viagem longa e cansativa, em um navio abarrotado de gente. Nem regulamentos rigorosos impediram que pequenos distúrbios, delitos e desentendimentos ocorressem nas viagens em que a grande maioria dos passageiros era composta por homens solteiros, que se destinavam ao exército de d. Pedro. Tessmann, natural de Dömitz, em Mecklenburg, relatou em seu diário pessoal a bordo do *Georg Friedrich*, muitos desses problemas. "Um enfermeiro de nome Zettow pegou cinquenta bordoadas no traseiro porque bebeu toda a cachaça dos doentes, ficou bêbado e roncou", anotou. Conforme o relato do mecklenburguês, dois de seus companheiros de viagem foram parar na cadeia, além de levarem trinta bordoadas, por terem jogado ervilhas quentes nos olhos de um guarda.[424]

Depois de quase um mês de viagem, no dia 2 de julho, Johannes Carl Rasch, um lanceiro de Leipzig, que havia estado preso em Hamburgo por deserção, foi exonerado por Von Kiesewetter do cargo de guarda do *Germania*, devido ao seu mau comportamento e à insubordinação. Não demorou muito para que Rasch encontrasse um meio de se vingar do tenente. Logo, na mesma noite, organizou um grupo disposto a matar os oficiais e tomar o controle do navio. "Escuta, se houver encrenca, tomaremos o barco, os superiores serão jogados ao mar; tu dirigirias o barco?",[425] perguntou a Georg Christian Heinsohn, que já havia tentado incendiar o navio em Glückstadt. A resposta de Heinsohn foi positiva: "sim, dirigiria o barco para um porto espanhol". Rasch encontrou apoio também em Friedrich Gerhard Rieck, um operário hamburguês preso por assassinato, e outros cinco encrenqueiros. Durante a noite, o caçador Johannes Heinrich Bischoff descobriu e denunciou o motim à tripulação, antes que o grupo pudesse tomar o navio. A ação rápida de Bischoff permitiu que os oito insurretos fossem presos, interrogados, punidos com cinquenta chibatadas e acorrentados. Mas não impediu nova tentativa. Dois dias depois, livres dos grilhões durante uma tempestade, o grupo iniciou outra rebelião. Desta vez, foi o soldado Franz Elfers quem salvou o navio. Presos novamente, o capitão Voss iniciou um julgamento, convocando uma comissão composta por ele, pelo timoneiro Franz Helmholz, por Von Kiesewetter, o médico Hillebrand, o sargento da guarda Friedrich Heinrici e o colono Johann Wilhelm Weinmann, chefe da família mais numerosa do navio. E invocou como punição o que dizia o artigo número 9 do regulamento de Schaeffer para os navios que transportavam imigrantes para o Brasil: morte por fuzilamento.

Assinaram a sentença o capitão, a comissão designada e mais 55 colonos. E Voss foi detalhista, depois de afirmar que "se continuassem com vida, não haveria segurança para o pessoal do navio", finalizou o documento: "Em nome da lei. Dado a bordo do navio *Germania*, aos 5 de julho de 1824, 8° 40' de latitude e -19° 12' de longitude, às onze horas da manhã".[426] Lida a sentença, o capitão perguntou aos amotinados se estavam satisfeitos com o julgamento. À resposta positiva seguiu-se a confissão de Ludwig Theuerkopf de que Carl Rasch e Hermann Mumme haviam furtado do judeu Gottlieb Meyer "catorze moedas de prata e um Louis d'or" para compra de cachaça, ainda no porto de embarque, em Glückstadt, na embocadura do Elba, ao Norte de Hamburgo. Tendo recebido o espólio dos executados, Meyer chegaria a São Leopoldo em novembro de 1824, sendo o primeiro judeu alemão na nova colônia.

Três dias após a chegada do *Germania* ao Rio de Janeiro, o jornal *A Aurora Fluminense* noticiava: o comandante Voss declarara "que, no dia 3 de julho, houve um levante a bordo, cujos resultados foram: fuzilados cinco, dois se lançaram ao mar, e um morreu de doença".[427] Em 20 de julho, o diário de bordo do navio registrou uma conversa entre o pastor Ehlers e o sargento Friedrich Heinrici. O futuro pastor de São Leopoldo estava entre os rebeldes! "O senhor me dá uma declaração por escrito de que as oito pessoas foram fuziladas precipitadamente, e eu arranjarei para o senhor um ato de clemência junto ao imperador", exigiu Ehlers.[428] No ano seguinte, escrevendo ao barão Hans von Gagern, o pastor não deixou dúvidas sobre sua participação entre os condenados: "Também eu tinha sido condenado à morte por repreender o vício, mas, como pregador, do navio, tinha o coração do povo ao meu lado. Já estava o algoz com as cordas prontas para pôr-me as amarras, quando a voz do povo me salvou".[429]

A história do *Germania* não terminou com o fuzilamento dos oito encrenqueiros. Ao tomar conhecimento do caso, a Prússia quis se inteirar dos motivos que levaram ao fuzilamento em alto-mar e sem um tribunal regular de dois de seus ex-súditos. O capitão Voss e Schaeffer foram interrogados pela polícia de Hamburgo, e a polícia de Berlim procurou informações sobre os fuzilados. Quando se descobriu seus antecedentes, o processo foi encerrado. Mas, pela pressão diplomática, Voss foi obrigado a aposentar-se mais cedo, o que ocorreu em junho de 1825.

Ex-presidiários

O navio hamburguês não foi o único fretado por Schaeffer a trazer os inconvenientes e indesejáveis presidiários alemães para o Brasil. Antes do *Germania*, um grupo de quase trinta reclusos de Hamburgo já havia sido transportado pelo *Anna Louise*, em março de 1824. Em junho, o *Georg Friedrich*, um navio de bandeira dinamarquesa, deixou Altona transportando quase 170 mecklenburgueses de Güstrow e Rostock. Em novembro de 1824, o *Caroline* transportou mais 68, saídos das casas de correção e cadeias de Güstrow, Dömitz e Bützow, e o *Wilhelmine* mais noventa de Dömitz, no mês seguinte.[430] Sobre o embarque neste último, Bösche, que estava presente na ocasião e com eles viajou, relatou:

> Arrepiaram-me os cabelos quando vi nessa ocasião, pela primeira vez, esta corja cujos trapos não escondiam suficientemente a nudez, gente de modos grosseiros e uma brutalidade animal. Compunha-se esse bando de operários vadios e andrajosos e de vagabundos, estando a maior parte deles bêbados. [...] Era composta por criminosos de Mecklenburg, que Schaeffer escolhera para cidadãos da nova pátria. Esses ladrões e assassinos, acorrentados e amarrados chegaram ao *Wilhelmine*.[431]

O histórico de alguns realmente não prometia muita coisa. Em julho de 1824, Schaeffer recebeu uma lista de candidatos à emigração, enviada pela cidade de Rostock. Eram em sua maioria desempregados, andarilhos e autores de pequenos furtos. O "moço de recados Busch", por exemplo, vagava há cinco anos por Mecklenburg e pela Pomerânia, "totalmente desocupado e, por diversas vezes, foi posto na cadeia por suas ligações suspeitas". O mestre vidraceiro Pohl, um quarentão separado da mulher, "beberrão e vagabundo", havia caído na mais absoluta miséria e perambulava pelo território há anos. O aprendiz de vidraceiro Hadder, de "trinta e poucos anos, há muito tempo deixou sua profissão, há anos vagabundeia, é beberrão e diversas vezes foi penitenciado".[432]

Para melhorar a aparência desses miseráveis que receberam indulto, os adultos do sexo masculino receberam quando da sua partida, por conta da Casa de Trabalho Rural de Güstrow e de acordo com solicitação de Schaeffer, por preços módicos, um casacão, um casaco de linho, duas camisas, duas calças, um par de coturnos e um boné. Tal era a penúria que, em alguns casos, ao que parece, tal medida não ajudou muito.

Assim como ocorrera com os Estados do centro-oeste alemão, Mecklenburg-Schwerin e Mecklenburg-Strelitz foram forçados por Napoleão a aderir à Confederação do Reno e ceder homens ao Exército da *Grande Nation* – agora transformada em *Grand Empire*. Mais de 2 mil foram recrutados para a campanha da Rússia, menos de cem retornaram. Quando o exército do imperador francês fracassou diante de Moscou, os dois ducados foram os primeiros a se retirarem da Confederação e participar das Guerras de Libertação. Em 1815, com a vitória da Grande Coalizão, os dois territórios passaram de ducados a grão-ducado e o fim da era napoleônica marcou o início das transformações de um sistema feudal em muitos aspectos. Assim, como a Prússia fizera uma década antes, em 1820 a servidão da gleba foi definitivamente abolida e os agricultores foram liberados de seus compromissos com os latifundiários, da mesma forma que liberou estes últimos dos primeiros. O historiador gaúcho Martin Dreher, resumiu a situação: o camponês estava "literalmente, separado da terra".[433] E isso os levou à miséria generalizada.

O problema era que o camponês mecklenburguês, ao contrário de camponeses em outros Estados alemães, não podia se estabelecer onde quisesse, somente onde havia nascido ou onde o proprietário de terras permitisse. Com a servidão da gleba eliminada, os latifundiários temiam ter que arcar com os gastos de saúde do trabalhador rural, por isso, invariavelmente, os expulsava da propriedade. Sem residência, surgia um segundo dilema: o direito ao trabalho, assim como o direito ao casamento, estava associado à condição do trabalhador de ter uma residência fixa. A consequência direta foi a mendicância, o aumento de furtos a propriedades, como o roubo de lenha, alimentos, ferramentas ou roupas, e um número crescente de vagabundos e andarilhos. Natural que a maioria fosse parar em cadeias ou casas de correção. A propósito, na Alemanha, foi somente no fim do século XVIII que as casas de reclusão haviam se tornado estabelecimentos penitenciários, até essa data coexistia sob o mesmo teto a prisão, o asilo para pobres, o orfanato e o manicômio.[434]

Em maio de 1824, o responsável pelas cadeias e casas de correção de Mecklenburg-Schwerin, principalmente a de Güstrow, conde Von der Osten-Sacken, dirigiu ao grão-duque um ofício em que informava sobre a oportunidade de contatar Schaeffer e promover a emigração de reclusos. O conde percebeu logo as vantagens desse projeto. Primeiro, se livraria de indesejáveis e, segundo, dava a eles uma oportunidade de correção longe da Europa, principalmente longe do seu território. O grão-duque exigiu do agente de d. Pedro a garantia de que seus súditos seriam bem recebidos e teriam liberdade de culto no Brasil. Schaeffer, que via urgência na contratação de colonos e principalmente soldados, não perdeu tempo e selou com Von der Osten-Sacken os primeiros contratos para deportação. Diga-se de passagem, a garantia da liberdade de culto dada por Schaeffer foi "uma mentira deslavada". Ele informou ao diplomata mecklenburguês em Hamburgo que o templo protestante no Rio de Janeiro era um dos mais belos do país.[435] Apesar da liberdade de culto, a primeira Constituição brasileira proibia que templos não católicos fossem identificados ou ornamentados em seu exterior. Como lhe era conveniente, Schaeffer, no entanto, não entrou em detalhes.

Em 23 de junho de 1824, mais de 130 indultados de Güstrow seguiram para Hamburgo, onde se juntaram a um grupo de reclusos de Rostock. Três dias depois deixaram a Europa a bordo do *Georg Friedrich*. A primeira leva depois do acordo. Para garantir que o Brasil cumpriria o ajustado, no ano seguinte o grão-duque de Mecklenburg-Schwerin nomeou como seu cônsul no Rio de Janeiro o comerciante August Friedrich Biesterfeld. Indicado para defender os interesses dos deportados e acompanhar seu destino, tão logo Biesterfeld recebeu a nomeação escreveu ao presidente Fernandes Pinheiro solicitando informações sobre a chegada e acomodação dos ex-súditos de Friedrich Franz I. O cônsul bem que se esforçou: "Tenho dito por repetidas vezes a todos os colonos que o único modo de passarem bem é trabalhar e viver com moderação e obedecerem às autoridades; todos me prometeram assim fazer".[436] O visconde não pôde esconder: "A maior parte não tem correspondido à solicitude e às esperanças do governo, dando-se ao ócio e à imoralidade".

Parece que a preocupação de Friedrich Franz I era real. Quando uma lista de detentos de Dömitz foi elaborada, o próprio grão-duque retirou dela um dos maiores criminosos do território. O indulto foi dado aos que realmente estavam dispostos a mudar de vida. Na saída da Casa de Correção, o pastor Müller celebrou culto, distribuiu Bíblias e hinários, e o próprio conde Von der Osten-Sacken fez questão de apertar a mão de cada um e lhes fazer prometer que se tornariam "pessoas aplicadas e moralmente boas".[437]

A maioria deles era diarista, não possuíam terras próprias e sofriam com a eliminação da servidão da gleba. Cerca de 70% haviam sidos presos por serem considerados "sem pátria", por não terem residência fixa. O restante havia cometido algum tipo de crime contra a propriedade ou contra a vida. Eram, sobretudo, indivíduos excluídos, marginalizados pelas revoluções e transformações dos séculos XVIII e XIX. Alguns, de fato, agarraram a oportunidade e mudaram de vida, embora o estigma de prisioneiros, de "ladrões de cavalos", tenha permanecido no senso comum das regiões que os receberam.[438] Em muitos lugares, a tradição local perpetuou a ideia do total desaparecimento desses imigrantes.

Em junho de 1826, o capitão Hanfft, que estivera no Rio de Janeiro no ano anterior a pedido de Schaeffer e aproveitara para formular relatório sobre a situação dos alemães também por solicitação de Mecklenburg-Schwerin, notificou o grão-duque que o monsenhor Miranda havia decidido que o Brasil não receberia mais deportados. O próprio Friedrich Franz I havia decidido interromper as deportações depois que notícias sobre o descumprimento do contrato realizado com Schaeffer haviam chegado a Europa. O Brasil de d. Pedro desistiu deles, mas eles não desapareceram.

São João das Missões, 1825

Antes mesmo que os pioneiros de São Leopoldo chegassem ao passo da Feitoria, Fernandes Pinheiro já idealizava a formação de mais colônias, quando o número de colonos e artesãos alemães fosse suficiente para isso. Em abril de 1824, em carta a Carvalho e Melo, o presidente informou à Corte a decadente situação das antigas Missões Jesuíticas e sugeriu que para lá também fossem enviados alguns colonos.

Para criar a "mais formidável linha de fronteira do Uruguai", os alemães "principiariam por saborear logo grandes hospitais, com magníficos templos, quintas e hortas que pertenciam aos jesuítas", escreveu o presidente. Tudo em "um clima ameno, onde as produções de agricultura são as mais variadas e exuberantes", completou com otimismo.[439] Em novembro, Fernandes Pinheiro viu a oportunidade de criar a colônia na fronteira. Por caminhos menos nobres do que o imaginado inicialmente.

No começo daquele mês, chegou a Porto Alegre a sumaca *Ligeira*. Trazia pouco mais de oitenta pessoas, a maioria era de ex-passageiros do *Germania*. Entre eles estavam Hillebrand, Ehlers, o médico Carl Gottfried von Ende e o boticário Carl Niethammer. Uma turma de peso. O problema é que na mesma leva vieram os primeiros cinco ex-presidiários hamburgueses.

A sensação de desconforto do presidente aumentou quando no fim de novembro a sumaca *Delfina* aportou na capital gaúcha com um número ainda maior de reclusos, desta vez mecklenburgueses, desembarcados no Rio de Janeiro no *Georg Friedrich*, gente a quem Fernandes Pinheiro não poupou adjetivos depreciativos, "gente mais imoral" não havia, lhe causavam "repugnância".[440] E agora, como manter na mesma colônia famílias de colonos ou artesãos e solteiros problemáticos? Se na capital do Império os solteiros haviam sido dispensados até do exército, o que se poderia esperar deles se locados em São Leopoldo?

Em carta datada de 26 de novembro de 1824, o futuro visconde de São Leopoldo escreveu a Carvalho e Melo informando que estava enviando para as margens do rio Uruguai, local onde durante muito tempo os jesuítas haviam construído os Sete Povos das Missões, uma "seleção" dos alemães das duas últimas levas. Em ofício anterior, ao monsenhor Miranda, no Rio de Janeiro, Fernandes Pinheiro esclarecia o motivo da separação, realizada não apenas por solicitação dos colonos que permaneceriam em São Leopoldo e "que mal se combinavam" com os recém-chegados, mas também "para não apinhá-los em demasia" na colônia. São Leopoldo não tinha ainda seis meses de existência, é claro que o presidente queria se livrar do incômodo de manter essa "gente imoral" próximo à capital. Magdalena Metzen, em carta para Johann Ehhard, na Alemanha, notou a "separação": "Alguns colonos que vêm para cá não querem trabalhar muito; estes não são mantidos muito tempo por aqui; são mandados embora para outra colônia".[441]

Mais de setenta pessoas, treze famílias e dezessete solteiros deixaram Porto Alegre em canoas naquele fim de mês de novembro. A maioria era, de fato, de imigrantes vindos das casas de correção e de trabalho de Mecklenburg, onze famílias e dez solteiros. Depois de chegarem a Rio Pardo, no dia 1º de dezembro, o grupo aguardou até que o comandante militar pudesse reunir um número de carretas suficiente para levá-los a seu destino. Dez dias depois, enquanto esperava o capitão Alexandre José Bernardes, responsável pela caravana, escreveu a Fernandes Pinheiro. Relatava a alegria e o contentamento dispensados aos alemães, haviam ganhado muitas esmolas e roupas que enchiam meia carreta. Mas nem por isso perderam a oportunidade de embriagarem-se e perturbarem a ordem.[442] O historiador gaúcho Aurélio Porto foi duro: "homens, mulheres e crianças, numa promiscuidade horrível, quando as carretas paravam à hora das sestas, se engalfinhavam, sob o excesso de bebidas alcoólicas".[443] Um dos colonos, o mais insubordinado deles, foi morto a pauladas em uma briga.

Em 14 de dezembro, seguiram viagem até Cachoeira via rio Jacuí e depois, por terra, até Santa Maria, onde os aguardava o comandante militar do distrito missioneiro, o coronel João José Palmeiro. No final da tarde de 6 de janeiro de 1825, chegaram finalmente a São João das Missões. Receberam terras e subsídios como os colonos de São Leopoldo, mas não prosperaram. Talvez, até, por descaso da administração provincial. Como ocorreria com Três Forquilhas, criada quase dois anos depois, nenhuma leva foi enviada após a primeira, e a distância de centros de distribuição e o meio hostil, aliados a falta de organização dos próprios colonos, sepultaram qualquer chance de sucesso.

O fracasso foi total e completo. Dois anos depois, em abril de 1827, o comandante de São Borja, José Maria da Gama, escrevendo uma carta-relatório ao coronel José Pedro César, encarregado dos dados estatísticos da província, esclareceu os motivos do insucesso: "A inércia e os vícios os reduziram logo à miséria; venderam os animais e ferramentas; abandonaram as casas, e só foram aceitas as rações; dispersando uns e morrendo outros".[444] Na tentativa de salvar o empreendimento, Palmeiro havia os enviado para São Borja, o que em nada mudou a situação. "Eles continuaram na mesma vida ociosa e extravagante e, pouco a pouco, foram desaparecendo, a ponto de que hoje não existe aqui mais do que um homem e uma mulher com duas ou três crianças", relatou Da Gama.[445]

A colônia fracassou, é verdade, não conseguiu criar um entreposto agrícola, tampouco criar população capaz de pegar em armas e guarnecer a fronteira. Mas alguns dos enviados a São João das Missões sobreviveram. Prova é que, em 1858, quando o médico e explorador alemão Avé-Lallemant visitou a região, encontrou um patrício seu e pôde falar, três décadas depois da criação da colônia, em dialeto de Lübeck.[446]

O padre suíço Theodor Amstad passou por situação semelhante. Em visita a Cerro Largo, em 1903, cruzou com um homem, no caminho entre São João e São Miguel, que lhe informou ser da família Ferreira, e que seu avô originalmente seria Schmidt – ferreiro em alemão.[447] De forma análoga, São João das Missões teve o mesmo fim que as colônias criadas no Sul da Bahia. As famílias que sobreviveram deixaram o núcleo colonial, se dispersaram ou foram absorvidas pela população local. Para Três Forquilhas migraram os Marlow, os Witt e os Bobsin, de grande e bem-sucedida descendência. Para lá também se dirigiu o mecklenburguês Heinrich Brusch. Nascido em Stapel, residia em Wörbelin quando foi acusado de furtar um cavalo e condenado a dois anos de reclusão na Casa de Correção de Güstrow.[448] Veio para o Brasil no *Wilhelmine* com outros reclusos, mas não foi enviado a São João das Missões; constituiu família e se integrou muito bem à comunidade criada em 1826 no litoral gaúcho. Para São Leopoldo, entre outros, retornaram os Klinger e os Gerling, também com descendência.

Apesar de tudo, sobreviveram, adaptaram-se. Alguns, é verdade, sobreviveram a São João das Missões, mas foram novamente retirados de São Leopoldo, enviados como "voluntários" para a Guerra Cisplatina, cumprir a parte que lhes cabia na história e para a qual d. Pedro I os havia chamado. Os delinquentes, os marginais e os vagabundos, odiados e expulsos da Europa, não desapareceram por completo, apenas se integraram à sociedade e se adaptaram ao Novo Mundo. A seu modo.

Os protestantes 16

A presença protestante no Brasil remonta à época das invasões e o estabelecimento de colônias francesas e holandesas durante o período colonial: a França Antártica, no Rio de Janeiro, e Equinocial, no Maranhão; e à ocupação do Nordeste brasileiro pela Companhia Holandesa das Índias Ocidentais. Todas entre os séculos XVI e XVII. João Calvino, um dos grandes nomes da Reforma junto com Martinho Lutero, foi responsável direto pela missão dos pastores Pierre Richier e Guillaume Chartier, enviados para a França Antártica, na Baía de Guanabara, a pedido do comandante Nicolau Durand de Villegaignon, o responsável pela colônia. Em 10 de março de 1557, os huguenotes franceses realizaram o primeiro culto protestante na América. A Santa Ceia, segundo o rito calvinista, foi celebrada pela primeira vez em um domingo, onze dias depois. Tais empreendimentos, no entanto, foram efêmeros. Muito embora tenham deixado marcas, algumas de significativa importância religiosa, como a *Confissão de fé da Guanabara* (1558), uma das mais antigas declarações da fé calvinista no mundo, a presença protestante no Brasil consolidou-se somente com a imigração dos colonos de língua alemã durante o Primeiro Reinado.

Depois de 1808, com a abertura dos portos às Nações Amigas, a Coroa portuguesa passou a permitir que estrangeiros não católicos se instalassem no país, desde que se reunissem em edificações sem forma exterior de templo e respeitassem a religião oficial. Ou seja, de modo algum se permitia que o culto fosse divulgado e exposto aos brasileiros e portugueses. O pastor luterano de São Leopoldo, Hermann Borchard, chegou a ser preso em 1864 por ir à frente de um cortejo fúnebre com a veste talar, acusado pela autoridade local de fazer propaganda de sua religião.

Ainda que alguns estrangeiros tivessem feito uso dessa permissão, não havia legislação específica, por exemplo, quanto aos casamentos protestantes. Antes da instituição do registro civil em 1890, o Brasil só reconhecia como matrimônio o casamento realizado pelo sacerdote católico. Era este, para todos os efeitos legais, incluindo os de herança, o casamento válido. Dentro desse ponto de vista, os casamentos protestantes eram todos vistos como uma forma de concubinato, ou seja, ilegítimos. O que só mudou com a Lei de 11 de novembro de 1860, regulamentada em 1863, quando os pastores puderam tornar oficial o que já faziam desde a década de 1820. No entanto, por algum tempo ainda, o assunto perdurou em debates até que, com a Proclamação da República em 1889, o Estado se desligasse da igreja.[449]

Depois da chegada de d. João VI ao Rio de Janeiro, entre os estrangeiros não católicos no país estava o capelão inglês Robert Crane, que havia desembarcado na capital em 1816, para o atendimento dos comerciantes e súditos do rei Jorge IV. Para os ingleses, uma capela anglicana foi construída e inaugurada no Rio de Janeiro em 26 de maio de 1822. Havia também muitos calvinistas e luteranos entre os colonos suíços e alemães no Sul da Bahia e também entre aqueles que chegavam para a criação de Nova Friburgo, mesmo que sem a assistência pastoral. Contudo, "quando se proclamou a independência, ainda não havia igreja protestante no país. Não havia culto protestante em língua portuguesa. E não há notícia de existir, então, sequer um brasileiro protestante", escreveu o historiador e reverendo mineiro Boanerges Ribeiro.[450] O protestantismo era um culto estrangeiro.

Foi com a chegada dos colonos e soldados de Schaeffer, e junto com eles os primeiros pastores, em 1824, que o primeiro grupo mais expressivo de protestantes, os luteranos, se estabeleceu em definitivo no país. Mais da metade dos alemães que foram enviados para o Rio Grande do Sul até 1830, assim como a maioria dos encaminhados a Nova Friburgo, era de colonos protestantes. Entre os quase quarenta pioneiros que chegaram a São Leopoldo em julho de 1824, se encontravam mais de trinta não católicos. Na definição de Martin Dreher – além de historiador, também pastor luterano –, tais colônias seriam as "células para penetração do protestantismo" no Brasil.[451]

Sauerbronn e Nova Friburgo

As diferenças religiosas entre protestantes e católicos se manifestaram desde a chegada dos suíços à nova colônia, em 1819. O decreto de d. João VI fora bem claro, só deveriam vir para o país as famílias católicas. O problema é que Sébastien-Nicolas Gachet, o responsável pelo projeto, não seguiu à risca o decreto. Em março de 1820, monsenhor Miranda reuniu os colonos e decretou: não admitiria heresia em Nova Friburgo! A heresia neste caso era a religião protestante. Para evitar problemas, alguns colonos passaram imediatamente à religião católica, como escreveu Raphael Jaccoud, "naturalmente, por livre e espontânea coação...".[452]

Quando os alemães luteranos e Sauerbronn chegaram, em maio de 1824, a coisa piorou. O padre Jacob Joye, que viera com os suíços em 1819, não demorou a elaborar requerimentos e fazer reclamações ao diretor da colônia, o major Francisco de Salles Ferreira de Souza. Em agosto, com os colonos mal instalados, Joye formalizou uma acusação de proselitismo contra Sauerbronn, pelo "escândalo" perpetrado pelo pastor, "admitindo na sua comunhão os neocatólicos, que no princípio desta colônia fizeram abjuração da heresia e entraram no grêmio da Igreja Romana".[453] A briga prometia. Até porque a Constituição brasileira estava com os católicos.

Quando Sauerbronn celebrou o casamento do colono Charles Gottlieb Sinner com Clara Heger, que supostamente seria casada com outro colono, o suíço David-Louis Hêche, tendo com ele dois filhos, a situação entrou em clima de guerra. O padre Joye acusou o pastor de promover a bigamia. Hêche era protestante, mas, como muitos, havia abjurado de sua fé por exigência do inspetor e batizado os dois filhos na Igreja Católica. Para esclarecer a situação, monsenhor Miranda ordenou a instalação de um inquérito, e a troca de acusações apenas acirrou ainda mais as diferenças religiosas. Heger declarou que nunca fora casada com Hêche, mas que vivia em concubinato com ele desde os tempos do Exército, na Europa. E Hêche confirmou, havia ido se tratar no hospital carioca e que deixara "licença à sua amiga, para poder casar com quem ela quisesse".[454] Miranda ordenou que Joye se abstivesse de criar casos e fofocas e o imperador exigiu o fim do proselitismo de ambos. Obviamente que não foram atendidos.

Com a chegada de um pastor, o padre começou a perder de seu rebanho os colonos que haviam abjurado a fé protestante por exigência das circunstâncias. E, sempre que possível, retomava a carga contra Sauerbronn. Assim, acusou o pastor de transgressão ao aceitar o retorno à fé luterana das famílias de Jean Pierre Regamey e de Frédéric Lambelet, cujos dois filhos haviam sido batizados como católicos. Outra transgressão teria sido casar "uma colona protestante alemã" com "o alemão católico Albert Pokorny". E ficou indignado quando soube que Sauerbronn oficiara o enterro de Nicolas Pouchart. O pastor defendeu-se em carta: "Eu mesmo e outras pessoas de nossa crença fomos procurar o corpo do falecido em sua moradia e o transportamos, no maior silêncio, para o cemitério ordinário, destinado aos protestantes." E, com habilidade diplomática, informou ter feito o mesmo na Armação da Praia Grande sob a vista de todos e lembrou ao diretor, quanto ao casamento de Hêche e Heger, que o "ministro do culto inglês" havia procedido várias vezes da mesma forma.[455] As brigas perduraram ainda por muito tempo, até mesmo porque os dois religiosos foram vizinhos de longa data, cada um em sua chácara, próximas ao moinho velho, às margens do rio Bengalas.

Ehlers e São Leopoldo

Filho de um sacristão, Johann Georg Ehlers (o primeiro pastor protestante a chegar ao Sul do Brasil) nasceu em 1779, em Lüdersen, no reino de Hanôver. Tinha pouco mais de 45 anos e já era viúvo de Maria M. Tiedmann quando desembarcou no Rio de Janeiro no *Germania*, contratado por Schaeffer para servir de "cura de almas" entre os colonos alemães. Tanto quanto Schaeffer, uma personalidade controversa. Tinha um "aspecto exterior feio que de maneira alguma atraía as pessoas", escreveu seu famoso ex-aluno J. Hinrich Wichern, um importante teólogo protestante.[456]

Ehlers era sacristão-mor na igreja de St. Jacobi, em Hamburgo, quando entrou em contato pela primeira vez com Schaeffer, em 1823. Em fevereiro de 1824, ele foi intimado a esclarecer acusações de que estivera envolvido com "questões brasileiras" e de que se autoproclamara primeiro pastor e conselheiro eclesial da igreja de St. Paul. Foi, por isso, destituído do cargo de sacristão, acusado de desonestidade pelo pastor Evers. Os pastores Hermann Rentzel e Bernhard Schlefecker, no entanto, em relatório para a polícia de Hamburgo, acreditavam que o que pesava contra Ehlers era o fato de que lhe faltava calma e tinha uma tendência constante de se exaltar.[457] Wichern foi mais duro, acusou o ex-professor e futuro pastor de São Leopoldo de batizar crianças ilegítimas nas aldeias da região de Hamburgo, de ter realizado casamentos de pessoas que queriam emigrar para o Brasil e até de ter deixado morrer a própria esposa.[458]

Aceito como candidato ao ministério eclesiástico na Páscoa de 1815 e sacristão em St. Jacobi desde 1820, quando conheceu Schaeffer, Ehlers provavelmente ainda não havia sido ordenado, motivo pelo qual o agente brasileiro garantiu ao senado hamburguês, em abril de 1824, que só o enviaria ao Brasil caso fosse ordenado. Ordenado ou não, ele embarcou no *Germania* e, em 1º de junho, deu início ao primeiro livro eclesiástico protestante de uma comunidade plenamente constituída no Brasil, batizando Friedrich Germanicus, filho do alfaiate Daniel Bendixen e Maria Rosina Kayser, no "Mar do Norte, a 54°13' de latitude e 5°16' de longitude de Greenwich". No dia seguinte, realizou quatro casamentos, entre eles o dos pais do menino Germanicus. Cinco meses depois, ele chegou a São Leopoldo com os filhos. No Natal de 1824, Ehlers celebrou o primeiro culto protestante no Rio Grande do Sul, ofício religioso realizado no jardim da casa do inspetor José Tomás de Lima, já que a colônia ainda não tinha um local adequado para esse fim.

Em 1825, recebeu terrenos para a construção de um templo e de um cemitério, esta concluída somente em 1846. Em junho de 1836, após ser acusado por Hillebrand de revolucionário e partidário dos farroupilhas, foi enviado a Porto Alegre onde permaneceu preso até fins de 1838. Continuou com suas atividades como pastor em São Leopoldo até o ano de 1845, quando se transferiu para o Rio de Janeiro, onde se converteu ao catolicismo e voltou a dar aulas, vindo a falecer em 1850.

Ehlers não era uma unanimidade em São Leopoldo e se envolveu em muitos desentendimentos. Em abril de 1825, pouco mais de trinta colonos assinaram um abaixo-assinado contra ele: "o sr. Ehlers faz coisas que já não podemos aceitar. É verdade, prega a moral, mas é justamente a moral que lhe falta".[459] Menos de um mês depois, em maio, outro grupo, de 39 colonos, assina outro abaixo-assinado, desta vez em favor do pastor: "alguns membros da nossa colônia se atreveram a insultar publicamente o senhor pastor Ehlers, o qual por especial deferência do imperador havia sido nomeado para aqui, e o trataram de modo desrespeitoso e revolucionário, tendo ainda induzido outros a assinar com eles uma declaração falsa e injuriosa".[460] Quase na mesma época dos abaixo-assinados, Ehlers solicitou ao governo da província que lhe entregassem as duas filhas, que se encontravam em Porto Alegre e eram "ameaçadas de serem batizadas na religião católica".[461]

O pastor Ehlers era uma das principais figuras contraditórias da nova colônia. Em carta para o monsenhor Miranda, no Rio de Janeiro, datada de junho de 1825, José Fernandes Pinheiro relata as relações conflituosas entre os colonos e o pastor. Diz o presidente que "sobre sua conduta, tenho o desprazer de anunciar que toda a colônia se tem conspirado e indisposto contra ele, não sei se com justiça".[462] Em outra carta, de setembro de 1825, o presidente reitera que os colonos "formam queixas frequentes sobre os costumes dele", muitas e ridículas. O médico Carl von Ende, acusado pelo pastor de ser preguiçoso, respondeu que a "principal e predileta" ocupação de Ehlers era a calúnia – e desde Hamburgo, de onde fora demitido pelas "más ações que praticava". As "queixas frequentes" contra o pastor aumentaram com a chegada de Voges, que conseguiu atrair para si a simpatia de parte da colônia.

É bom que se diga que as inúmeras queixas formalizadas pelos colonos não eram uma exclusividade protestante, direcionadas somente ao pastor Ehlers; o padre Antônio Nunes da Silva também sofreu muitas e pesadas acusações. Em 1828, Tomás de Lima exigiu do governo provincial providências quanto às atitudes suspeitas do padre, acusado de viver escandalosamente com uma prostituta de dezoito ou dezenove anos a quem chamava de "órfã".

Voges e Três Forquilhas

A vida de Voges não foi menos agitada e controversa do que a de Ehlers. Filho de Ferdinand Voges e Auguste Hammerstein, Carl Leopold Voges nasceu em 1801, em "Friedberg, próximo a Hildesheim", no reino de Hanôver. Nunca foram encontradas referências sobre a formação de Voges na Alemanha, a própria cidade onde informou ter nascido não existe,[463] mas escrevia bem em francês, além do alemão e o português, que aprendeu rapidamente, o que sugere uma boa base educacional. Passageiro no transatlântico *Georg Friedrich*, foi o terceiro pastor protestante a chegar ao Brasil e o segundo que se dirigiu ao Rio Grande do Sul.

Depois de ter desembarcado no Rio de Janeiro, foi enviado para o Sul no bergantim *Flor de Porto Alegre*, em janeiro de 1825. O navio naufragou nos bancos de areia na Lagoa dos Patos, nas proximidades da vila de Mostardas. Depois de vagar por mais de quinze dias, Voges chegou a Porto Alegre e finalmente a São Leopoldo no dia 11 de fevereiro de 1825. Sem os documentos que lhe haviam sido entregues por Schaeffer, e que segundo ele próprio eram a garantia das promessas feitas ainda na Alemanha, na nova colônia tornou-se apenas pastor adjunto de Ehlers, atuando ao lado direito do rio dos Sinos, região de mata e afastada do centro colonial, enquanto Ehlers ocupava-se à margem esquerda do rio, na Feitoria Velha e na vila de São Leopoldo, próximo da maioria dos colonos. Com um salário três vezes menor e relegado a segundo plano, Voges foi um ativo e insistente suplicante.

O embate entre Ehlers e Voges dividiu opiniões na colônia e só terminou quando o segundo recebeu a oportunidade de deixar São Leopoldo e acompanhar o grupo de colonos que seria enviado para o litoral gaúcho. Se aceitasse o cargo oferecido pelo governo, receberia o mesmo que Ehlers. Em novembro de 1826, Voges partiu, então, com os 422 colonos destinados à criação da nova colônia. Não deixou, no entanto, a atividade eclesiástica na região do vale dos Sinos, onde, inclusive se casou com Louise Elisabeth Diefenthäler, em 1828.

Para sua subsistência em Três Forquilhas, Voges recebeu duas colônias de terras, onde construiu sua residência, a igreja, a escola e uma casa de comércio, motivo de inúmeras e duras críticas de seus contemporâneos e sucessores. O historiador alemão Ferdinand Schröder chegou a escrever, acusando Voges, que o pastor "atendia seus fiéis com cachaça e outros produtos".[464] Hunsche o chamou de o "maior vendeiro, industrial e capitalista" da região.[465] E era mesmo. Além da venda que mantinha junto à igreja, Voges juntou enorme capital, aplicado em Porto Alegre, tinha ainda uma olaria, um curtume e inúmeros escravizados. Até de ser "muito católico" foi acusado. Schröder não perdoou seu comportamento, o desleixo com os livros eclesiásticos e o precário ensino religioso dado às novas gerações, nascidas no Brasil; sob orientação de um pastor tão deficiente, "os últimos restos de uma religiosidade teuto-evangélica, forçosamente, teriam que degenerar", escreveu. Por outro lado, em sua defesa, o pastor Elio Müller argumentou, cem anos depois da morte de Voges, que o primeiro pastor de Três Forquilhas precisou se adaptar à realidade brasileira, principalmente pelo isolamento da colônia e o desinteresse por parte do governo, recebeu ajuda e aceitou negros, indígenas e lusos, o que não ocorreu em muitos outros lugares de colonização germânica. Três Forquilhas era, para Müller, uma "colônia/paróquia definitivamente marcada pelo meio".[466]

Em que pesem as questões teológicas e capitalistas que cercaram o pastorado de Voges, ele foi um prolífico relator dos acontecimentos que envolviam os alemães no Brasil, não apenas os de sua paróquia. Como responsável pelas duas colônias no Litoral Norte gaúcho, escreveu inúmeras cartas e relatórios ao governo provincial e imperial e até mesmo para a Europa. Em carta datada de 2 de fevereiro de 1827, para a *British & Foreign Bible Society*, na Inglaterra, Voges relatou à sociedade bíblica inglesa a situação geral dos protestantes no Brasil, detalhando o número de colônias e de colonos. E como lhe era conveniente, após ter adquirido da instituição "cem Bíblias e 250 Novos Testamentos para o bem da comunidade evangélica", solicitou mais oitocentas unidades de cada edição, "pois nos corações de todos os alemães, protestantes e católicos, se faz sentir penosamente a falta de livros de edificação espiritual".[467] O nonagenário pastor faleceu em seu sobrado, em 1893, após 67 anos de atividade eclesiástica, tendo sido o único dos quatro pastores pioneiros a não abandonar sua paróquia.

Klingelhöffer, o "pastor farrapo"

O último dos quatro pastores contratados por Schaeffer na Alemanha foi Friedrich Christian Klingelhöffer, um homem orgulhoso, impetuoso e idealista, filho de um conselheiro florestal de Giessen, Hessen-Darmstadt. Natural de Battenberg, em Hessen-Kassel, Klingelhöffer nasceu em 1784 como segundo dos cinco filhos de Friedrich Ludwig e Karolina Friederike Schlechter, filha de um importante funcionário ducal. O futuro pastor de Campo Bom era gêmeo de August Karl, irmão que permaneceu na Alemanha.

Com formação acadêmica em Teologia pela Universidade de Giessen, em 1809, aos 25 anos, assumiu a comunidade de Buchenau, onde exerceu o pastorado por exatos dez anos. Ali casou com Luisa Stapp. Transferido para a comunidade de Bobenhausen, próximo a Ulrichstein, atendeu também às aldeias vizinhas até 1825, quando o destino lhe oportunizou a viagem para o Brasil. Em boa hora. Segundo o historiador alemão Theodor Klingelhöffer, o pastor, que adorava caçar, o esporte predileto da nobreza alemã, se envolveu em uma briga e chegou mesmo a trocar tiros com o guarda-bosque Reitz. O resultado da pendenga foi meio ano de reclusão na fortaleza de Babenhausen.[468]

Klingelhöffer é um dos poucos exemplos de imigrantes que chegaram ao Brasil com dinheiro no bolso. Em agosto de 1825, Schaeffer escreveu a d. Pedro I que Klingelhöffer se dirigia ao Brasil "com 20 mil cruzados em dinheiro", quantia formidável para a época, e que ele concedera o privilégio ao pastor de escolher "uma sesmaria em qualquer parte dos terrenos livres" do país.[469] Pagando a própria passagem, assim como a da esposa e dos quatro filhos, Klingelhöffer e a família chegaram em dezembro ao Rio de Janeiro, como passageiros do transatlântico *Creole*. E na capital permaneceu por dois meses aguardando a concessão de sua sesmaria. Como d. Pedro I estava no Sul, Miranda o despachou na sumaca *Ligeira* e noticiou a Fernandes Pinheiro que o pastor não só havia pagado as passagens com um camarote particular, mas também as despesas com alimentação. Seguia ainda com quatro escravizados e "avultados capitais". Estava o pastor disposto a criar um grande estabelecimento agrícola e queria não apenas o que era concedido aos simples colonos.[470] A título de curiosidade, o nome dos escravizados: Cascuro, Pedro, Hans e Joana.

As recomendações de Schaeffer não serviram para nada. Nem as de Miranda. Quando Klingelhöffer chegou a São Leopoldo, em de abril de 1826, recebeu seu lote longe do núcleo colonial, na Costa da Serra, como simples colono. Com Fernandes Pinheiro fora da província e a inoperância do novo presidente, o pastor dedicou-se à lavoura e ao atendimento dos colonos do lado direito do rio dos Sinos, sem maiores atenções. Ali construiu a primeira igreja protestante do Sul do Brasil, em 1827, curiosamente em cima de um terreno doado pelo colono católico Peter Hirt. Em 1829, por ação e requerimento de mais de 250 colonos, foi oficializado como pastor de Campo Bom.

Em 1836, Klingelhöffer conheceu Hermann von Salisch, um ex-oficial do 27º Batalhão de Caçadores, professor de línguas e música em Porto Alegre, republicano e farrapo. Em visita a Campo Bom, Von Salisch convenceu muitos colonos alemães a deixarem a causa imperial. "Descontente com o governo, por carradas de razões, os princípios liberais acharam guarida em seu coração", escreveu a historiadora gaúcha Agnes Hübner, sobre as razões de o pastor ter aderido à causa farroupilha.[471] Para proteger a família, Klingelhöffer os levou para Porto Alegre e se dirigia a Rio Pardo, quando na Freguesia Nova, nas proximidades de Triunfo, entrou em combate com tropas imperiais. Foi morto e degolado em 6 de novembro de 1838. A esposa se refugiou em Rio Pardo, tendo levado consigo os documentos e livros da paróquia de Campo Bom, mais tarde desaparecidos. O filho, Georg Karl Hermann, tenente e "o mais intrépido dos farrapos", morreu no final da Revolução, em uma escaramuça na fazenda de Ipané, Alegrete, em novembro de 1844.[472] Os restos mortais da família repousam no Cemitério Luterano de Porto Alegre.

Sínodos

Ainda que sob a denominação de protestantes ou evangélicos estivessem também os calvinistas, unidos e anabatistas, o número expressivo de luteranos que compunham as famílias alemãs, e principalmente a formação dos pastores vindos com as primeiras levas de imigrantes, favoreceu o direcionamento das atividades comunitárias e organizacionais para esse rito. Mesmo assim, uma organização que reunisse e atendesse aos luteranos só foi possível em meados da década de 1880.

Em 1868, o pastor Hermann Borchard tentou estabelecer um sínodo que agregasse as igrejas protestantes sob um único credo, o Sínodo Teuto-Evangélico da Província do Rio Grande do Sul. Fracassada a primeira iniciativa, o sucessor de Borchard em São Leopoldo, pastor Wilhelm Rotermund, obteve sucesso com a fundação, em 1886, do Sínodo Riograndense. A nova instituição reuniu várias comunidades dispersas e, pela primeira vez, em mais de seis décadas, os protestantes tinham uma organização uniforme capaz de promover a criação de institutos de formação com mais qualificação que as escolas comunitárias, muito diferente da realidade das primeiras colônias, onde a falta de pastores proporcionava o aparecimento dos pastores-leigos, assim denominados os colonos que realizavam os serviços pastorais sem uma formação superior na Alemanha e que, para alguns, deterioraram o protestantismo no Brasil.

No início do século XX, o Sínodo Riograndense estreitou relações com a Igreja Territorial da Prússia, assim como com a Sociedade Missionária de Basileia, na Suíça, e a Sociedade Evangélica para Alemães Protestantes na América, que passaram a financiar a remuneração regular e o envio de pastores para Brasil. Auxílio que foi interrompido com a explosão da Primeira Guerra Mundial em 1914. Sem a ajuda financeira vinda da Alemanha, a partir de 1921 iniciou-se a formação de pastores no Rio Grande do Sul, com a criação de um instituto de formação básica.[473]

Em 1922, por iniciativa do pastor Hermann Dohms, a Constituição do Sínodo passou a ter os normativos da "Confissão de Augsburg", de 1530, e o "Catecismo de Lutero", de 1529, que são os principais escritos confessionais presentes no *Livro de Concórdia*, de 1580, fundamental para que uma organização religiosa seja identificada com a doutrina luterana. Nesse mesmo ano, o Sínodo filia-se à Federação Alemã de Igrejas Evangélicas.

Depois do período conturbado durante a Segunda Guerra, quando a Igreja protestante sofreu perseguições, o Sínodo Riograndense, o Sínodo Evangélico-Luterano de Santa Catarina, Paraná e outros Estados da América do Sul, criado em 1905, a Associação de Comunidades Evangélicas de Santa Catarina e Paraná, de 1911, e o Sínodo Evangélico do Brasil Central, de 1912, formaram a Federação Sinodal, em 1949. No ano seguinte, ocorreu o Primeiro Concílio Geral da Federação Sinodal. A instituição manteve a confissão luterana e foi a primeira denominação do que hoje é a IECLB, a Igreja Evangélica de Confissão Luterana no Brasil.

Enquanto algumas comunidades protestantes se filiavam à Igreja Territorial da Prússia e se uniam para formar o que viria a ser a IECLB, outro grupo de comunidades se filiava ao Sínodo Evangélico-Luterano Alemão de Missouri ou "Sínodo Missuri", formado em 1847 por imigrantes alemães nos Estados Unidos com o nome de *Deutsche Evangelisch-Lutherische Synode von Missouri, Ohio und anderen Staaten*. Foi o pastor Johannes Friedrich Brutschin, um dissidente do Sínodo Riograndense, quem intermediou a vinda do primeiro pastor do Sínodo Missouri para o Rio Grande do Sul, Christian J. Broders, no início do século XX. O desenvolvimento das atividades do Sínodo Missouri resultou na formação do que hoje é a IELB, a Igreja Evangélica Luterana do Brasil.

❦

Não obstante o censo do IBGE de 2010 tenha apresentado muitas falhas na definição das igrejas evangélicas, pelo menos 7,6 milhões de pessoas no Brasil atual se enquadraram no que o instituto brasileiro chamou de "Igrejas de Missão". Tal definição corresponderia, grosso modo, ao protestantismo histórico, associado às correntes religiosas oriundas da Reforma Protestante e sem ligação com o termo evangélico atual, ligado às igrejas pentecostais, surgidas principalmente durante o século XX. Dentro das "Igrejas de Missão" estariam luteranos (cerca de 1 milhão de pessoas), presbiterianos, congressionalistas e batistas, entre outros – o que corresponderia a 18,5% da população evangélica brasileira. Todas as igrejas evangélicas juntas somaram mais de 42 milhões de adeptos.[474]

Passo do Rosário 17

A Campanha Cisplatina nunca foi favorável a d. Pedro. Nos anos seguintes à independência brasileira, o imperador teve enormes dificuldades de expulsar as tropas portuguesas de Montevidéu e manter a província rebelde unida ao Brasil. Vencida a primeira etapa, o maior problema agora era tirá-la da influência das Províncias Unidas do Rio da Prata – a Argentina.

A guerra

Em 19 de abril de 1825, menos de um ano desde a expulsão das últimas tropas leais a Portugal, o coronel uruguaio Juan Antonio Lavalleja desembarcou na praia de Agraciada, na margem esquerda do rio Uruguai, com um pequeno grupo, os *Treinta y Tres Orientales*, que deram início à independência da Banda Oriental. Em verdade, apenas dezessete eram, de fato, uruguaios. Além de onze argentinos, havia inclusive um brasileiro e dois africanos. O grupo de Lavalleja rapidamente constituiu um "Exército libertador", cujo lema não deixa de ser curioso: "*Libertad o Muerte*".

Com apoio argentino, uma Assembleia de Representantes reunida em 25 de agosto declarou a independência em relação ao Império brasileiro e sua reincorporação às Províncias Unidas do Rio da Prata. Depois de idas e vindas, em 10 de dezembro d. Pedro declarou guerra aos castelhanos. Nesse meio tempo, as tropas brasileiras haviam sido expulsas do território uruguaio e, no fim do ano de 1825, apenas Montevidéu e Colônia do Sacramento permaneciam ligadas ao Brasil por mar, isoladas e cercadas por tropas das Províncias Unidas, por terra.[475]

O ano de 1826 transcorreu sem grandes modificações, com um bloqueio naval pela Marinha brasileira no rio da Prata, batalhas e pequenas escaramuças em território de fronteira. Depois dos desastres ocorridos nos combates de Rincón de las Gallinas e em Sarandi, no ano anterior, a situação era de tal forma preocupante, com o Exército do brigadeiro Carlos Maria de Alvear fazendo constantes incursões em território gaúcho, que o próprio imperador decidiu ver de perto o que ocorria. Mal chegou a Porto Alegre, no fim do ano, d. Pedro decidiu retornar ao Rio de Janeiro sem visitar a frente de batalha. Retorno apressado depois da notícia do falecimento da imperatriz.[476]

Desorganização e falta de estratégia militar associadas à má administração e intrigas políticas facilitaram a vida dos uruguaios e argentinos. Em janeiro de 1827, o comando do Exército imperial foi trocado pela terceira vez desde o início da campanha. O general Francisco de Paula Massena Rosado foi substituído por ninguém menos que Felisberto Caldeira Brant Pontes de Oliveira Horta. O mesmo marquês de Barbacena, que havia trocado cartas com Bonifácio, preocupado com a falta de soldados no Brasil, e também estivera ocupado com Schaeffer na Europa, financiando a vinda de alemães para o país. Junto do marquês, aliás, estava o marechal de campo Gustav Heinrich von Braun (cujo sobrenome alemão é geralmente descrito na bibliografia brasileira como "Brown"), biografado por Oberacker Jr. como o primeiro chefe de Estado-Maior do Exército brasileiro.

Bom, era hora de provar a utilidade dos alemães e de tanto empenho. Infelizmente, para o Brasil, o marquês era um diplomata mais do que um estrategista militar e, por pouco, pouco mesmo, não viu os platinos destroçarem seu exército. É claro que não recebeu grande coisa, não mais do que "um exército nu, descalço, sem munições de guerra e boca, sem remédios, sem cavalos, e reduzido depois de um ano à mais humilde defensiva", escreveu ele, em memorando de outubro de 1826.[477]

O militar mineiro, de longos serviços prestados à causa brasileira, era ousado com a pena e no conforto de seu gabinete, mas inexperiente e ingênuo em questões de campanha, principalmente as do Sul, onde a mobilidade das tropas valia mais do que os postos fortificados. Friedrich von Seweloh, engenheiro de seu Estado-Maior no Sul, escreveu dele que "nobres sentimentos achavam-se como que ocultos sob um exterior frio e comedido, ou disfarçados pela facilidade francesa comum na etiqueta dos paços".[478] Um "brasileiro de ardente patriotismo", "caráter inglês", e com o "maior desejo de tornar feliz sua pobre pátria", definiu o alemão.

Ainda no Rio de Janeiro, antes da partida para a campanha, em exultante otimismo, Barbacena chegou a sugerir que o Brasil não só expulsasse o inimigo para além do rio Uruguai, mas que ocupasse a província argentina de Entre Rios. E foi longe demais quando exigiu do falido erário imperial uma reserva de caixa de seis meses de soldo.[479] Como se verá depois, d. Pedro mal conseguia pagar seus soldados em dia, muito menos manter uma reserva em caixa.

Não há dúvidas de que o grande combate da campanha tenha sido mesmo aquele que ocorreu a menos de vinte quilômetros da cidade gaúcha de Rosário do Sul e a pouco mais de cem quilômetros da fronteira com o Uruguai. Os brasileiros o chamaram de Batalha do Passo do Rosário, os argentinos e uruguaios de *La batalla de Ituzaingó*. Até hoje, militares e historiadores dos dois lados da fronteira discutem se houve um empate técnico ou uma vitória castelhana inconclusa.

A controvérsia começa com o próprio nome do combate. Os argentinos baseiam sua designação do combate por ter sido ele travado junto ao arroio Ituzaingô, um afluente do rio Santa Maria, cujo nome mais antigo seria Imbaé ou Itambé e que não raramente era chamado de Itu ou Ituzaingô.[480] Os brasileiros, entre eles o renomado historiador militar, general Tasso Fragoso, por sua vez, acreditam que Ituzaingô seja uma invencionice argentina, já que o nome indígena faria alusão a uma cachoeira ou queda-d'água que não existia no local; o que não é verdade, já que o desnível do terreno chega a 1,5 metro.

Apesar da atual cidade de Rosário do Sul ainda não existir em 1827, as referências brasileiras ao local do combate sempre apontam para o "passo do Rosário", ou o "passo do Santa Maria", onde normalmente se fazia a travessia do rio Santa Maria. O diário de Seweloh, oficial alemão que esteve na batalha, faz, inclusive, referência ao "passo do Rosário".[481] O próprio marquês de Barbacena, dando parte do ocorrido ao imperador, cinco dias depois da batalha, a localizou "nas vizinhanças do passo do Rosário".[482] Isso porque, de fato, tal passo fica a oito quilômetros do local onde se deu o combate. Provavelmente, por se referir o comandante brasileiro a essa designação, tenha Tasso Fragoso a preferido à dos argentinos. Já o tenente-coronel Henrique Oscar Wiederspahn preferiu Ituzaingô, por considerar que o local exato da batalha tenha sido realmente o arroio Ituzaingô, entre as sangas do Barro Negro e do Branquilho. Mais recentemente, Saldanha Lemos, mesmo dando razão aos argentinos e uruguaios, preferiu usar Passo do Rosário. O mesmo fez o também coronel Cláudio Moreira Bento, em um estudo detalhado dos números e dados relativos ao combate.

Se o nome não é unanimidade, tampouco são os números que envolvem os dois exércitos. As fontes divergem, os combatentes do lado brasileiro estariam entre 5 mil e 6 mil homens, os do lado platino, entre 7 mil e 9 mil. O alferes Carl Seidler, que participou da batalha com o 27º Batalhão de Caçadores, atestou estarem os inimigos em número de 14 mil homens de cavalaria e 3 mil de infantaria, enquanto o Exército brasileiro teria cerca de 8 mil homens.[483] O marquês de Caxias (que não participou da batalha, mas pesquisou *in loco* em campanhas posteriores), respondendo a um questionário do Instituto Histórico e Geográfico do Rio Grande do Sul, quase três décadas depois, também deu ao

Exército republicano o dobro de combatentes do imperial. Talvez para justificar o que para muitos havia sido uma vergonha para o Exército brasileiro. O Exército castelhano era superior, mas nem tanto. Estudos mais recentes, como os de Wiederspahn e Moreira Bento, quase que equivaleram as forças.[484]

A verdade é que se debateram nos pampas gaúchos algo próximo de 15 mil soldados! Passo do Rosário ou Ituzaingô foi a maior batalha campal até hoje travada em solo brasileiro. O Exército republicano era composto por aproximadamente 8.130 combatentes comandados pelo brigadeiro Alvear, divididos entre 1.900 homens de infantaria, 5.600 de cavalaria e quinhentos de artilharia, além dos 130 homens de escolta e do quartel-general e dezesseis peças de artilharia. O Exército imperial, ou Exército do Sul, como foi chamado por seu comandante, por sua vez, possuía 6.200 soldados, sendo 2.300 de infantaria, 3 mil de cavalaria e 560 de artilharia, além de setenta homens de escolta, 560 milicianos e doze canhões ou obuses.

Além do marechal Braun, chefe de Estado-Maior, Barbacena tinha sob suas ordens ainda dois outros alemães em seu quartel-general: o ajudante chefe de Estado-Maior capitão Samuel Gottfried Kerst e o engenheiro capitão Anton Adolph Friedrich von Seweloh, que, aliás, foi um dos cronistas da batalha. E ainda havia o 27º Batalhão de Caçadores composto de soldados alemães sob o comando do tenente-coronel inglês William Wood Yeats, que compunha a Primeira Brigada de Infantaria; e o Esquadrão de Lanceiros Imperiais, também de alemães, sob as ordens do capitão Ludwig von Quast, na Segunda Brigada de Cavalaria. Ambas as unidades alemãs compunham os efetivos da Primeira Divisão de Infantaria do brigadeiro Sebastião Barreto Pereira Pinto. Um último contingente de alemães compunha a Companhia de Voluntários de São Leopoldo, indesejáveis ex-reclusos que haviam sido expurgados da colônia por Daniel Hillebrand, que nem de longe eram voluntários e muito menos poderiam ser chamados de soldados. Mas esses sequer chegaram ao campo de batalha.

Do lado argentino também havia alemães. O coronel Karl von Heine comandava um *Escuadrón Republicano de Alemanes*, que estava sob ordens da Divisão de Cavalaria comandada pelo coronel Frederico Brandsen, um veterano das campanhas napoleônicas. Essa divisão compunha o Segundo Corpo sob o comando direto do próprio brigadeiro Alvear. Por ora, basta dizer que seu esquadrão, a pedido de Brandsen, foi enviado para a Divisão de Lavalle e, de lá, para a retaguarda do Exército argentino, de maneira que não participou efetivamente do combate. Segundo o historiador uruguaio Clemente Fregeiro, sequer sabiam montar, "era um esquadrão político".[485]

20 de fevereiro de 1827

Em janeiro de 1827, Barbacena estava em Santa do Livramento, na fronteira atual entre Brasil e Uruguai, e o marechal Braun se achava em Pelotas, a mais de 350 quilômetros de distância, com os reforços vindos do Rio de Janeiro (o 27º de Caçadores e os Lanceiros alemães) e de Montevidéu (os regimentos nacionais).

Em 26 de janeiro de 1827, Alvear ocupou Bagé e ameaçou dividir as forças brasileiras e cortar a linha de suprimentos do marquês. Braun foi enviado às pressas para Jaguarão, 140 quilômetros mais ao Sul, na tentativa de contornar a ofensiva inimiga e se juntar às forças de Barbacena que se aproximavam de Bagé. A mesma ordem foi dada ao coronel Bento Gonçalves da Silva, que deveria dar cobertura ao alemão. O mesmo Bento Gonçalves estaria lutando contra o Império uma década depois, como chefe farroupilha. Mas aqui cumpriu com méritos a ordem de Barbacena.

Em 5 de fevereiro, o Exército imperial estava reunido junto ao arroio Lexiguana, sessenta quilômetros ao Sul de Bagé, tendo Alvear falhado ao tentar decidir a sorte da guerra cortando ao meio as divisões brasileiras, o que seguramente a teria definido em favor das Províncias Unidas. Ainda assim, o militar argentino decidiu ir em direção norte, entrando Rio Grande do Sul adentro. No dia seguinte, Seweloh escreve em seu diário, como que prevendo as dificuldades que as forças brasileiras iriam enfrentar em menos de quinze dias: "Tencionava-se fazer nesta tarde uma manobra de todas as tropas; que falhou completamente, e despertou bastante ansiedade quanto ao êxito de alguma futura batalha".[486]

Enquanto isso, o Exército republicano se dirigia para São Gabriel. No dia 9 de fevereiro, a cavalaria comandada pelo coronel Juan Zufriátegui ocupou a cidade gaúcha. Na outra manhã, o próprio Alvear entrou na cidade. Não permanecendo ali muito tempo, seguiu sua marcha deixando a retaguarda ao comando do coronel uruguaio Juan Lavalleja. Este, por sua vez, permaneceu em São Gabriel até a tarde do dia 16, quando percebeu a aproximação do Exército imperial e partiu ao encontro de Alvear, que estava acampado no arroio Cacequi. Barbacena, crendo que Alvear fugia em direção a Alegrete, saiu-lhe ao encalço e entrou em São Gabriel no dia 17. Encontrou a cidade devastada e desabitada. Poucas horas separaram o encontro entre o marquês e a retaguarda republicana. "Foge vergonhosamente: eis o resultado de tanta fanfarronada", escreveu Caldeira Brant em ofício ao governo imperial.[487]

Alvear se dirigia para o Passo do Rosário, no rio Santa Maria, com intenção de atravessá-lo e criar uma barreira natural entre os dois exércitos. Ali chegou no dia 19 de fevereiro. Em sua direção, marchava dia e noite o Exército imperial. "Irei a seu encalço até o Uruguai, e a derrota de uma tropa desmoralizada será completa", havia declarado o marquês, no início de fevereiro, ao ministro da Guerra.[488] Informado que Barbacena se aproximava e julgando que estaria encurralado se permanecesse em Passo do Rosário, tendo às costas o rio Santa Maria, ordenou que Lavalleja retornasse pelo caminho de São Gabriel e barrasse o Exército imperial até que o grosso de seus homens estivesse posicionado.

O ardiloso Bento Manoel Ribeiro (conhecido anos mais tarde, durante a Revolução Farroupilha, por trocar de lado em várias oportunidades, ora apoiando os farroupilhas, ora os imperiais), à testa de 1.300 homens, se manteve à distância do campo de luta. Limitou-se a informar o marquês de Barbacena que o inimigo fugira, o que provavelmente fez com que a empolgação no Exército imperial aumentasse e seu comandante cometesse o erro que custaria a vitória aos brasileiros.

Na madrugada do dia 20 de fevereiro, uma terça-feira, a vanguarda imperial avistou o que julgou ser, segundo as informações do coronel Bento Manoel, a retaguarda do Exército republicano em fuga. Às seis horas da manhã, Barbacena e Braun avaliaram o campo de batalha e julgaram que, apesar da superioridade inimiga, poderiam vencer o combate com um "ataque rápido e vigoroso". O marquês ordenou e o marechal Braun comandou pessoalmente o ataque. Segundo Seweloh, "às sete horas lutava-se renhidamente".[489] À testa do ataque brasileiro, estava a cavalaria do coronel Bento Gonçalves, os milicianos do marechal José de Abreu, o barão de Cerro Largo, e a infantaria do brigadeiro Sebastião Barreto. Dentro da Divisão de Barreto estava a Primeira Brigada de Infantaria do coronel Leitão Bandeira com o Terceiro, o Quarto e o 27º Batalhão de Caçadores, além da Segunda Brigada de Cavalaria do coronel Miguel Pereira, com os dois regimentos de cavalaria e o Esquadrão de Lanceiros Imperiais alemães. Na reserva estava o brigadeiro João Crisóstomo Calado.

Tal era o otimismo brasileiro que Seweloh relatou em seu diário que o comando "custou muito a conter a tropa", todos queriam lançar-se logo sobre o inimigo. Curiosamente, os alemães do 27º Batalhão de Caçadores se depararam com o *5º Batallón de Cazadores*, composto por negros libertos sob o comando do coronel Antonio Diaz.

Apesar do sucesso inicial, o ímpeto brasileiro foi contido e por duas vezes os ataques foram repelidos. Para Saldanha Lemos, o herói castelhano foi o coronel uruguaio Julián Laguna, além de seus setecentos cavalarianos, que suportou o primeiro ataque e permitiu que Alvear reposicionasse suas tropas para o contragolpe que iria fazer Barbacena ver que, definitivamente, não atacava um exército em fuga. E o contra-ataque de Alvear veio "como a devastadora onda que destrói os castelos de areia", escreveu o pesquisador brasileiro.[490] A avalanche platina comandada por Lavalleja literalmente passou por cima das tropas brasileiras. O marechal José de Abreu, barão de Cerro Largo, herói da guerra contra Artigas, conhecido como "o anjo da Vitória", foi morto e seus cerca de 560 voluntários debandaram. O mesmo ocorreu com a cavalaria de Bento Gonçalves e a artilharia do coronel Tomé Joaquim Fernandes Madeira. O marquês de Barbacena não poupou críticas aos "covardes e traidores", aos "filhos da província", aos roubos e saques que os próprios brasileiros realizaram no acampamento imperial. Escrevendo ao brigadeiro Cunha de Matos, em 2 de março de 1827, o marquês lamentou que tantos tenham fugido da batalha. Segundo ele, mais de 1.500 soldados e 27 oficiais! A Primeira Brigada de Cavalaria Ligeira, de Bento Manoel, estando nas proximidades e mesmo ouvindo os tiros da batalha, dela não se aproximou. Teria decidido, possivelmente, a sorte da batalha em favor do marquês e do Brasil.

Tanto quanto pôde, a Primeira Brigada de Infantaria, composta de soldados fluminenses, baianos, pernambucanos e alemães, suportou o contra-ataque e a fúria da cavalaria inimiga. Mas o Exército brasileiro havia perdido a mobilidade. A artilharia castelhana havia feito o capim seco daquele dia quente de verão incendiar. Com o fogo que se alastrara rapidamente pelo campo de batalha e a cavalaria que guarneceria os flancos de seu exército posta a correr, Barbacena estava quase cercado e impossibilitado de prosseguir atacando. Às primeiras horas da tarde, depois de oito horas de combate, o Exército imperial começou a retirada. Haviam marchado 24 horas sem descanso no dia anterior e estavam há mais de dez horas em contato direto com o inimigo. Seidler descreveu a retirada: "Lentamente e na melhor ordem, esse pequeno troço de bravos se retirou: os soldados, quase mortos de fadiga, ainda trouxeram onze dos canhões abandonados, e assim cobriram a retirada de todo o exército. Só um canhão, que estava com duas rodas danificadas por tiro, caiu nas mãos do inimigo; foi seu único troféu desse dia infeliz".[491]

Em verdade, não foi seu único troféu. Um bem mais precioso caiu em mãos argentinas: a *Marcha de Ituzaingó*. É outra das controvérsias da batalha. Para a historiografia platina, a marcha oficial usada nas recepções presidenciais argentinas foi encontrada no campo de batalha, em Passo do Rosário. E, como que por provocação, a autoria da marcha é atribuída a ninguém menos do que o próprio d. Pedro I. Não há provas, mas desde que foi executada pela primeira vez, em 25 de maio de 1827, os argentinos afirmam que ela foi apreendida após a retirada do Exército imperial, para alguns, encontrada dentro de um baú, segundo outros, na mochila de um oficial morto.[492]

Inacreditavelmente, Alvear decidiu não perseguir Barbacena, limitou-se a enviar o Terceiro Corpo, do general Miguel Solér, a seguir de perto a retirada, o que foi feito até próximo às dezessete horas. Se o tivesse feito, é certo que "nossas tropas enfraquecidas ao extremo pela fome e privações de toda a espécie não teriam oferecido nenhuma resistência a uma perseguição", avaliou o alferes do 27º de Caçadores.[493] E a guerra teria sido abreviada em mais de um ano, em favor dos castelhanos. Mais tarde, Alvear iria ter que dar explicações a um conselho de guerra argentino sobre o motivo de não ter realizado tal manobra. Em verdade, Alvear não esperava pela vitória, "lhe faltaram elementos para perseguir os derrotados. Seu comportamento foi defensivo, não ofensivo", resumiu o historiador José María Rosa.[494] Vitoriosos ou não, o

Batalhão Florida, do Exército uruguaio, usa até hoje, em seu uniforme histórico, a medalha "*Los vencedores en Ituzaingó*".[495]

O Exército republicano permaneceu no Passo do Rosário até o dia seguinte. No dia 22, Alvear passou pelo campo de batalha novamente. Encontrou os cadáveres enegrecidos pelo fogo de dois dias antes e despidos pela rapinagem que sucede os combates campais. Ali fora encontrado o corpo do coronel Brandsen, veterano das batalhas napoleônicas, "inteiramente despido, sem mais roupa que uma camisa curta, ensopada de sangue", além de pouco mais de 320 mortos, sendo 170 deles do Exército imperial.[496] Quatro dias depois, Alvear ocupou São Gabriel e despachou parte de suas forças para atender Montevidéu e Colônia do Sacramento, no Uruguai, ainda em poder brasileiro. No início de março, o exército invasor começava a deixar o território gaúcho.

Livre da perseguição platina, Barbacena marchou em direção a Cachoeira, onde acampou às margens do rio Jacuí, no passo do São Lourenço. Ali pôde reunir seu exército estropiado. Por quatro meses, o 27º de Caçadores permaneceu acampado em Cachoeira. Seidler e seus compatriotas não tiveram do que reclamar: "Nas mais loucas orgias festejávamos Vênus e a Vitória à sombra das florestas virgens da América do Sul. Cachaça era o nosso vinho, e negras faziam o papel de *baiadeiras*".[497]

O fim da campanha

Em julho, o batalhão de alemães foi enviado para Triunfo e, em setembro, para Porto Alegre, "certamente a mais agradável estada que o Brasil pode oferecer aos alemães", resumiu Seidler.[498] No fim do ano, o exército estava novamente na fronteira e, em janeiro de 1828, o general Lecor, o visconde de Laguna, assumiu o comando do Exército imperial. Com as tratativas de paz em andamento, em 15 de abril ocorreu o último encontro com as forças inimigas, o combate de Las Cañas. Aqui não houve dúvidas ou controvérsias, o Exército imperial surpreendeu o coronel Latorre, assim como o herói de Passo de Rosário, Julian Laguna. Quem não fugiu foi aprisionado.

Com o acordo de paz selado, depois de um rigoroso inverno, passando pelas maiores privações, sem agasalho e alimento, no Natal de 1828, o 27º de Caçadores se encontrava em Pelotas, quando, após meses de soldos atrasados e encorajados pelas informações de uma revolta de soldados alemães e irlandeses no Rio de Janeiro, o sempre disciplinado batalhão recusou-se a entrar em forma e ameaçou iniciar uma rebelião. Pressionado pelas circunstâncias, o general Lecor, chamado pelos alemães de "velho ladrão", "macaco grisalho" e "mulato bastardo", concedeu ao batalhão o cofre da tesouraria. Pagos e livres para celebrar o Natal, "o batalhão invadiu a freguesia de São Francisco de Paula", hoje Pelotas, "e debaixo do júbilo dos moradores, ébrios de vinho e alegria, todas as bodegas se encheram a mais não poder", relatou Seidler, sempre ele.[499]

Depois de perambular pelo Rio Grande do Sul, o batalhão foi enviado para Santa Catarina em 1829 e, com outro batalhão alemão vindo da capital, o Segundo de Granadeiros, lá desmobilizado dois anos depois.

Se a batalha do Sarandi, em outubro de 1825, havia determinado a expulsão das tropas brasileiras da Cisplatina, a batalha do Passo do Rosário, por sua vez, deixou claro que o Brasil não tinha forças para recuperar o território perdido que d. João ocupara em 1817 e anexara em 1821. O desfecho da batalha de 20 de fevereiro de 1827 serviu apenas para prolongar uma indefinida guerra militar, que seria resolvida um ano depois, na mesa das negociações, por pressão e influência inglesa.

A campanha da Cisplatina foi um pesadelo para d. Pedro I. Do ponto de vista militar, os soldados mercenários alemães do imperador pouco puderam ajudar, apesar de inegável contribuição em campo de batalha. Além disso, a presença de oficiais não brasileiros no comando de tropas dividia o Exército. Do ponto de vista político, a guerra se tornara impopular. Um Brasil em crise financeira sustentava uma guerra que só interessava ao imperador. E, ainda por cima, o país lutava por um território que, em que pesem todas as questões que envolveram a Banda Oriental, Espanha e Portugal nos dois séculos anteriores, parecia não ser brasileiro. E não era.

Em meados de 1828, o Brasil aceitou que a antiga província se tornasse independente, desde que não associada às Províncias Unidas. Mas a fronteira uruguaia continuou aberta ao país, política e militarmente, e pelo menos até a Revolução de 1930 os brasileiros ainda ouviriam falar muito de *los hermanos del Plata*.

☙

Em janeiro de 1957, uma comissão composta por civis e militares exumou os despojos de catorze corpos de combatentes da batalha de Passo do Rosário, no lugar chamado Mão Preta. Os esqueletos aguardaram em caixas até março de 1968, quando foram transferidos para o monumento construído pelo Exército em homenagem aos soldados, às margens da BR-290, no quilômetro 372, a doze quilômetros do município de Rosário do Sul.[500] Rifles, baionetas, espadas, sabres, lanças, estribos e restos de munição estão nos acervos do Quarto Regimento de Carros de Combate do Exército brasileiro, o Regimento Passo do Rosário, e no Museu Honório Lemos, em Rosário do Sul. Em 2012, liderados pelo grupo *Campos de Honor*, do Uruguai, arqueólogos e historiadores militares dos três países envolvidos realizaram escavações arqueológicas no local e encontraram mais de quarenta peças que foram mapeadas por GPS e mantidas no solo para estudos futuros.[501] Em dezembro daquele mesmo ano, o Quarto RCC inaugurou o Espaço Cultural Batalha do Passo do Rosário/Ituzaingó, destinado a receber as peças históricas e preservar a memória de um dos mais importantes combates militares do continente sul-americano.

A rebelião 18

Uma rixa muito grande existia entre soldados brasileiros, alemães e irlandeses e os escravizados negros nos quartéis e nas ruas cariocas. Os nacionais não gostavam dos alemães e dos irlandeses, que detestavam os negros, que não tinham a menor afeição por qualquer homem de uniforme. As brigas e perseguições pelas ruas da capital eram frequentes e os batalhões de estrangeiros eram realmente, em muitos aspectos, batalhões de encrenqueiros. O sargento Theodor Bösche, por exemplo, descreveu o assalto ao posto da Carioca, onde os soldados alemães do seu batalhão encontraram dois compatriotas mortos em um domingo pela manhã – provavelmente após uma noitada de bebedeiras. Tão logo souberam que os responsáveis haviam sido soldados brasileiros do 13º de Caçadores, para lá se dirigiram sob o comando do tenente Prahl. Trucidaram a golpes de baioneta os doze soldados e o oficial brasileiro do posto e só não entraram em batalha com o quartel dos brasileiros pela intervenção de alguns oficiais.[502]

Se não uma revolta organizada, distúrbios generalizados eram mais do que previsíveis, o que, de modo algum, serviu de alerta para as autoridades brasileiras. Depois de quatro anos de maus tratos, soldos atrasados e miséria, uma rebelião em grandes proporções estourou e pôs a capital do Império em xeque. O início dos distúrbios ocorreu após a aplicação do castigo imposto pelo major Pedro Francisco Guerreiro Drago, subcomandante do Terceiro Batalhão de Granadeiros, a um soldado alemão que trabalhava no Paço Imperial, no dia 9 de junho de 1828.

Reinava no recém-criado Exército brasileiro, por herança do regime português, a utilização dos castigos corporais e até a pena de morte, o que de maneira alguma era desconhecido na Alemanha. Aliás, o código de disciplina brasileiro tinha origem nos "Artigos de Guerra" do alemão que reorganizara o Exército português no século XVIII, o conde de Lippe. Bösche, que servia no Terceiro de Granadeiros, encarcerado depois de haver se negado a ajoelhar diante de uma procissão católica, sendo ele protestante, e julgando-se injustiçado, em um país que considerava dotado de uma Constituição liberal, escreveu a d. Pedro I. Sem se achar suficientemente forte "para descrever com exatidão a situação miserável do soldado alemão no Brasil, as injustiças e maus tratos, de que têm sido vítimas", o sargento alemão resumiu o destino de seus compatriotas: "Sofre o soldado teutônico um longo martírio até que a morte ponha termo aos seus sofrimentos".[503] O imperador limitou-se a mandar soltá-lo. Mais tarde, não faltará coragem para Bösche difamar a imagem do Brasil em seu livro.

A punição ao soldado do Segundo de Granadeiros, que se recusara a prestar continência a um superior quando de folga, foi de 150 chibatadas. Como ele se recusou a receber o castigo (primeiro porque, segundo alegou, não havia visto o oficial e, ademais, já passara da Ave Maria, o que por lei o dispensava da obrigação; segundo porque o castigo era humilhante e arbitrário), foi lhe imposto mais cem chibatadas. "Senhor major, servi dedicadamente ao imperador três anos e seis meses, e nunca, durante este tempo, sofri castigo algum; creio, aliás, que este crime, se isto realmente pode ser considerado crime, não é daqueles que justifiquem uma punição tão bárbara. Desejo que um Conselho de Guerra imparcial julgue o meu caso. Esta é minha declaração e nunca sujeitarei meu corpo voluntariamente a um castigo tão cruel", retrucou o soldado, do qual não se sabe sequer o nome; nenhum cronista da época, muito menos os autos de investigação, realizada após a revolta, registrou esse detalhe.[504]

Quase ao final do castigo, o capitão Pezarat, que era o arquiteto do imperador e oficial do Segundo Batalhão de Granadeiros, unidade de origem do soldado castigado, chegou ao quartel e conseguiu demover Drago da loucura. O major já havia aplicado 230 chibatadas! A atitude de Pezarat não salvou o soldado, já moribundo, mas libertou os soldados do batalhão da ordem que mantinham. Perseguido, o major escapou por pouco de ser trucidado por seus enfurecidos subordinados, que tão mal haviam sido tratados por ele durante anos a fio.

A rebelião de junho de 1828

Na tarde daquele dia 9 de junho, um grupo de soldados foi até o imperador, em São Cristóvão, levando à sua frente o coronel Dell'Hoste, outro odiado comandante, queixar-se ao monarca e pedir a demissão do major Drago, a exigência, por escrito, de três anos de serviço, soldo e tratamento igual aos dos irlandeses e a demissão de alguns oficiais do batalhão. D. Pedro primeiro viu sua autoridade ameaçada e chegou a negar uma audiência, mas "a estima que as tropas alemãs antes sentiam por ele estava irrevogavelmente dissipada", escreveu o alferes Carl Seidler, "e mais energicamente elas reclamavam satisfação do que pediam, ameaçavam mesmo apoderar-se, pela força das armas, de tudo quanto melhor pudesse convencê-lo". E para provar que não estavam para brincadeiras, "alguns disparos de fuzil" demonstraram até onde pretendiam ir.[505] D. Pedro prometeu cumprir as exigências e os rebelados retornaram ao quartel, não sem antes assaltar os armazéns de São Cristóvão e surrar um ou outro brasileiro pelo caminho.

No dia seguinte, tudo parecia ter voltado ao normal. O Segundo de Granadeiros despachou para a Quinta da Boa Vista, a residência da família real, os soldados que fariam a troca da guarda, e o restante da tropa foi curar a ressaca da noite anterior com mais cachaça. Alcoolizados e fora de controle, cometeram tudo o que se pode esperar de vândalos. Um grupo foi à cidade tentar encontrar o major Drago, que havia conseguido fugir no dia anterior. Seu retorno, junto com mais de duzentos soldados do Terceiro de Granadeiros, a maioria irlandeses, transformou São Cristóvão em um lugar sem hierarquia ou disciplina. Os irlandeses, segundo Seidler, "certamente tomaram parte no levante mais para roubar do que para defesa de seus direitos". Uma patrulha da Artilharia Montada foi expulsa do local, casas foram assaltadas e houve inúmeras mortes, principalmente entre os negros. "Descrever todos os desmandos e excessos levar-nos-ia muito longe. Basta mencionar que os soldados trucidaram sem misericórdia todos os que lhe caíam nas mãos", escreveu Bösche.[506] Fora de controle, os soldados expulsaram do quartel todos os oficiais. O comandante, coronel Dell'Hoste, recebeu um avental e, levado para a cozinha, foi obrigado a provar da comida imprestável que era servida aos granadeiros. Guardas do Palácio Imperial trocaram tiros com os revoltosos. Eram todos do mesmo batalhão!

O brigadeiro Joaquim Pereira Valente, conde de Rio Pardo e comandante de Armas da Corte, ao ser informado dos acontecimentos, se dirigiu ao quartel e, ao chegar lá, ficou estarrecido. Ciente de que algo pior poderia acontecer, sem demoras foi até o Palácio Imperial e informou ao imperador e a seu ministério que a situação era caótica. Mais do que isso, não havia tropas nacionais na cidade, salvo pequenos destacamentos, a Imperial Guarda de Honra e um batalhão da reserva! Tropas sem experiência e pouco numerosas. Para piorar ainda mais a situação, ao retornar a seu gabinete, no Campo de Santana, onde está hoje o Palácio Duque de Caxias, no Centro do Rio de Janeiro, ficou sabendo que algo estava ocorrendo na Praia Vermelha. Logo na Praia Vermelha, onde estavam alojados os quase 2 mil indesejados irlandeses e mais o 28º Batalhão de Caçadores, o famoso batalhão de encrenqueiros, que estava de volta ao Rio após uma temporada no Nordeste.

Animados pela coragem do Segundo de Granadeiros, o 28º de Caçadores decidiu que precisava acertar as contas com seu subcomandante, o odiado e cruel major Benedito Tiola. O italiano foi "abatido a pedradas, surrado com achas de lenha, e literalmente despedaçado pela massa furibunda, cuja loucura canibalesca ia crescendo e a cada novo excesso recrudescia, e afinal o cadáver horrivelmente mutilado foi atirado aos pés da esposa desmaiada", escreveu o cronista, autor de *Dez anos no Brasil*.[507] Ainda assim, ao final da tarde, segundo o próprio comandante do batalhão, o tenente inglês MacGregor, relatou ao comandante de Armas da Corte, os soldados do 28º de Caçadores, sem o álcool pelo qual estavam tomados os outros dois batalhões, recobraram o juízo e entraram em ordem novamente. MacGregor, no entanto, solicitou ao conde que realizasse o pagamento do soldo. O brigadeiro Valente achou que faria melhor, pagando também o soldo ao Terceiro de Granadeiros. A intenção era boa, mas o tiro saiu pela culatra.

O soldo financiou a compra de cachaça e logo irlandeses e alemães estavam se matando dentro do quartel do Campo de Santana. Os oficiais debandaram, incluindo Cotter, o "Schaeffer irlandês". A primeira tentativa de deixar o quartel foi contida pelos escravizados dos arredores, que haviam virado alvo de pedradas dos irlandeses – um costume, segundo a crônica da época, pelo qual os irlandeses tinham predileção. Ao que parece, os alemães queriam apenas cachaça, mas, em seguida, com o depósito de armas arrombado, ninguém mais segurou os irlandeses do Terceiro de Granadeiros. Quem pôde deixou o Rio, o comércio fechou e os negros receberam armas, para o horror dos cronistas ingleses John Armitage e Reverendo Walsh.

O ódio recíproco opôs soldados estrangeiros e negros escravizados. Distinguiram-se estes últimos, segundo Armitage, "pela sua barbaridade; muitos separavam os membros de suas vítimas moribundas, e os levavam em triunfo".[508] Em maior número, os negros mataram e esquartejaram qualquer alemão ou irlandês que lhes caíam às mãos. O cronista de *Quadros alternados* escreveu que ele mesmo teve "a vida dez vezes suspensa por um fio".[509] Estava o alemão no Corcovado com três outros compatriotas quando viu do alto da montanha o combate nas ruas cariocas. Milagrosamente, conseguiu chegar ao quartel do Terceiro de Granadeiros, não sem antes presenciar a batalha campal e o massacre que ocorria entre as tropas amotinadas e a população carioca em pleno centro da capital.

Prisioneiro dentro do quartel, o conde de Rio Pardo conseguiu enviar mensageiros e convocar as tropas nacionais que estavam no Rio. Ao final da tarde do dia 11 de junho, o brigadeiro escapou e assumiu pessoalmente o comando das milícias e do 24º Batalhão de Caçadores de segunda linha que havia chegado ao Campo de Santana. Com apoio da artilharia, o conde conseguiu fazer os soldados estrangeiros recuarem de volta ao quartel, onde foram cercados. A capital do Império havia sido salva por negros escravos e umas poucas tropas nacionais.

Mais tarde, *A Aurora Fluminense*, do abolicionista Evaristo da Veiga, não perdeu a oportunidade de exaltar a ação dos brasileiros, principalmente a dos negros: "Foi essa gente, que tanto se despreza, e calunia, quem manteve a ordem; quem defendeu as casas; quem expôs a vida sem coação, sem mando de autoridade alguma, para nos salvar da invasão germânica e irlandesa".[510] Segundo o próprio brigadeiro, as baixas brasileiras foram mínimas, quatro mortos e dez feridos; os estrangeiros tiveram 23 mortos e cinquenta feridos. Mas os alemães e principalmente os irlandeses estavam cercados, não batidos.

Na noite daquele dia 11, o brigadeiro encontrou-se com o imperador novamente no Palácio Imperial. D. Pedro estava sozinho, seu ministério todo havia fugido para os Arsenais da Marinha ou do Exército. Somente Chalaça, o velho amigo de farras, lhe fazia companhia.

Com o boato de que o 28º de Caçadores e o Segundo de Granadeiros iriam se juntar ao Terceiro de Granadeiros, o conde de Rio Pardo ordenou que, com os poucos soldados disponíveis mais as peças de artilharia retiradas do fortim da Glória, se fechassem os caminhos entre a Praia Vermelha, São Cristóvão e o Campo de Santana. Eram apenas boatos, os dois primeiros batalhões haviam recobrado a ordem. Do 28º chegou, inclusive, a informação de que estava pronto para barrar os irlandeses que ousassem invadir o centro da cidade.

Restava ao brigadeiro Joaquim Pereira Valente fazer render o Terceiro Batalhão de Granadeiros. Até a noite de 11 de junho, Valente havia feito o que deveria ter sido papel do ministro da Guerra, o brigadeiro Bento Barroso Pereira, covardemente escondido no Arsenal do Exército. Mas a glória final não lhe viria. Para o vexame maior do Exército brasileiro, na mesma noite, escondido no Arsenal da Marinha, na Ilha das Cobras, João Carlos Augusto de Oyenhausen-Gravenburg, o marquês de Aracati, português filho de alemães e ministro dos Negócios Estrangeiros, enviou por canais diplomáticos, quase ao mesmo tempo em que o conselheiro Francisco Gomes da Silva, a solicitação de auxílio às esquadras inglesas e francesas, ancoradas no porto do Rio de Janeiro. Segundo Chalaça relatou em suas memórias, a ideia partira do marquês de Barbacena.[511]

Os embaixadores das duas potências europeias na capital, Sir Robert Gordan e o marquês de Gabriac, agiram rápido. O almirante francês Lemarant pessoalmente comandou em terra quinhentos de seus soldados. O almirante inglês Otway despachou para terra duzentos *marines* sob o comando do capitão Samuel Hood Inglefield, com a missão exclusiva de chegar a São Cristóvão e proteger o imperador. Tinha ordens expressas de não entrar em combate com os irlandeses, que, afinal, eram ex-súditos do rei Jorge IV. Os dois contingentes chegaram ao Palácio Imperial, em ordem de batalha, na madrugada de 12 de junho. O próprio d. Pedro fez a intimação de rendição aos revoltosos e, ao meio-dia, os alemães começaram a depor armas diante dos artilheiros e cavaleiros brasileiros e marinheiros franceses. Os ingleses haviam permanecido no pátio do Palácio.

O fim dos batalhões estrangeiros

O número de baixas varia conforme a fonte e é muito pouco provável que algum dia se saiba quantos, de fato, morreram. Mas estima-se que pelo menos quarenta brasileiros e cerca de 120 estrangeiros tenham perdido a vida na revolta.

Os oficiais do Terceiro Batalhão de Granadeiros permaneceram presos no próprio quartel, os soldados foram enviados para uma das presigangas no porto, a nau *D. Afonso*. "Pode-se facilmente imaginar a sensação produzida pelo cortejo, atravessando a cidade, acompanhado pelos brasileiros, negros e mulatos insultando os soldados com seus impropérios prediletos", escreveu Bösche, que permaneceu preso na cidade.[512] O Segundo Batalhão de Granadeiros, composto somente de alemães, foi desarmado pacificamente sob o comando do brigadeiro Lima e Silva. Os oficiais foram enviados à fortaleza de Santa Cruz, os soldados, ironicamente, para a presiganga *D. Pedro I*. No dia seguinte, a guarda do imperador era novamente feita por uma guarnição nacional. Como o 28º Batalhão de Caçadores estava em ordem, permaneceu na Praia Vermelha. Os irlandeses que estavam na fortaleza foram enviados para a Praia Grande, de onde seriam despachados, segundo ordens do monsenhor Miranda, de volta para a Europa.

O principal líder da revolta, o soldado Steinhausen, foi julgado e fuzilado em 16 de dezembro de 1828, no Campo da Aclamação, atual Praça da República. Outros quarenta foram condenados à prisão perpétua, sendo mais tarde perdoados. Na sequência, o 28º de Caçadores foi enviado para o Rio Grande do Sul e o Segundo de Granadeiros, para Santa Catarina. Iniciou-se o processo de desmobilização dos efetivos. Aqueles soldados que já haviam servido pelo tempo previsto no contrato foram dispensados do serviço militar e começaram a se dirigir para as colônias alemãs, principalmente as do Sul do país.

São Leopoldo, que já havia se transformado na menina dos olhos da colonização alemã, recebeu mais de 1.600 novos colonos em 1829, dos quais 565 eram soldados dispensados. Somados os anos de 1827-30, período de muitas dispensas e baixas no Exército, a colônia recebeu mais de 1.300 solteiros, sem incluir aqueles que chegaram a São Leopoldo com mulheres para oficializarem o casamento já constituído no Rio. Só no costeiro *Marquês de Viana*, que chegou a Porto Alegre em fevereiro de 1829, foram mais de 170 ex-soldados.[513]

Os brasileiros nunca haviam aceitado a presença da tropa mercenária na capital do país. A existência dos batalhões estrangeiros era extremamente impopular, uma "medida antinacional" segundo os jornais da época,[514] e uma imposição dos caprichos de d. Pedro. Com a expulsão das tropas portuguesas do país, o reconhecimento internacional da independência brasileira e a derrota na Campanha Cisplatina, a presença de tamanho aparato militar sob ordens do imperador era vista como uma afronta à liberdade conquistada.

Em julho de 1828, o próprio Schaeffer chegou ao Brasil, a bordo do *Harmonie*. Vinha pessoalmente se defender das acusações que lhe eram constantemente dirigidas. Para ele também chegara o fim. Segundo Bösche, d. Pedro teria lhe dito: "Velho Schaeffer, tuas ovelhas se transformaram em lobos e quase que deram cabo de mim... Te oculta, todavia depressa, numa das minhas florestas, pois te tornaste um objeto de horror tanto para brasileiros como para as tropas alemãs".[515]

Pouco tempo depois da rebelião, os jornais da capital lembravam à Câmara a impaciência quanto à demora do governo em se decidir pelo que clamava a opinião pública: "Devemos ainda estar guardados por tropas estrangeiras depois dos últimos funestos acontecimentos?". *A Aurora Fluminense* questionava: "Ainda veremos batalhões alemães e irlandeses pisarem o solo que ensoparam de nosso sangue; ainda passarão armados por diante de nós, para insultarem a indignação daqueles que amam sua pátria?"[516] O problema, para Evaristo da Veiga, não eram os estrangeiros empregados na agricultura, o mal-estar se dava em relação aos que estavam armados e em pleno centro político da nação.

A rebelião custara a demissão sumária do covarde ministro da Guerra. Em apoio ao brigadeiro Bento Barroso Pereira, pediram demissão os ministros da Marinha, da Fazenda, da Justiça e o de Negócios do Império. Uma nova crise ministerial estava instalada e, dessa vez, o Exército não ficaria ao lado de d. Pedro. A Câmara voltaria a atacar duramente o imperador e com certa razão. O desembarque de tropas franco-inglesas na capital não só fora uma afronta ao orgulho nacional como havia desrespeitado um artigo constitucional, o qual garantia aos deputados conceder ou negar a entrada de tropas estrangeiras em território nacional. Naquela ocasião, a Câmara sequer fora notificada da ação. Mais um ato impensado dentro da anarquia que estava instalada na administração pública brasileira.

Em agosto de 1828, o deputado Vasconcelos sentenciou: "Devem acabar estes batalhões. Como se há de consentir que estes homens que derramaram o sangue brasileiro estejam entre nós? Eu tenho um projeto de extinção destes batalhões, e espero que seja aprovado por aclamação na Câmara". O senador Vergueiro, em outubro de 1830, diante do Senado reunido para apreciação do projeto de lei que acabaria com as tropas estrangeiras no país, declarou que uma nação livre não poderia ver em seu país tropas estrangeiras e que, não combatendo por patriotismo, mas por dinheiro, manter tais tropas no Brasil, seria "anticonstitucional, antieconômico, antinacional".[517] O senador José Ignácio Borges foi mais longe, o "que se pode esperar de uma tropa composta dos mais vis canalhas, do refugo das nações, da escória da Europa?"[518]

As explicações e argumentações do marquês de Barbacena sobre a utilidade das tropas estrangeiras e os serviços prestados na independência do país e na Campanha Cisplatina e a extrema dificuldade de recrutar homens para o serviço militar no Brasil não adiantaram de nada. O projeto foi aprovado e publicado. O artigo 10 da Lei de 24 de novembro de 1830 era claro, em 1831 não haveria mais "corpo algum composto de homens estrangeiros, nem oficiais, e oficiais inferiores, cabos de esquadra, e anspeçadas estrangeiros ainda nos corpos nacionais de qualquer classe ou arma, que sejam".[519]

☙

D. Pedro nunca escondeu sua admiração por Napoleão. Na infância, seu primeiro uniforme foi o de um hussardo napoleônico, que tanto o impressionara e que por isso fora mandado fazer por d. João VI após a visita de Junot a Lisboa, por ocasião da ratificação do tratado de 1803. Por isso, percorreu, em muitos pontos, o caminho de Napoleão e o imitou tanto quanto pôde, na sua coroação, nos símbolos nacionais, no uniforme de sua guarda pessoal.

Passada a euforia da independência, d. Pedro tornou-se cada vez mais impopular, no campo político, militar e pessoal. O ano de 1828 marca o início de sua queda, o começo do fim. O Brasil foi obrigado a assinar um tratado de paz com a Argentina reconhecendo a independência uruguaia, tropas estrangeiras a serviço do imperador quase haviam tomado a capital do país e, para piorar as coisas, o marquês de Barbacena – sempre ele – não conseguia achar uma segunda esposa para o monarca, tal era sua fama na Europa. Como seu grande ídolo, d. Pedro seguiu, a partir de então, a passos largos para a abdicação.

A escritora austríaca Gloria Kaiser, autora de um romance sobre a vida da arquiduquesa Habsburgo no Brasil, lhe rendeu um tributo, chamou o imperador de "Pedro, o Napoleão brasileiro".[520] A biógrafa Isabel Lustosa foi mais longe, concluiu que d. Pedro era um "herói sem nenhum caráter".[521] Em julho de 1830, outra revolução derrubou do trono francês o rei Carlos X. Quando as notícias chegaram ao país, o partido oposicionista aumentou as críticas ao governo e o sentimento antiportuguês, como em 1822, voltou às ruas do Brasil.

O imperador deve morrer 19

A revolta apressou o fim dos batalhões de estrangeiros, disso não restam dúvidas. Mas o castigo ao soldado do Segundo Batalhão de Granadeiros, apesar de ter dado início, pode não ter sido o único motivo da rebelião de junho de 1828. O historiador argentino Adolfo Saldías escreveu, ainda no século XIX, que um "projeto atrevidíssimo", tramado entre o governador de Buenos Aires e "dois alemães bem respeitáveis", visava sublevar as tropas estrangeiras no Rio de Janeiro, sequestrar e, se necessário, assassinar o imperador d. Pedro I.

Alemães em Buenos Aires

Em janeiro de 1824, Karl Anton Martin von Heine apresentou ao governo de Buenos Aires um projeto de colonização com imigrantes germânicos. Nomeado Agente de Imigração para a República, ele usaria sua influência e seus contatos na Europa para trazer à Argentina famílias alemãs com o objetivo de criar uma colônia nos arredores da capital. Segundo o brigadeiro Daniel Pedro Müller, português de nascimento, filho de alemães e que servia ao Brasil em Montevidéu, o alemão, que se autointitulava barão von Heine, já havia sido expulso do Rio de Janeiro como revolucionário, por sua ação constante entre rebeldes.[522] Sua identidade, inclusive, é obscura, não há informações sobre sua possível origem nobre ou como teria conseguido o título nobiliárquico. O Registro de Estrangeiros residentes no Brasil o dava como francês e tenente-coronel, vindo de Liverpool, em julho de 1824.[523] Em documentos argentinos, é apontado como sendo de Mainz, na Alemanha. Por certo, era um aventureiro em busca de riqueza na revolucionária América do Sul do início da década de 1820. De toda forma, alguém de "extraordinária capacidade de trabalho, de grande facilidade para idiomas e de incomum adaptação ao meio".[524]

De toda forma, em Buenos Aires, Heine acertou alguns negócios com outro alemão, J.C. Zimmermann, e em 11 de janeiro de 1825 assinou um acordo com o governo argentino por intermédio do ministro Manuel José García. O mesmo García que assinara o tratado de *Amistad, Comercio y Navegación* com a Inglaterra, acordo que reconhecia a independência das Províncias Unidas, e que também seria o responsável pelo primeiro tratado de paz com o Brasil, em 1827. O acordo renderia a Heine 150 pesos por cada colono homem ou mulher que entregasse ao governo buenairense. Ganharia um pouco menos por velhos e crianças.

No fim de julho, Schaeffer noticiou a Melo Matos, embaixador brasileiro em Hamburgo, a atividade do agente da república platina. "O governo de Buenos Aires", escreveu o agente de d. Pedro, "tem enviado para a Alemanha o capitão Heine para procurar gente para aquele país, e este dito capitão foi espião no Rio de Janeiro".[525] No mesmo ofício, Schaeffer, informando que partira de Hamburgo o navio *Urania* com "mineiros" para Buenos Aires, aparentemente a par do que ocorria na Cisplatina, sugeriu ao ministro que o navio fosse interceptado e aprisionado pela Marinha brasileira. A prática não era nenhuma novidade; logo após a independência, Schaeffer havia solicitado a Bonifácio "cartas de marca", permissão dada a corsários que quisessem atacar navios portugueses.[526] A "carga" agora seriam colonos alemães.

Aproveitando-se da propaganda realizada por Schaeffer na Alemanha, principalmente na região renana e, especialmente, no grão-ducado de Hessen-Darmstadt, Heine não teve dificuldades de fretar e lotar um navio. Para facilitar o negócio e agilizar a chegada dos alemães na Argentina, assim como fizera Schaeffer,

Heine preferiu usar como porto de partida Amsterdã. Em setembro, assinou o contrato de fretamento do *Company Patie* e, no dia 10 de outubro, partia com seus pouco mais de trezentos colonos com destino ao rio da Prata.

Heine só não contava com um imprevisto: que o *Company Patie* fosse capturado pela Marinha brasileira, que, a essa altura, em guerra com a Argentina, bloqueava a entrada do porto da capital portenha. No fim de dezembro, o navio de bandeira holandesa foi aprisionado pela corveta imperial *Maceió* e conduzido a Montevidéu. Começou, então, uma guerra diplomática; o capitão Francis Stavers e os holandeses da companhia Brander a Brandis, proprietária do navio, exigiam indenização; quem pagaria pelo transporte? Heine, por sua vez, estava preocupado em saber como receberia por seus colonos se não os entregasse ao governo argentino.

Após alguns contratempos, em março de 1826, o capitão Stavers recebeu permissão para deixar o porto uruguaio com o *Company Patie*. Seu destino deveria ser o Cabo da Boa Esperança, o Rio de Janeiro ou qualquer outro porto que não um argentino. Tão logo a galera deixou o porto, Heine convenceu Stavers (ou eles já estavam acertados para tal) a rumar novamente para Buenos Aires. O brigue brasileiro *Pirajá* que fazia a escolta, no entanto, impediu a manobra, atirando na proa do navio e o fazendo retornar a Montevidéu. Heine foi preso e os colonos foram enviados à Ilha das Ratas, diante do porto uruguaio. O agente argentino não permaneceu cativo muito tempo, conseguiu fugir com parte dos colonos e se dirigiu, por terra, para Buenos Aires. De Canelones, a cinquenta quilômetros da capital uruguaia, notificou seu sócio Zimmerman: "encontro-me aqui com aproximadamente duzentos colonos alemães que fugiram de Montevidéu e com os quais pretendo dirigir-me para Las Vacas, onde os porei à disposição do governo de Buenos Aires. Por isso, peço-lhe que o governo dê ordens imediatas à Comissão de Imigração a fim de facilitar o transporte".[527]

Enquanto os argentinos socorriam Heine, providenciando o transporte dos colonos até a capital argentina, os colonos restantes do *Company Patie*, aproximadamente noventa pessoas, foram, enfim, enviados para o Rio de Janeiro, aonde chegaram em maio de 1826. No mês seguinte, monsenhor Miranda os enviou para São Leopoldo e, de lá, alguns ainda seguiram para o litoral gaúcho, onde fundaram Três Forquilhas no fim daquele ano. Quanto aos colonos de Heine, a Argentina custou a lhes conceder as terras prometidas e uma carta de protesto foi enviada ao presidente, contra o mau tratamento dado aos colonos durante a viagem, o não recebimento das propriedades prometidas na Alemanha e, além disso, da dívida contraída perante o governo argentino. "Lutamos contra a fome e toda classe de penúria", escreveram os pobres colonos, "não merecemos ser as vítimas da sua maldade", bradaram.[528] É claro que a fome e a penúria tiveram uma boa dose de ajuda brasileira, mas, na Alemanha, Heine nada havia mencionado sobre o "empréstimo" que precisariam fazer para receber as terras.

O governo, no entanto, estava contente com as ações de seu agente. No fim do mês de abril o ministro de Rivadavia, Julián Segundo de Agüero, comunicava que "o presidente da República expressa sua satisfação pelo bom cumprimento das suas obrigações" e que o alemão "merece particular agradecimento do país pela forma como procedeu depois da chegada ao rio da Prata; o mesmo elogio merecem os emigrantes que o acompanham".[529]

Em 11 de março de 1827, poucos dias depois da batalha de Passo do Rosário, finalmente a colônia alemã de Chorroarín, em Chacarita de los Colegiales (hoje no centro da capital portenha), foi fundada com dezesseis famílias que estavam a bordo do *Company Patie*. Apesar da pomposa saudação argentina, Heine havia lucrado muito pouco ou quase nada por seu feito. A ação surpresa da *Maceió* e o aprisionamento de quatro meses no

Uruguai arruinaram seus planos. No entanto, a permanência em Montevidéu permitiu que entrasse em contato com um conterrâneo de nome Friedrich Bauer.

Bauer também estivera no Rio de Janeiro antes, onde fora "técnico em mineração", tendo solicitado ali uma patente de uma máquina para extrair ouro das minas. Sua passagem pela capital brasileira o pôs em contato com alguns oficiais alemães descontentes com a situação das tropas estrangeiras a serviço do Império – ao menos foi isso o que ele contou na Argentina. Dessa experiência brasileira, Bauer havia elaborado um plano mirabolante e o expôs a Heine. Dizendo-se representante secreto de oficiais alemães do Exército imperial, Bauer desejava levar ao conhecimento do governo argentino que ele poderia sublevar as tropas mercenárias na capital do Brasil, fazendo-as passar para o lado da Argentina, derrubar o imperador e criar uma república em Santa Catarina.

Como Heine mantinha contatos com o governo argentino e, como afirmou Schaeffer, havia estado no Rio de Janeiro como espião, Bauer propôs uma sociedade: pagaria 20 mil pesos e 5% das gratificações que recebesse. Ávido por dinheiro tanto quanto Bauer, o "barão" aceitou. O plano foi redigido por José Joaquín de Mora, amigo de Heine desde a Europa. De Mora levou os dois alemães à presença de Agüero, ministro de Rivadavia. Mas o presidente argentino rechaçou imediatamente o plano, por considerá-lo desonroso para a república.

Para provar que os alemães seriam úteis, Heine organizou, com os imigrantes que havia trazido da fuga de Montevidéu, um esquadrão de cavalaria, com cinco oficiais e pouco mais de quarenta soldados, e se apresentou ao brigadeiro Alvear que estava prestes a invadir o Rio Grande do Sul.[530] Às vésperas da batalha do Passo do Rosário, em fevereiro de 1827, o capitão Seweloh, que estava a serviço do Exército brasileiro, anotou em seu diário: "perto do Passo apresenta-se o cadete Roeding, de Hamburgo, prisioneiro do inimigo em São Borja, foi mandado pelo coronel Heine com parlamentares alemães, para sublevar as tropas alemãs".[531] O *Escuadrón Republicano de Alemanes* de Heine, no entanto, era um fiasco, como já dito, a maioria dos colonos sequer sabia montar. Para não comprometer a ofensiva platina em território brasileiro, o coronel Frederico Brandsen ordenou que fossem enviados para a retaguarda e o batalhão deixou de existir pouco depois. A existência e função, ao que parece, era realmente cooptar os alemães do Exército imperial.[532]

O presidente Rivadavia, no entanto, havia decretado que os colonos trazidos por Heine fossem instalados na colônia alemã de Chorroarín e ali se dedicassem à produção de leite, legumes e frutas para a capital argentina. De maneira alguma queria se envolver no plano descabido de Heine e Bauer. Para azar dos argentinos, Rivadavia não ficaria muito tempo no poder.

El tribuno

Na primeira quinzena de maio de 1810, a fragata inglesa *Mistletoe* chegou a Montevidéu, com jornais que confirmavam os rumores que corriam na cidade e no vice-reino do rio da Prata – o que seria hoje Bolívia, Argentina, Paraguai e Uruguai: o último bastião da monarquia Bourbon, a Junta Central de Sevilha, caíra em mãos francesas. A Revolução de Maio abriu as portas da liberdade e da independência das Províncias Unidas do Sul da América – mais tarde Províncias Unidas do Rio da Prata e finalmente Argentina. Consolidada efetivamente em 9 de julho de 1816, quando se cortaram os últimos laços com a Espanha.

Porém, ao contrário do Brasil, que a duras penas havia conseguido manter as províncias unidas em torno de um poder centralizado no Rio de Janeiro, por meio de um sistema monárquico representativo forte, a república das Províncias Unidas se dividiu entre *unitarios* e *federales*. Os que desejavam o poder centralizado (em Buenos Aires) e os que propunham maior autonomia às províncias.

O Brasil com a monarquia teria apenas dois governantes até o fim do século; a Argentina como república, em uma sucessão de golpes, assassinatos, renúncias e completa anarquia política, nada menos do que dezoito entre 1810-70. A sedição e a secessão só terminaram em 1862 com o fim da Confederação. Mesmo em 1810, não se tinha uma ideia clara do que se fazer. Havia aqueles que desejavam manter-se unidos ao movimento nacional espanhol na luta contra o invasor francês, os que queriam a independência e até mesmo aqueles que aventaram jurar lealdade à irmã do rei deposto, ninguém menos do que a rainha Carlota Joaquina, esposa de d. João VI e mãe do futuro imperador brasileiro.

O Congresso Nacional Constituinte, reunido em dezembro de 1824, decretou a instalação de um poder executivo nacional, a Lei da Presidência, nomeado mediante voto majoritário dos deputados. Em janeiro do ano seguinte, o buenairense Bernadino Rivadavia foi nomeado primeiro presidente do país, promovendo a Lei da Capitalização, que alçava Buenos Aires à capital do Estado Argentino, e a Constituição de 1826, que, de tendência unitarista, foi rechaçada pelas províncias e acabou criando um clima de tensão no país. Para piorar a situação, nesse meio-tempo, o Brasil havia declarado guerra às Províncias Unidas após a invasão da Cisplatina por Lavalleja. Com Buenos Aires sofrendo bloqueio naval da Marinha imperial, envolvido em grave crise financeira e econômica, Rivadavia suspendeu os pagamentos de empréstimos que o governo havia feito no exterior (começava então uma longa história de moratórias) e tomou uma série de medidas impopulares, levando o país à beira da falência e de uma guerra civil.

Em 24 de maio de 1827, três meses após a batalha do Passo do Rosário, o enviado do presidente à Corte no Rio aceitava os termos do tratado de paz, habilmente negociado por Fernandes Pinheiro, o visconde de São Leopoldo, e que devolveria ao Brasil a província da Cisplatina. Um absurdo descabido para argentinos e uruguaios que haviam expulsado as tropas brasileiras da região e ansiavam por libertar o último território da antiga América espanhola do que consideravam o jugo opressor das monarquias europeias. Em 25 de junho, o tratado foi revogado, por destruir a "honra nacional" e atacar a "independência e todos os interesses essenciais da República".[533] Dois dias mais tarde, pressionado, o próprio Rivadavia apresentava sua renúncia. Assumiu como presidente interino Vicente López y Planes, mais conhecido pela autoria do hino nacional do país do que qualquer outra coisa. Tão logo López y Planes assumiu, Heine e Bauer voltaram a propor o plano, desta vez indicados pelo cônego Pedro Paulo Vidal, amigo de Heine e influente no governo.

Nesse ínterim, uma junta representativa em Buenos Aires elegeu governador Manuel Dorrego, o que forçou a renúncia do presidente interino do país. López y Planes não teve tempo para pôr em prática qualquer coisa ligada ao plano, mas pôs os alemães em contato com Juan Ramon González Balcarce, importante militar, mais tarde ministro da Guerra e um dos signatários do tratado de paz que pôs fim à guerra pela Cisplatina. Em 18 de agosto, com a anuência dos deputados, se aprovou a indicação de Buenos Aires para direção da guerra e das relações exteriores. Estava dissolvido o Congresso e o Governo Nacional. A ruína de Rivadavia e a crise sucessória representaram a queda dos *unitarios*, a ascensão dos *federales* e a volta da autonomia das províncias.

Entra na história então Manuel Dorrego, aclamado pelas classes marginais como "o pai dos pobres", a versão masculina da idolatrada Evita Perón de um século depois.[534] Dorrego estava estudando Direito em Santiago do Chile quando estourou a Revolução de Maio, em 1810. Ferrenho defensor da causa republicana, ganhou prestígio durante a guerra pela independência. Antes de ser derrotado por forças artiguistas em 1815, na batalha de Guayabos, destacou-se em Suipacha (1811), Tucumán (1812) e Salta (1813).

Apesar do valor e do prestígio militar, sua impertinência, sarcasmo, insubordinação e divergências políticas lhe renderam três anos de exílio nos Estados Unidos por ordem de Juan Martín de Pueyrredón, o primeiro governante do país. Depois de seu retorno a Buenos Aires, em 1820, passou a destacar-se como orador popular e autor de artigos para os jornais *El Tribuno* e *El Argentino*. Defendeu a liberdade de voto aos filhos de escravos, trabalhadores e diaristas nascidos no país, acusando os legisladores da Constituição de privilegiarem a "aristocracia do dinheiro", os comerciantes, capitalistas e acionistas do Banco Nacional, que haviam negado apoio ao sufrágio universal. Dorrego era um soldado aguerrido e um tribuno de eloquência e habilidades inimitáveis, "uma inteligência viva, entregue às explosões de seu caráter turbulento", segundo Saldías.[535] *"El tribuno"* estava destinado a ser a bandeira da guerra civil argentina.

Heine e Bauer não perderam tempo e o plano foi apresentado ao novo governador de Buenos Aires, de certo modo, com a anuência das demais províncias, agora presidente das Províncias Unidas. Dorrego, ansioso por encontrar uma maneira de encerrar uma guerra que se tornara dispendiosa demais para os combalidos cofres platinos, aceitou sem pestanejar. Tal era a situação do país que, segundo o próprio presidente, não se tinha uma única bala para atirar na esquadra inimiga, não havia fuzis nem barris de pólvora e, para piorar, nem mesmo dinheiro para comprá-los, "nosso estado não pode ser pior", sentenciou. Nada, porém, justificava a aventura caudilhesca que Dorrego estava prestes a patrocinar. Mas, como resumiu o historiador Saldías, "o governo do coronel Dorrego vacilava entre a anarquia das influências que lhe deram vida e a resistência dos *unitarios* a quem seus amigos tinham despejado".[536]

Em 3 de novembro de 1827, Dorrego assinou com Friedrich Bauer, "representante das tropas alemãs a serviço do Império", o tratado que estabelecia a maneira como os batalhões alemães aquartelados no Rio de Janeiro passariam para o serviço do

Exército argentino, após uma revolta armada.[537] Grosso modo, o tratado se resumia assim: as tropas alemãs, "em virtude da própria vontade", passariam a servir à República Argentina, com um comandante próprio sob a tutela do governo ou o generalíssimo do Exército, mas com uma jurisdição à parte; as mesmas tropas sob ordens do governo argentino invadiriam a ilha de Santa Catarina e ali estabeleceriam uma "república independente"; caso a ilha não pudesse ser tomada, o acordo de paz com o Brasil exigiria a permissão para que os alemães deixassem o país e seguissem para a Argentina, "livres e seguros"; neste caso, o governo argentino ofereceria às tropas alemãs "vantagens e indenizações", em dinheiro e terras, para o estabelecimento no país; as propriedades brasileiras, inclusive navios de guerra, tomadas pelos alemães seriam exclusivas dos alemães; o ministro da Guerra se comprometeu a desembarcar em Santa Catarina todos os alemães fugitivos do Exército imperial; Bauer será o responsável por oferecer a paz aos habitantes de Santa Catarina e, o último dos treze artigos, o governo argentino reconhece Heine como encarregado dos negócios do Corpo de Alemães e o único responsável pelo empreendimento.

O ministro da Guerra, Juan Balcarce, assinou embaixo. O mesmo Balcarce, velho amigo de Dorrego, companheiro desde os tempos da batalha de Tucumán, seria um dos enviados pelo governador para as novas negociações de paz com o Brasil no Rio de Janeiro. O governador buenairense estava jogando sujo, para dizer o mínimo. Os ministros José María Roxas y Patrón, da Fazenda, e Manuel Moreno, do Governo e das Relações Exteriores, se posicionaram contra, o que em nada modificou a opinião de Dorrego.

"*El tribuno*" estava disposto a tudo para derrotar ou obter a paz com o Brasil e no fim de 1827 a situação era tão desesperadora que, além do tratado com os dois alemães, Dorrego chegou a pedir ajuda aos Estados Unidos e para Simón Bolívar, na Grã-Colômbia, tendo Moreno, o ministro das Relações Exteriores, entrado em contato com Palácios, ministro colombiano. O objetivo era juntar dinheiro e tropas para que Fructuoso Rivera invadisse as Missões Jesuíticas, no Rio Grande do Sul, e Lavalleja derrotasse Lecor em Montevidéu, no Uruguai; ou que Bolívar participasse de uma mediação favorável à incorporação da Cisplatina às Províncias Unidas. Mas a Argentina ia mal das pernas e os dias de Dorrego já estavam contados. Enquanto Bolívar perdia influência na Colômbia, Moreno deixou o governo argentino em janeiro de 1828. E Dorrego encontrou outro plano para vencer a guerra, sequestrar e assassinar o imperador.

Segundo Duarte da Ponte Ribeiro, ministro brasileiro em Buenos Aires, informou ao Itamaraty anos mais tarde, o corsário francês César Fournier havia proposto ao governo de Dorrego, sabendo do hábito de d. Pedro de viajar quase sempre sozinho, e à noite, até a Fazenda de Santa Cruz, "vir desembarcar na Sepetiba, ocultar-se nas imediações do lugar em que sua majestade imperial costumava mudar de cavalo e matá-lo logo à saída porque partiria sem esperar ninguém".[538] O governador de Buenos Aires adorou a ideia, para horror de seus patrícios.

O plano de Heine e Bauer, tanto quanto o de Fournier, pareciam improváveis, mas deixaram a Inglaterra preocupada. Muito provavelmente informado pelo próprio Heine, lorde John Ponsonby, o enviado britânico a fim de intermediar a paz entre castelhanos e brasileiros, noticiou o *Foreign Office* em carta do dia 12 de fevereiro de 1828:

> As tropas alemãs no Rio de Janeiro – uns mil homens – também foram conquistadas e devem sair da cidade e posicionar-se na Ilha Grande. Lançarão uma proclamação declarando que não consentirão serem, por mais tempo, instrumentos da opressão do imperador sobre o país, mas deixarão os assuntos internos para solução do povo, ao que se recomenda a indicação de um proclama ao senado expondo seus agravos. Também foram ganhos os irlandeses, recentemente chegados ao Rio de Janeiro e seu agente foi a Buenos Aires, de onde regressou com Fournier. Os

alemães e irlandeses serão recompensados com terras e dinheiro; supõe-se que o imperador não dispõe de tropas nacionais para defendê-lo. Há intenção de sequestrá-lo, mas somente no caso de resistência, matá-lo.[539]

A propósito, sobre lorde Ponsonby cabe aqui uma informação que explica o motivo real de sua presença nos confins da América. Nobre de origem irlandesa, Ponsonby era considerado "o homem mais charmoso" da Grã-Bretanha e por isso havia caído nas graças de ninguém menos que lady Conyngham, uma das amantes do rei Jorge IV.[540] Enviado para a Argentina por Canning, não deixou de escrever ao *Foreign Office* sua opinião sobre Buenos Aires: "É o lugar mais horrível que eu já vi e por certo que me enforcaria se encontrasse uma árvore suficientemente alta para me sustentar. É um lugar detestável".[541] E definiu como ninguém Manuel Dorrego: um homem corrompido, "falso em todos os seus compromissos e princípios, só lhe interessa aumentar a fortuna privada a expensas do país".[542] Para terminar de externar o ódio que tinha pela política platina, por certo devido às saudades de Conyngham, deixou por escrito que a "raça latina era uma forma degenerada da espécie humana".

Dorrego parecia ser mesmo um ímã para trapalhadas. Além do caso Fournier, segundo o ministro Roxas y Patrón, um soldado alemão da guarda pessoal do imperador, ofendido e humilhado por d. Pedro, também se propunha a entregar a pessoa do imperador, atado, a bordo de um corsário argentino que estivesse no porto do Rio de Janeiro. O plano era dar a d. Pedro "o gosto de entrar em Buenos Aires, se não como vencedor, como prisioneiro".[543]

Ponsonby acreditava que todo seu trabalho diplomático estaria arruinado se o governador de Buenos Aires não fosse demovido da ideia maluca de sequestrar d. Pedro I. "Penso que o imperador está em eminente perigo e temo que tenha más consequências para os interesses britânicos o êxito da conspiração", escreveu em 12 de fevereiro de 1828.[544] No dia seguinte, despachou para o Rio de Janeiro o almirante Robert Oway com a missão expressa de "salvar a vida do imperador".[545] D. Pedro pareceu dar pouca importância, talvez por influência do barão Mareschal, acreditou que não passava de intriga inglesa. Em verdade, a intriga era mesmo argentina.

Com o comércio inglês prejudicado pelo bloqueio do rio da Prata por navios brasileiros e os corsários que rondavam a costa do Brasil, o *Foreign Office* exigiu que seus agentes trabalhassem rapidamente no processo de restauração da paz. Em março, Ponsonby conseguiu do uruguaio Lavalleja a garantia de que não negociaria, de modo algum, com os súditos rebeldes do imperador. Em carta a Robert Gordon, no Rio de Janeiro, declarou que depositava no general a confiança para rechaçar e impedir os planos "extravagantes e loucos" de Dorrego e acabar com a ideia de um "estandarte do republicanismo contra a monarquia".[546]

O que os ingleses queriam era transformar a Cisplatina em um Estado neutro entre os dois países e dispor de um porto para o estabelecimento de seu comércio. George Canning, em carta a Ponsonby, definiu a política inglesa: "A cidade e o território de Montevidéu deverá tornar-se definitivamente independente de cada país, em situação similar às das cidades hanseáticas na Europa".[547] Era a Inglaterra voltando definitivamente seus olhos para a América.

Dorrego estava tão disposto a seguir adiante com o plano, apesar da pressão inglesa e da opinião contrária de alguns de seus próprios ministros, que teria feito chegar ao representante inglês uma conversa com Balcarce, seu comparsa e sócio no plano com os dois alemães: "Nunca farei a paz com o imperador; rio dele, do senhor Palacios e de lorde Ponsonby, cujas cartas não me afetam. Aguardarei os acontecimentos no Rio".[548]

Em 13 de maio, a menos de um mês da revolta no Rio, Ponsonby, escrevendo de Buenos Aires, comunicou lorde Dudley, o novo secretário do *Foreign Office*, em Londres: "Segundo notícias que me chegam do Rio, os conspiradores estão prontos para agir quando receberem o sinal daqui, e tenho informações de que Dorrego está decidido a ir adiante tão pronto saiba que o imperador não faça a paz."[549] Ponsonby não podia assegurar o poder da ação revolucionária, mas temia que fosse perigosa. Para não deixar dúvidas de que havia avisado o Brasil sobre os planos de Dorrego e dos dois alemães, informou na mesma carta que havia notificado o embaixador inglês no Rio, Robert Gordon, e o próprio imperador sobre o fato. "Creem que é uma invenção minha", escreveu.

Em junho, as perspectivas de êxito nas operações militares entusiasmaram Dorrego e mantiveram viva a esperança de que pudesse pôr o Império brasileiro em xeque. O governo argentino estava comprando barcos franceses e britânicos para agirem como corsários, o exército havia sido aumentado, se buscava dinheiro nos Estados Unidos e o Exército do Norte, sob o comando de Estanislao López, governador da província de Santa Fé, e Fructuoso Rivera haviam invadido as Missões. O plano era invadir São Paulo por terra, através das províncias argentinas do Norte, e juntar-se com os alemães, que se rebelariam no Rio. Seguindo o acordo firmado em novembro de 1827, Santa Catarina seria para a Argentina o que o Uruguai fora para Portugal de d. João VI, um Estado tampão entre os dois países. Na pior das hipóteses, na cabeça de Dorrego, as Missões serviriam como moeda de troca.

Mas a verdade é que a rebelião de junho, no Rio de Janeiro, esteve longe de estar dentro e sob o controle dos planos de Dorrego, Bauer e Heine.

Bauer e os mercenários alemães no Rio de Janeiro

Depois de assinado o tratado, Bauer deveria embarcar para o Rio de Janeiro e lá pôr em andamento o plano tramado em Buenos Aires. Para transportá-lo, Dorrego encarregou o almirante Brown, inglês a serviço da República. O inglês não gostou nem um pouco da ideia, "a que importam ao senhor e a Bauer os assuntos da guerra? Se o governo me houvesse consultado, nunca teria aceitado semelhante projeto", esbravejou a Heine. "As vantagens que os senhores prometem não serão conseguidas com a expedição. O que os senhores querem é fazer revolução no Brasil, e fariam melhor em não ficar intrigando", sentenciou.[550]

Tudo concorria para que Dorrego abandonasse essa ideia maluca, ainda assim o governador concedeu inicialmente 4 mil pesos para a empreitada e, por solicitação dos alemães, mais 10 mil pesos em letras de câmbio. O *Convención*, no qual Bauer embarcou, fez água logo após a partida e precisou retornar ao porto. Até que outro barco fosse preparado, o alemão devolveu o dinheiro a Dorrego, que, por sua vez, o repassou a Bautista Bustos, governador de Córdoba. Federalista e inimigo do buenairense, este tinha o desejo de centralizar a República em Córdoba. Era a crise política e financeira que atingia gravemente o governo argentino.

Em janeiro de 1828, Bauer finalmente partiu para Rio sob os cuidados do capitão Fournier. O corsário francês conhecia bem as águas brasileiras. A bordo do *Congreso*, durante o ano de 1827, havia atuado atacando navios mercantes e militares entre Salvador e o Rio de Janeiro. Sua missão, no começo do ano, era levar Bauer até a capital brasileira e buscar nos Estados Unidos os barcos comprados pela Argentina e que transportariam as tropas alemãs. Antes de chegar ao Rio, Fournier encontrou outro corsário argentino, o bergantim *El Níger*, do capitão Johan H. Coe. Fournier convenceu Coe a receber seu passageiro especial e a deixá-lo em algum lugar da costa, próximo à capital, o que o norte-americano fez muito bem, e Bauer depois da viagem por terra chegou ao Rio de Janeiro em 16 de fevereiro. Segundo o ministro buenairense Roxas y Patrón, o mesmo *El Níger* havia sido enviado ao Rio de Janeiro com o soldado alemão que se dispusera a sequestrar d. Pedro. Três meses depois, o *El Níger* foi aprisionado pela Marinha imperial e, segundo alguns, incorporado às embarcações brasileiras, segundo outros, foi incendiado.

Não há detalhes de como a tentativa de aprisionar d. Pedro foi levada a cabo, se é que algum dia foi, mas o historiador argentino Adolfo Saldiás, escrevendo décadas mais tarde, insinuou que o plano falhara "por diferença de alguns minutos".[551] Ou seja, se a fonte de Saldiás for mesmo confiável, o imperador escapara por um triz de ser sequestrado ou morto.

A essa altura, as negociações de paz estavam em estado adiantado. E Dorrego fazia jogo duplo. Em março já haviam se estabelecido as bases do tratado, a paz seria firmada por d. Pedro desde que a Cisplatina fosse um Estado independente e que não se unisse às Províncias Unidas. A proposta do Brasil, formalizada pelo marquês de Aracati, ministro dos Negócios Estrangeiros, fora entregue a Dorrego por intermédio de Ponsonby e Woodbine Parish. Em abril e maio as relações se estreitaram, tudo sob a orientação inglesa. Em 17 de junho, Dorrego nomeou plenipotenciários da República os generais Balcarce e Tomás Guido. Em menos de um mês, no dia 12 de julho, os dois deixaram Buenos Aires a caminho do Rio de Janeiro com a finalidade de assinar a paz em definitivo.

Em 26 de julho, sem saber ainda que a revolta das tropas no Rio de Janeiro havia falhado e acreditando na força das vitórias do Exército de Rivera nas Missões, Dorrego mudou de opinião e ordenou que o general uruguaio José Rondeau emitisse nota a Balcarce e Guido para que "não consentissem na estipulação de nenhuma espécie de tratado que tivesse como objetivo especial reconhecer a independência absoluta do Estado Oriental".[552] O mundo a sua volta estava por cair e Dorrego, cego por vencer o Brasil de d. Pedro e entrar para a História como herói, parecia não perceber. O ministro Agüero, partidário de Rivadavia, sentenciou, "nosso homem está perdido: ele mesmo forja sua ruína".[553]

Incrível o número de intrigas e corrupção a que chegaram os sul-americanos nesse período. Apenas para mencionar algumas: o general Lecor, a serviço do Brasil em Montevidéu, ofereceu dinheiro a Lavalleja para que trocasse de lado; Lavalleja, por sua vez, ofereceu dinheiro para que Lecor permanecesse inativo; Rivera se ofereceu a todos e de todos recebeu dinheiro. E Dorrego, obviamente, queria fazer a paz somente mediante um ganho pecuniário e, para facilitar as coisas, tentou mesmo comprar Ponsonby, que não se vendeu a Dorrego, mas recebeu, mais tarde, recompensa do governo argentino pelos "serviços prestados".

Enquanto isso, na capital brasileira, Bauer se escondeu em uma casa na rua do Ouvidor à espera do dinheiro que Dorrego garantiu que enviaria via Heine e da esquadra argentina, que viria buscar as tropas rebeladas. Do seu posto de observação, onde ele se instalara à espera dos sinais dos navios, Bauer ficou sabendo, por um emissário, no dia 9 de junho, que uma rebelião iniciara sem qualquer ligação com seu plano. Os distúrbios na capital duraram três dias, depois dos quais Bauer tratou de se esconder. Permaneceu oculto durante um mês na casa de uma francesa até que foi informado por seu sócio alemão que algum dinheiro lhe seria entregue pelos diplomatas enviados à capital por Dorrego.

Os plenipotenciários argentinos chegaram ao Rio de Janeiro sem a quantia combinada e dispostos efetivamente a assinar o tratado de paz. A par dos acontecimentos com as tropas alemãs e após receberem o recado de Rondeau, os generais escreveram ao governador. A carta do general Guido, escrita em 18 de agosto, e enviada a Buenos Aires, pôs fim às esperanças de Dorrego: "Os tumultos não deixaram outro vestígio, senão a recordação passageira de que um dia tiveram lugar. A desordem foi sufocada pela ação do povo e por assistência de tropas das potências neutras, cuja dupla cooperação, ao invés de debilitar fortaleceu a autoridade do governo".[554]

Com a revolta definitivamente sufocada e com as tropas estrangeiras em processo de desmobilização, Ponsonby escreveu a Aberdeen, em Londres, informando o ministro que ele havia enviado a Dorrego uma carta "com a esperança de induzi-lo a abandonar todos os planos revolucionários que mais ou menos tem apoiado".[555] Em 27 de agosto de 1828, a Convenção Preliminar de Paz foi finalmente assinada no Rio de Janeiro, ratificada três dias depois pelo Brasil e em setembro pela Argentina.

Depois de fugir da polícia no Rio de Janeiro por dois meses, Bauer conseguiu escapulir e, em 19 de novembro, desembarcou em Buenos Aires. Foi imediatamente falar com Dorrego e cobrar o dinheiro que lhe era devido. Dizendo-se enganado por Heine, que além do dinheiro dado inicialmente à dupla para o início das operações, havia conseguido dinheiro com a venda das informações a Ponsonby, Bauer cobrava cerca de 50 mil pesos do governador. Como lhe era próprio, Dorrego prometeu tomar providências, mesmo não tendo tal quantia. Para o azar de Bauer, em dezembro Dorrego foi deposto e fuzilado.

Um século depois do ocorrido, o advogado e ensaísta brasileiro Gustavo Barroso decretou, do alto de seu antissemitismo integralista, que "a revolta dos mercenários obedecia a um plano oculto e judaico de enfraquecer o Império, ajudar a Argentina agonizante e, se possível, acabar com o imperador".[556] O coronel Saldanha Lemos foi direto ao ponto: o ardil não passou de "um plano alucinado, sem a menor probabilidade de concretizar-se, envolvendo pouquíssimas pessoas, concebido por dois alemães velhacos".[557] E parece que foi tudo isso mesmo, um inimaginável, improvável e vergonhoso plano arquitetado por dois alemães e apoiado por membros do alto escalão do governo platino. A tramoia argentina, no entanto, era como uma hidra; tinha vários tentáculos e um deles visava atingir um dos mais respeitados homens públicos do Brasil.

A república de loucos 20

Se por si só um plano para assassinar d. Pedro, além de sublevar as tropas alemãs a serviço do Brasil e tomar Santa Catarina, não fosse suficientemente incrível, ainda há um fato nessa história toda que é mais surpreendente: José Bonifácio de Andrada e Silva, que tantos serviços prestara ao Brasil, teria estado em Buenos Aires na mesma época das maquinações do levante das tropas e do plano de sequestro do imperador.

Depois da assinatura da Convenção Preliminar de Paz, em agosto, e a ratificação pelas Províncias Unidas, em setembro, os exércitos que haviam combatido no Uruguai e no Brasil começaram a retornar a Buenos Aires. As antigas rixas e desentendimentos entre os líderes argentinos, que haviam sido sufocados em nome do patriotismo na guerra contra o inimigo, voltaram à tona. A revolução que Dorrego queria impor ao Império brasileiro estava agora no próprio quintal de casa. Em 26 de novembro de 1828, o Exército de Lavalle desembarcou na capital disposto a derrubar o governador, "por vontade do povo a quem ele tem oprimido". "Falava-se abertamente em uma revolução", até "nos cafés do centro", escreveu o historiador argentino José María Rosa.[558] Avisado por amigos, Dorrego riu: "Não creio, Lavalle é um veterano que não sabe fazer revoluções com tropas de linha".[559] Uma vez mais o governador jogou com a sorte.

Os irmãos Andrada em Buenos Aires

Em 1º de dezembro, Dorrego é derrubado do poder e precisa fugir da capital. No dia 12, é feito prisioneiro e levado à presença de Lavalle, que ordena seu fuzilamento e lhe concede uma hora – que Dorrego gastará para escrever à família. No dia seguinte, Lavalle escreve ao governo informando da morte do ex-governador buenairense: "A História dirá se o coronel Dorrego tinha que morrer ou não... sua morte é o maior sacrifício que eu posso fazer para o bem do povo de Buenos Aires de luto por ele".[560]

O fuzilamento de Dorrego pôs fim à série de planos e tramoias mirabolantes arquitetadas contra o Império e d. Pedro pelo governador e seus dois "agentes" alemães, mas não encerrou o debate sobre as ações, personagens e consequências. Na mesma carta em que Ponsonby havia informado lorde Dudley sobre os planos argentinos para assassinar d. Pedro, o irlandês não deu o nome, mas escreveu na carta que o "informante conseguiu esses dados, sobre o assunto, por via pecuniária, de um dos principais agentes". "Este agente tratou tudo com Dorrego e Andrada", detalhou Ponsonby.[561] Mais tarde, em agosto daquele ano, lorde Ponsonby escreveu ao governador Dorrego uma carta pessoal muito dura sobre o assunto: "Sua Excelência não duvide que faz tempo estou inteirado das mais secretas operações e desígnios de pessoas da República e do Brasil, e será bastante que eu mencione a Sua Excelência o nome de Bonifácio Andrada e que sei onde esteve vivendo há mais de um ano e onde está hoje".[562]

José María Roxas y Patrón, escrevendo ao ditador Juan Manuel de Rosas, em 1851, sobre a Guerra Cisplatina, quando então ministro da Fazenda de Dorrego, declarou saber que "duas conspirações havia na Corte do Brasil, uma contra o Império, outra contra a pessoa do imperador. Estava à nossa disposição concluir com aquele, e receber a este em um corsário e trazê-lo para Buenos Aires".[563] Mas acrescentou que "tudo o que Dorrego me disse foi que tinha vindo falar com ele um personagem republicano de alta posição, mas com a condição de que a ninguém se revelasse o seu nome. O que eu soube foi da chamada, e da vinda da Europa, de d. Antônio Carlos de Andrada e Silva, irmão de d. José Bonifácio; e um terceiro irmão, de cujo nome não me lembro".[564]

O historiador argentino José María Rosa não acredita que tenha sido José Bonifácio, o personagem brasileiro em Buenos Aires, mas, como afirma Roxas y Patrón, o irmão Antônio Carlos de Andrada e Silva. O que ainda assim deixaria os Andradas em situação delicada. Gustavo Barroso viu na atividade dos Andradas na capital argentina, que deu como certa, a articulação de "forças maçônico-judaico--republicanas".[565] A propósito, Barroso via a ação do judaísmo em tudo, chamou de judeu não apenas Bauer e Fournier, como também a Dorrego, "títere nas mãos de forças ocultas".[566]

Mas, afinal, o que Antônio Carlos ou mesmo José Bonifácio estariam fazendo na capital de um país em guerra com o Brasil? O país que Antônio Manuel Corrêa da Câmara, embaixador indicado pelo Patriarca, em 1822, havia chamado de "República de loucos".[567] O personagem mencionado pelo ministro argentino teria chegado a bordo de um corsário em data não determinada e tramado com Dorrego o sequestro do imperador, e a revolução que faria de Santa Catarina uma república independente – em outra versão, a revolução dividiria o Brasil em cinco repúblicas. A passagem do "personagem republicano" por Buenos Aires teria sido tão secreta que lorde Ponsonby só a teria descoberto após a saída daquele do país, o que resultou na furiosa carta de agosto de 1828. Apesar dos relatos de Ponsonby e Roxas y Patrón, mais tarde usados pelo diplomata brasileiro Sérgio Corrêa da Costa para dar crédito à história, a permanência, muito bem documentada de Bonifácio e de seus irmãos na França, durante os anos de exílio, não deixa margem para supor que José Bonifácio pudesse mesmo ter estado em Buenos Aires. Até porque Roxas y Patrón só soube da história pelo próprio Dorrego, e Ponsonby por Heine; nenhum dos dois teve contato com o "personagem republicano". E as personalidades de Dorrego, Heine e Bauer, estavam longe de ser confiáveis. Além disso, Bonifácio tinha horror do ideal republicano e ainda mais de revoluções.

O interessante no relatório de Roxas y Patrón, escrito a seu chefe mais de duas décadas depois dos acontecimentos, é que o ex-ministro confessa ter feito o possível para atrapalhar os planos de Dorrego, não por traição, mas para "salvar a República de uma catástrofe".[568] O embaixador inglês no Rio de Janeiro, Robert Gordon, escreveu ao *Foreign Office*, em carta confidencial a Dudley, em meados de março de 1828, que havia ficado profundamente perturbado com a informação dada por Ponsonby à Inglaterra, de que o imperador corria risco de vida. A informação, mesmo "sem uma só prova de veracidade", foi repassada a d. Pedro I, que obviamente, como dito antes, não deu sinal de menor preocupação. O mais interessante nessa carta, no entanto, é que Gordon, que estava no Rio de Janeiro no momento da revolta das tropas estrangeiras, viu nas informações de Ponsonby sobre os planos de Dorrego a "aparência de um estratagema para forçar o imperador a fazer a paz".[569]

Os irmãos de Bonifácio, Antônio Carlos e Martim Francisco, deixaram o exílio francês somente depois de concedida a autorização do governo brasileiro e a expedição dos passaportes, em abril de 1828. José Bonifácio permaneceu em Bordeaux mais tempo, até maio de 1829. E durante toda a permanência, os irmãos foram muito bem vigiados por brasileiros e também por portugueses. O conde de Palmela, de Lisboa, assim como o conde de Gestas, do Rio de Janeiro, recomendaram à polícia francesa que se fizesse vigia constante dos Andradas. De fato, Bonifácio mudou de residência apenas duas vezes enquanto esteve na França, da estadia provisória, na rua *Palais Galien*, em Bordeaux, para os arredores, em Talence e depois St. Genner. Como teriam deixado o país, então, sem que as autoridades brasileiras ficassem sabendo? Pelas cartas trocadas com amigos, Bonifácio manifestou inúmeras vezes vontade de deixar a França e ir viver na Colômbia, na Guatemala ou na Flórida, mas a saudade do Brasil e o desejo de rever Santos foram sempre o tema principal de suas lamúrias.

Em se considerando a má fama dos dois alemães e do próprio Dorrego, além da sinceridade ingênua de Ponsonby, ao escrever na carta de fevereiro de 1828 que não via "conveniência" no informante em enganá-lo, fica mais do que claro que a trama para amotinar as tropas alemãs e irlandesas no Rio de Janeiro não passou de uma grande farsa armada por Friedrich Bauer e, principalmente, pelo "agente" Karl Anton Martin von Heine. Sequestrar ou assassinar d. Pedro foi outra trama mais descabida ainda, sonhada pelo governador argentino.

Para acabar com dúvidas infundadas, o diplomata, jurista e escritor gaúcho Antônio Batista Pereira sentenciou: "É um engano. José Bonifácio nunca foi a Buenos Aires." E, para contradizer por completo Saldías e outros historiadores argentinos, além do brasileiro Corrêa da Costa, foi mais longe, pondo lenha na fogueira, afirmando que se tratava "de Gonçalves Ledo, que lá esteve, chegando a fundar um jornal."[570] Joaquim Gonçalves Ledo era um militante republicano, o editor do jornal *Revérbero Constitucional Fluminense*, do Rio de Janeiro, um dos promotores do Dia do Fico e um dos, se não o maior, adversários de Bonifácio, tanto na política quanto na maçonaria.

O fim da trama

D. Pedro deu pouco crédito e importância às maquinações de Dorrego. Somente depois da revolta das tropas resolveu apurar quem, de fato, eram Bauer e Heine. Um ofício, escrito do quartel-general do Exército brasileiro, no Rio de Janeiro, em agosto de 1829, enviado a José Clemente Pereira, ministro dos Negócios do Império confirma as suspeitas de que o Brasil tinha somente vagas informações sobre Heine na Corte; e que não havia feito nada para impedir sua ação na ocasião: "Constando-me agora que existe nesta Corte, sem se saber onde, o barão Carlos de Heine, que se acha empregado no serviço de Buenos Aires e que aqui esteve antes e depois das desordens dos Corpos de Estrangeiros, em junho do ano passado, nas quais tivera parte, segundo denúncias que houveram, sendo o mesmo que no Sul antes da ação de 20 de fevereiro de 1827 promoveu a deserção nos Corpos de Estrangeiros, que ali existiam, por meio de proclamações."[571]

A trama de Heine conseguiu pôr em dúvida o patriotismo de José Bonifácio, enganar lorde Ponsonby, Roxas y Patrón, Dorrego e até mesmo seu cúmplice, Friedrich Bauer, que depois da revolta e do retorno a Buenos Aires desapareceu, aparentemente sem ganhar nada. O "barão" foi o único em toda a história que saiu lucrando. Além do dinheiro recebido de Dorrego, que ele não dividiu ou repassou a Bauer – que estava encrencado no Rio de Janeiro fugindo da polícia –, Heine ainda conseguiu uma boa soma com a venda do próprio plano para os ingleses. E só não recebeu mais porque Rivera negou-se a lhe entregar 2 mil cabeças de gado que Roxas y Patrón lhe concedeu "para contentar e fechar a boca".[572]

Sobre a revolta das tropas no Rio de Janeiro, é mais do que claro que Bauer, a quem Saldanha Lemos chamou de "alemão cretino", nunca chegou a conquistar apoio de qualquer oficial de alta patente, muito menos da totalidade dos batalhões. O alferes Seidler, do 27º de Caçadores, não viu nela senão a ação de homens que exigiam por seus direitos. Mesmo quando o Segundo Batalhão de Granadeiros esteve junto o paço de São Cristóvão de arma em punho contra o imperador, o que exigiram foi tão somente "que concedesse por escrito aos soldados a fixação do engajamento em três anos, bem como soldo e tratamento iguais aos que recebiam os soldados irlandeses".[573]

Se os dois alemães de Dorrego tivessem, de fato, contato com oficiais superiores e contassem com a estima dos soldados alemães, não poderia ter havido momento melhor para assassinar d. Pedro do que aquele. O que ocorreu, no entanto, é que a rebelião, como visto antes, fora um movimento da soldadesca, que inclusive deu cabo de oficiais pelos quais não tinham nenhum apreço. Mesmo os generais argentinos, que estavam na capital brasileira para as tratativas de paz, viram tão somente isso. "A sedição das tropas foi independente de toda a relação política. Reclamações justas ou infundadas sobre a falta de cumprimento de seus contratos e a punição de um camarada", escreveu o general Tomás Guido.[574] Ao que parece, é uma opinião um tanto consensual, pois Seidler resumiu de forma quase idêntica: "Verificou-se, entretanto, que absolutamente não houvera nenhum plano combinado, mas que dera única e exclusivamente causa ao triste acontecimento à desigualdade com que eram tratados alemães e irlandeses e às muitas promessas feitas aos estrangeiros a que se não dava cumprimento."[575]

Quanto a Ponsonby, Roxas y Patrón na mesma carta escrita para Rosas, em 1851, revelou que o governo argentino achou que doze léguas quadradas de terra na Campanha lhe seriam merecidas por tudo que o lorde irlandês havia feito em prol da paz entre o Império e a República.

Na Argentina – a "República de loucos" –, a anarquia política ainda duraria alguns anos até que, em 1835, outro golpe faria subir ao poder platino o caudilho Juan Manuel de Rosas, ditador e (para alguns historiadores) o verdadeiro unificador das províncias argentinas. O caudilho só seria derrubado em 1852, quando uma junção de forças adversárias, incluindo o Império brasileiro e outra tropa de soldados alemães – os *Brummer* – o enviaria para o exílio na Europa.

Cartas para casa 21

Vivendo em uma época em que a internet levou a comunicação pessoal a percorrer o mundo em tempo real, hoje é difícil imaginar o quão importante eram as correspondências nos anos 1800. Mas até a terceira década daquele século, quando o norte-americano Samuel Morse construiu o primeiro protótipo funcional do telégrafo, não existia outro e nem mais comum meio de comunicação entre duas partes distantes do que a correspondência por carta. Só no fim da década de 1850, o telégrafo chegou ao Brasil, ligando os cinquenta quilômetros entre a praia da Saúde, no Rio de Janeiro, e Petrópolis, na serra fluminense. O mundo precisou esperar ainda outras quatro décadas até que o aparelho telefônico criado por Graham Bell se popularizasse. Mais cem anos seriam necessários até que o advento da internet se tornasse algo comum.

Na década de 1820, o correio de Londres, uma das principais cidades da Europa, despachava cartas para Hamburgo e Países Baixos até duas vezes por semana, uma vez a cada sete dias para cidades como Estocolmo e Lisboa, e pelo menos uma vez por mês para a América do Norte. Uma carta pessoal ou diplomática, enviada do Rio de Janeiro por d. João VI, d. Pedro I, d. Leopoldina, um ministro ou embaixador, poderia chegar ao destinatário na Europa em cerca de dois ou três meses, dependendo do navio em que ela viajava, para qual porto se destinava e da urgência necessária. Se o destinatário respondesse imediatamente, ela poderia ter o mesmo tempo de retorno, o que significava que entre uma notícia e outra poderiam se passar até seis meses. Um tempo enorme, considerando-se políticas e assuntos internacionais delicados que exigiam urgência e um número considerável de correspondências mensais. Era comum ordens chegarem para decidir uma situação já definida por uma batalha, morte do rei, diplomata, general ou outra situação alheia à correspondência. Schaeffer sofreu com o grande número de correspondências que recebia do Brasil, de d. Pedro e seus ministros, contendo ordens e contraordens, com poucos dias de diferença entre uma e outra, que por vezes chegavam ao seu destino juntas.

Poucas pessoas escreveram tantas cartas quanto a imperatriz d. Leopoldina. Bettina Kann e Patrícia Souza Lima encontraram 850 delas guardadas em arquivos austríacos, brasileiros e portugueses – 350 foram selecionadas, transcritas e publicadas em 2006, em um projeto conjunto entre a Áustria e o Brasil. Prolífica, com uma média de quase cinquenta cartas escritas por ano, nunca deixou de enviar com sua correspondência todos os tipos de espécies animais, pássaros, sementes, plantas exóticas e pedras raras do Brasil para os museus de Viena.[576] Um mês após sua chegada, ela já tinha prontas para serem despachadas para a Europa seis caixas de plantas, sementes e um número muito grande de pássaros; "recomendo-te os cardeais e os monsenhores, que são muito belos", escreveu, como sempre, à irmã.[577] Em seguida, enviou mais sementes e também macacos. O imperador austríaco recebeu tantas coleções da filha, de Natterer e de Mikan, que mandou instalar em Viena um museu com treze salas e uma biblioteca especial sobre o Brasil, o *Brasilianisches Naturalienkabinett*, infelizmente destruído durante a Revolução de 1848. A coleção de Natterer chegou a ter 12 mil pássaros, 1.146 mamíferos, 1.671 peixes, 1.871 anfíbios, 1.024 moluscos, 35 mil plantas, 33 mil insetos, 1.500 objetos etnológicos, sessenta vocabulários indígenas e 430 espécimes minerais.[578]

As cartas dos colonos não tinham a mesma importância, e como não havia um sistema regular de correios, eles precisavam contar com a ajuda de pessoas importantes, com a sorte e a boa vontade de muita gente. Não raro elas poderiam levar mais de um ano até chegar ao destinatário. Foi o caso da carta enviada pelo colono Valentin Knopf, que escreveu aos pais e amigos em 1º de dezembro de 1827, da colônia gaúcha de Três Forquilhas. A correspondência levou mais de um ano até chegar a Wahlheim, no coração da Alemanha, encontrando seu destino somente em 23 de fevereiro de 1829.[579] Para certificar-se de que a carta-resposta dos pais lhe chegaria, tomou o cuidado de informá-los como proceder:

> Queridos pais, eu vos peço, se vocês quiserem escrever, então vocês devem viajar para Mainz ou Frankfurt, e encontrar comerciantes que mantêm correspondência com Hamburgo, Bremen, Altona ou Amsterdã. Quando encontrarem alguém, peçam-lhe o pagamento de um vale-postal, e enviem sua carta para Sua Excelência o sr. José de Almeida Miranda, no Rio de Janeiro, o qual tratará de despachar imediatamente sua carta para mim.[580]

E frisou, para que não houvesse dúvidas: "Dessa forma deve ser escrita a carta com o endereço, caso contrário, a carta não chegará ao sr. Miranda". Não sabemos se recebeu resposta da família ou se chegou a enviar outras cartas.

Alguns colonos seguiram o exemplo de d. Leopoldina e chegaram mesmo a enviar aves nativas para os parentes, como foi o caso de um imigrante do Sarre, região fronteiriça à França:

> Para hoje nada mais de novo. Junto eu mando para meus dois irmãos quatro pássaros daqui, colibris, dois verdes com peito verde e verde com peito branco, um com barba, outro com peito branco. Estes eu mando para vocês como lembrança.[581]

Por mais incrível que possa parecer, os colibris chegaram ao destino e foram entregues após o destinatário ter provado quem realmente era.

> O sr. tem a receber alguns pequenos pássaros aqui comigo, os quais o sr. pode buscar depois de catorze dias aqui no Steinwenden, junto ao Landsthul. Antes o sr. não me encontra em casa. Espero que o sr. traga junto um atestado do seu diretor local, dizendo que o sr. é mesmo aquele mencionado por seu irmão na carta.

Algumas cartas contêm informações curiosas, com detalhes sobre a flora e fauna brasileira, como a de Mathias Franzen, enviada a Pünderich, às margens do Mosela, em 1832:

> Há pássaros muito bonitos como tucanos, avestruzes, cegonhas, galinholas, papagaios, que comem muito milho, colibris e vários outros. Nenhum pássaro parece-se com espécies alemãs. Entre os insetos nocivos distinguem-se, além das formigas – que já muitas vezes têm tirado as pessoas para fora da cama durante a noite -, os bichos-de-pé, que penetram nos pés das pessoas e que podem tornar-se muito perigosos.[582]

O lavrador *hunsrücker* Peter Müller também menciona as formigas, mas informa aos amigos que elas "não comem as pilastras das casas, como se ensina nas velhas besteiras contadas na Alemanha".[583] Philipp Elicker, que deixou Niederlinxweiler, no Sarre, com a esposa e duas filhas, chegou a São Leopoldo, em 1829, viúvo e sem as filhas pequenas, falecidas durante a viagem transatlântica e a do costeiro que os transportou entre o Rio e Porto Alegre. Escrevendo mais de uma década depois ao irmão, ainda lembrava os problemas pessoais e as dificuldades da partida:

> Eu penso, ainda com o coração partido, na hora da minha despedida do povoado alemão, quando os sogros, cunhados e cunhadas, nem mesmo um adeus vieram me dizer. Todavia, lembro as palavras de José do Egito: "Vós intentastes fazer o mal a mim, porém Deus intentou fazer o bem".[584]

Charlotte Hess escrevendo em 1824, de Nova Friburgo, para aos pais do esposo Heinrich Emmerich, lembrou ao sogro que "vosso filho sente muito não ter dito, em pessoa, que os ama muito e que sente falta de vós".[585] E Johann Peter Gerhard, de Irmenach, assim como os Tatsch, chegado a São Leopoldo em 1827, escreveu aos parentes os problemas enfrentados pela esposa, após terem deixado a Alemanha. Antes, pediu que poupassem "a mãe de minha esposa, enquanto viva, da dor que nos acompanhou". A sogra "não deveria saber o que aconteceu na viagem":

> Minha esposa perdeu o juízo e, do Rio de Janeiro até aqui, foi tomada pela saudade e não sabia se estava no mar ou na terra. Ela não emitia som, de dia ou de noite, com fala, só com palavras de Deus e amor aos pais adorados na Alemanha. [...] Ela ficou tão fraca que teve que aprender a caminhar com bengala. A saudade não quis abandonar e ela pedia a Deus para aliviá-la desse sofrimento, até que em 1831 a saudade a deixou.[586]

O imigrante Peter Kayser, de Simmern, em Hunsrück, que após uma "viagem muito penosa"[587] chegou a São Leopoldo em dezembro de 1827, escreveu ao irmão várias vezes, sem, aparentemente, ter recebido resposta:

> Caríssimo e querido irmão: Desejo que estas poucas linhas encontrem a ti, tua querida família e todos os parentes com saúde. Durante o longo espaço de tempo de quase nove anos em que não nos vimos mais, tenho escrito várias vezes a vocês, sem ter sido alegrado, até agora, com uma querida resposta. As cartas provavelmente não chegaram ou se extraviaram. [...] Da distante e amada pátria, onde está o bem de todos aqueles a quem amo, peço-te, querido irmão, que me respondas tão logo seja possível.[588]

A resposta a uma carta era sempre coberta de alegrias. A família do imigrante Peter Tatsch, de Raversbeuren, trocou correspondências, iniciadas ainda no porto de embarque, em Amsterdã, durante sessenta anos com aqueles que haviam permanecido na Alemanha.

> Muito querido filho: Tua valiosa carta de 15 de janeiro de 1831 chegou-me apenas há dois meses. Lágrimas de alegria correram-me pela face quando a quis ler, e com alegria pude constatar que ainda estou no teu pensamento assim como no dos meus irmãos.[589]

O tempo entre uma carta e outra gerava angústia e ansiedade. A carta-resposta da família de Peter Tatsch, acima, foi escrita em novembro de 1832, dez meses após a remessa da primeira. Entre uma carta e outra podiam se passar até dois anos, se a carta não se extraviasse no meio do caminho. No fim da vida, a dor e a saudade pareciam ser maiores, o mesmo Tatsch escreveu novamente:

> Caro e amantíssimo filho, já chorei muitas lágrimas, desejo apenas estar contigo e poder expirar minha alma em teus braços ou poder viver contigo os poucos dias que me restam.[590]

Em 1850, quando o imigrante morreu devido à gota, um dos filhos que o acompanhara ao Brasil escreveu ao irmão, o primogênito da família, que ficara na Alemanha: "querido irmão, o homem, teu fiel escrevente, nosso amado pai não vive mais".[591]

As cartas eram o único elo que os ligava ainda ao velho lar. "Estamos muito ansiosos para ouvir mais notícias de nossos bons pais, amigos, parentes e conhecidos, e ouvirmos notícias de todos que amamos e nos são caros, e ouvirmos algo de nosso país, principalmente da nossa região", escreveu um colono.[592] Por sua vez, Charlotte Hess relatou a impossibilidade de traduzir em palavras o sentimento de perda: "Esta jornada amoleceu a nós todos. Sinto que esta carta não transmita toda a saudade que está contida em nós. Sinto não poder expressar com abraços essa saudade".[593] Como dizia uma canção muito popular entre os emigrantes de Hunsrück, eles não mais se veriam nesta vida.

Eles continuaram chegando 22

Com a cabeça a prêmio, em 15 de dezembro de 1830, d. Pedro I assinou a Lei do Orçamento, cortando os gastos com mercenários do Exército imperial e também com colonos. Quatro meses depois, o imperador abdicou ao trono brasileiro em favor de seu filho d. Pedro de Alcântara, de apenas cinco anos. O alferes Carl Seidler escreveu: "O nosso herói, d. Pedro I, que representava o papel principal, retirou-se do palco, de que não o tivesse feito com mais decência não nos cabe a culpa".[594]

Sobre a abdicação, interessante e curioso testemunho deixou Vasconcellos de Drummond, o mesmo que era confidente de José Bonifácio. Em reunião na casa de José da Silva Carvalho, em Londres, no Natal de 1830, Drummond e um grupo de portugueses ali reunidos ouviram daquele que fora um dos líderes da Revolução Liberal do Porto de 1820 que "a causa da liberdade em Portugal estava perdida, e que somente o imperador do Brasil a podia salvar e que para isso era necessário que ele deixasse o Brasil para se ir pôr à testa dos negócios de Portugal".[595] O Brasil ganhava em se ver livre dele, e a causa da liberdade em Portugal também, tendo um príncipe à sua frente "ótimo para uma revolução e péssimo para governar um Estado".

O Brasil deixou de ser importante para d. Pedro no dia em que ele partiu para a Europa a bordo do *Volage*. Como sempre, um navio inglês aguardava um membro da família Bragança no porto. O velho temor brasileiro de que o monarca mantinha interesse em Portugal se justificava. Na Europa, d. Pedro reivindicou a Coroa portuguesa para a filha Maria da Glória e gastou os últimos três anos de sua turbulenta vida em uma guerra com o genro e irmão d. Miguel. Nem mesmo após sua morte por tuberculose, no Palácio de Queluz, nas proximidades de Lisboa, às duas e meia da tarde do dia 24 de setembro de 1834, d. Pedro deixou de ser um personagem controverso. Por vontade testamentária e decreto real de d. Maria II, seu coração foi doado à Venerável Irmandade de Nossa Senhora da Lapa, no Porto, cidade onde d. Pedro derrotou d. Miguel e restabeleceu a filha no poder, e é mantido até hoje conservado, como relíquia, em um mausoléu na capela principal da igreja. Quando seus despojos foram levados para o Monumento à Independência, no Museu do Ipiranga, em São Paulo, em 1972, ironicamente, o coração do monarca permaneceu em Portugal.

A exumação de sua tumba, realizada em 2012, revelou ainda que o imperador fora sepultado com honras militares, insígnias e medalhas de ordens portuguesas. O homem que fora aclamado como "defensor perpétuo do Brasil" foi sepultado sem nenhuma condecoração brasileira, nem mesmo a Ordem da Rosa, criada pelo próprio d. Pedro no Brasil, para homenagear a imperatriz d. Amélia. "Foi uma pequena decepção", declarou a responsável técnica pela experiência inédita na arqueologia brasileira.[596]

Encerrado o Primeiro Reinado, com ele estavam encerradas também as primeiras experiências com imigração e colonização financiadas pelo governo imperial. Entre 1831-40, o Período Regencial, o Brasil viveu um momento político ainda mais conturbado do que fora o governo de d. Pedro. Quatro revoltas provinciais quase dividiram o país, a Constituição foi alterada e, ao fim de quase uma década, a Regência, em crise, caiu com um golpe. Em julho de 1840, instalou-se no poder, ainda aos catorze anos de idade, o príncipe d. Pedro de Alcântara, como d. Pedro II. Filho de d. Leopoldina, o novo monarca tinha mais de Habsburgo do que de Bragança. Culto e inteligente como a mãe, o "monarca dos trópicos", considerado por muitos o mais ilustrado do século XIX, nem de longe lembrava a personalidade do pai. Exceto em alguns pontos. Sua "Titília" chamava-se Luísa Margarida Portugal de Barros, a condessa de Barral. A discrição dos amantes, no entanto, nunca motivou escândalos e desatinos.

Ainda assim, como o pai, d. Pedro II também viveu seus dilemas; era adepto de ideias republicanas e abolicionistas em um país monarquista e escravocrata. Comedido em suas ações e ligado, como a mãe, às ciências mais do que à política, pouco fez para que o Brasil passasse por grandes transformações em seu reinado de quase seis décadas. Ainda assim, quando morreu, na França, em 1891, era um homem saudoso do país que tanto amava. Alguns chegaram mesmo a creditar a morte do monarca à saudade que ele sentia do Brasil e ao desgosto pelo exílio.

As colônias alemãs depois de 1834

Carl Seidler observou bem que o governo brasileiro muitas vezes quis introduzir instituições que seriam de grande proveito para o país, mas que "infelizmente tudo era sempre começado tão torto, e a escolha dos homens encarregados da execução era em regra tão má, que quase sem exceção o verdadeiro objetivo falhava completamente".[597] Os idealistas, de forma geral, foram suplantados por oportunistas.

Schaeffer não foi o criador, tampouco o pioneiro, responsável pela vinda de colonos de língua alemã para o Brasil. D. João VI já havia permitido algumas tentativas desde a sua chegada ao Rio de Janeiro em 1808. O país, por si só, tinha grandes atrativos para os alemães no começo do século XIX. Naturalistas e cientistas interessados em estudar um país ainda inexplorado e, principalmente, era uma chance para uma grande parcela da população europeia interessada em deixar o Velho Continente em busca de um recomeço. Mas foi Schaeffer, sem dúvida alguma, quem iniciou o fluxo contínuo de alemães para o país depois de 1824. Sem ele, José Bonifácio não teria seus colonos, nem d. Pedro, seus soldados. E, talvez, não houvesse outro capaz de encontrar gente, organizar e despachar para a América milhares de colonos e soldados a custos tão módicos para o falido erário nacional. Foi essa enorme massa humana, proprietários de terra pela primeira vez, a conseguir implantar no Brasil um bem-sucedido sistema de minifúndio, baseado na agricultura familiar e consolidar o sistema de produção artesanal, embrião da produção industrial brasileira. Quase sete décadas depois, já às vésperas da República, Joaquim da Silva Tavares, o barão de Santa Tecla, então vice-presidente da província do Rio Grande do Sul, declarou à Assembleia Provincial que a passagem da "indústria pastoril" para a "agricultura propriamente dita", bem como a extinção do elemento servil no trabalho e as atividades nacionais já estavam em grande parte efetivada, graças aos fortes núcleos coloniais: "devem muito, e muito, à imigração e colonização".[598]

Durante o Primeiro Reinado, todo o vale do rio dos Sinos, no Rio Grande do Sul, havia sido ocupado por imigrantes alemães (os colonos que haviam chegado primeiro e os soldados, depois de desmobilizados). São Leopoldo prosperou e inúmeros outros núcleos coloniais surgiram nas proximidades, como Novo Hamburgo, Campo Bom, Sapiranga, Dois Irmãos e São José do Hortêncio, o que acabou por levar alemães aos vales do Caí, Taquari, Cadeia e ao do Paranhana. Mais tarde, após a Revolução Farroupilha, novos núcleos surgiram, estendendo a colonização por quase todo o Estado gaúcho, a unidade da federação brasileira que recebeu o maior número de imigrantes alemães. Cem anos depois, o alemão era a língua mais falada no país depois do português. Apenas no Rio Grande do Sul, 400 mil pessoas falavam alemão em casa, o que correspondia a mais de 10% da população gaúcha.[599] "A atmosfera é germânica e é difícil lembrar-se de que se está a centenas de milhas, no coração das florestas brasileiras", escreveu George Mulhall, viajante inglês em visita a São Leopoldo, em 1871.[600] Até 1922, mais de 140 colônias haviam sido criadas no Estado desde o experimento de 1824.[601]

Dos mais de 11 mil alemães angariados por Schaeffer, pouco mais de 5 mil se estabeleceram em São Leopoldo, alguns em Nova Friburgo e o restante, os soldados, se dispersaram pelo país ou retornaram à Europa. Com base no projeto iniciado em 1822, após a criação das colônias gaúchas, no restante do país surgiram ainda colônias como Santo Amaro e Itapecerica, em São Paulo (1827 e 1828, respectivamente), São Pedro de Alcântara, em Santa Catarina (1829), e Rio Negro, no Paraná (1829).

Em 12 de agosto de 1834, uma alteração na Constituição permitiu que a iniciativa e o estabelecimento de colônias ficassem a cargo do governo provincial e não mais do governo imperial. Se no Primeiro Reinado a imigração estava associada a critérios geopolíticos, após essa data, o critério passou a ser quase que exclusivamente econômico, por interesse tanto das províncias quanto de particulares. Até o fim do Império, somente no Rio Grande do Sul, mais de noventa colônias haviam sido criadas por particulares.

No Segundo Reinado, o país retomou a iniciativa de imigração e colonização: Petrópolis, no Rio de Janeiro (1845); Santa Isabel (1847) e Santa Leopoldina (1857), no Espírito Santo; Teófilo Otoni (1856) e Juiz de Fora (1858), em Minas Gerais; Blumenau (1850), Joinville (1851) e Brusque (1860), em Santa Catarina; e Santa Cruz do Sul (1849), Santo Ângelo (1857) e São Lourenço do Sul (1858), no Rio Grande do Sul. Apenas para mencionar as mais importantes.

No entanto, a nova política da imigração se distanciava da adotada durante o Primeiro Reinado; reduziu-se o tamanho dos lotes para menos de cinquenta hectares, o comércio de escravizados foi proibido e o título definitivo da propriedade só era concedido após cinco anos de desbravamento e produção nas terras adquiridas. A concessão de terras devolutas foi terminantemente proibida, sendo instituído o conceito de propriedade-mercadoria.

Enquanto as colônias alemãs se multiplicavam no extremo Sul, Minas Gerais e Espírito Santo, por exemplo, realizavam as primeiras experiências com núcleos coloniais. No Espírito Santo, os primeiros alemães a chegar eram de Hunsrück, na então Província Prussiana do Reno, atual Estado da Renânia-Palatinado. Por intermédio do então presidente da província, Luiz Pedreira do Couto Ferraz, o imperador d. Pedro II permitiu que um grupo pequeno fosse enviado para Vitória, aonde chegou em dezembro de 1846. Depois de desembarcados no porto da capital, os alemães subiram o rio Jucu em canoas até chegarem à região serrana, em um lugar denominado pelos botocudos de Cuité, fundando, em janeiro de 1847, a colônia de Santa Isabel, a primeira de imigrantes alemães em solo capixaba. Eram 39 famílias, sendo dezesseis evangélico-luteranas e 23 católicas, aproximadamente 160 pessoas.

As divergências religiosas com os católicos impeliram as famílias luteranas a subirem ainda mais a serra, para um local denominado Campinho, atual Domingos Martins. Ali, deram início à construção de uma igreja no fim da década de 1850. Em 1866, ainda sem torre, como ordenava a Constituição Brasileira, a igreja foi consagrada. Mais tarde, coordenados pelo colono Johann Nikolaus Velten e o pastor Wilhelm Pagenkopf, determinados e insatisfeitos com a situação que consideravam humilhante, deram início à construção da torre, que apesar dos entraves do governo imperial, foi concluída e inaugurada em 31 de janeiro de 1887, sendo a primeira igreja protestante adornada com torre no Brasil. Em 1859, chegaram ao Estado os pomeranos. Depois das dificuldades iniciais, novas levas, cerca de 2.200 imigrantes vindos da Pomerânia, chegaram principalmente entre os anos de 1868-74, transformando o Espírito Santo no Estado brasileiro com maior concentração de descendentes de pomeranos no Brasil.[602]

Possivelmente o mais bem-sucedido empreendimento de colonização com alemães na segunda metade do século XIX tenha sido Blumenau, em Santa Catarina, fruto do trabalho do farmacêutico Hermann Bruno Otto Blumenau, de Hasselfelde, então ducado de Brunswick. Influenciado por naturalistas como Von Humboldt e J. Friedrich Theodor Müller, Blumenau manifestou muito cedo o desejo de emigrar para o Brasil. Em viagem pela Europa, a serviço do Instituto Farmacêutico Hermann Trommsdorff, conheceu Jacob Sturz, então cônsul-geral do Brasil na Prússia. Motivado pelo diplomata, Blumenau doutorou-se em Erlangen e passou a estudar o processo emigratório, especialmente para a América do Sul. Em 1846, com apenas 27 anos, o jovem farmacêutico visitou o Rio Grande do Sul e o Rio de Janeiro, inteirando-se da situação das colônias alemãs no país e buscando apoio para seu projeto de colonização.

Em 1848, ele conseguiu, junto ao governo de Santa Catarina, a concessão de terras no vale do Itajaí. De volta à Alemanha, retornou ao Brasil em 1850, com dezessete famílias para a criação da colônia – fundada oficialmente em 2 de setembro. A ideia inicial de um estabelecimento agrário em grande escala deu lugar à pequena propriedade, cujo tamanho era proporcional ao capital investido pela família imigrante. Não vendeu terras a homens solteiros, salvo se comprovado que o interessado pudesse contratar empregados. O tamanho das propriedades permitiu o rápido aparecimento de um centro urbano, complemento indispensável à colônia agrícola (econômica, comercial e culturalmente), o que para alguns foi o grande diferencial de Blumenau.[603]

No começo da década de 1850, o Brasil procurou novamente mercenários entre os países de língua alemã para efetivos de seu exército. No início daquela década, o Império contratou cerca de 1.800 mercenários alemães para lutar na campanha contra Rosas e Oribe, no extremo Sul do país. Esses soldados eram, em sua maioria, da região dos ducados de Schleswig e de Holstein e haviam lutado contra a Dinamarca como membros do Exército prussiano, entre os anos de 1848-51. Dispensados ao fim do conflito europeu, foram contratados para servir no Brasil. Terminada a guerra na região do Prata, tendo o Exército imperial derrotado argentinos e uruguaios, uma parte desse contingente, que foi chamado de Brummer no Brasil, devido à moeda que recebiam como soldo, se dirigiu às colônias alemãs de São Leopoldo e Três Forquilhas. Como alguns tinham formação aprimorada na Alemanha, destacaram-se como professores e intelectuais e deram novo impulso cultural às colônias criadas basicamente com agricultores e artesãos.

Apesar das dificuldades e das diferentes políticas imigratórias adotadas no país, os alemães continuaram vindo. De diversas formas, até o início da década de 1970, haviam chegado ao Brasil mais de 255 mil imigrantes provenientes de territórios que formam a Alemanha moderna. Somente no período entre guerras (1919-38) foram mais de 75 mil.[604] Foi o país latino-americano que recebeu o maior número de alemães. Para a Argentina, se dirigiram 50 mil imigrantes, para o Chile, outros 20 mil. Países como México, Peru, Paraguai, Bolívia e Equador receberam uma parcela muito menor.[605]

Nada comparado aos números norte-americanos, para onde a corrente emigratória alemã se dirigiu em maior número. Mais de 5 milhões de imigrantes desembarcaram nos portos de Nova York, Filadélfia ou Boston. A maioria destinada às terras ao Sul da região dos Grandes Lagos, em Ohio, Pensilvânia, Michigan, Indiana e Kentucky. Na década de 1850, foram 970 mil imigrantes, nas de 1860-70 mais de 700 mil por decênio, e, na década de 1880, quase 1,5 milhão de imigrantes.[606]

Ainda o tabuleiro de xadrez: a Alemanha pós-revolução de 1848

Até a metade do século XIX, o tabuleiro de xadrez ainda era jogado por loucos. A Alemanha havia entrado na era da industrialização e passado pelas revoluções sociais da década de 1840, que mais uma vez haviam forçado um rei francês a deixar o trono. Luís Filipe I, o "rei burguês", foi o último monarca da França, tendo abdicado ao trono com a revolução de fevereiro de 1848.[607] Teve mais sorte que Luís XVI, os revolucionários da Segunda República não o levaram ao cadafalso e ele refugiou-se na Inglaterra, para lá morrer dois anos mais tarde.

Assim como ocorrera após a Revolução Francesa, quando Napoleão impôs aos territórios alemães uma nova ordem, a Alemanha passou por grandes perturbações sociais em 1848, aliadas à crise na indústria e no setor agrícola. No início de março daquele ano, os ventos da revolução liberal francesa chegaram à Colônia, e, duas semanas mais tarde, à capital da Prússia. Naquele mês, quase todos os Estados alemães sofreram com os levantes populares, que obrigaram os príncipes a concessões inaceitáveis em outros tempos: o povo queria a garantia de seus direitos fundamentais, liberdade de expressão e melhorias na situação econômica. Em 18 de maio, em Frankfurt, reuniu-se pela primeira vez uma Assembleia Nacional, democraticamente eleita, e que visava não apenas uma Constituição, mas a unidade dos Estados alemães. Uma monarquia constitucional era almejada, mas não possível. Os alemães ainda não estavam prontos, não havia consenso se o Império alemão se comporia com ou sem a Áustria, que insistia em trazer para a nação alemã regiões de populações não alemãs. A Assembleia estava, como sempre, dividida, fragmentada, e, por isso, sem o poder de criar uma Constituição que garantisse os direitos civis e tivesse apoio de todos os setores da sociedade alemã.

Os distúrbios continuaram durante o ano de 1849, principalmente em Baden, na Saxônia, nas províncias prussianas do Palatinado e na Vestfália. Em março, a Assembleia Nacional aprovou uma Constituição, mas em abril o rei da Prússia, Frederico Guilherme IV, declinou da Coroa; não queria que os liberais revolucionários lhe impusessem leis. Alguns Estados adotaram uma Constituição própria e proclamou-se a República, o país viu-se à beira de uma guerra civil. Em julho, tropas prussianas conseguiram, finalmente, pôr fim à revolução em Baden e pacificar o país. A Alemanha continuaria sem unidade, a revolução falhara e a *Deutsche Bund*, a Confederação Alemã, seria restabelecida em 1850.

Do ponto de vista político, os alemães precisariam esperar mais duas décadas para que o processo de unificação do país se tornasse realidade. No campo social, as revoluções de 1848-49 não só não acabaram com a miséria dos camponeses e demais trabalhadores, como fortaleceram o poder da nobreza, da burguesia e dos conservadores.

Se entre os alemães que vieram para o Brasil, como colonos, nas primeiras quatro décadas e meia do Império, não havia um senso maior de identidade e unidade política, o mesmo não ocorreu com os que vieram depois da década de 1870. Em 1871, Bismarck finalmente conseguiu unificar sob a mesma Coroa a quase totalidade dos países de língua alemã na Europa. Teve início, então, a campanha do germanismo, amplamente difundida entre as colônias alemãs fora do Velho Mundo. É a esse nacionalismo pós--criação do Império que normalmente o processo imigratório de colonos de língua alemã é associado. No entanto, como visto ao longo do livro, nas primeiras levas, esse sentido de nação não existia ou estava em sua fase germinal.

Se a Alemanha, em um primeiro momento, só viu problemas com a emigração; a partir da segunda metade do século XIX, quando o país havia finalmente começado o processo que levaria à unificação e ao nacionalismo, a emigração passou a ser vista como um meio de manter a Alemanha abastecida com matérias--primas do Brasil, necessárias à crescente indústria alemã, e, ao mesmo tempo, como um meio de escoamento da produção, um mercado consumidor.

☙

Já em 1826, no começo da emigração de alemães para a América do Sul, o doutor Johann Carl Friedrich Gildemeister previa a importância das relações entre Alemanha e Brasil, principalmente do ponto de vista alemão. Em carta a Johann Smidt, burgomestre de Bremen e embaixador da cidade no *Bundestag*, o jurista alemão escreveu sobre a "feliz circunstância que levou ao trono brasileiro a filha do imperador alemão nessa funesta época" e o poder que os alemães residentes do Brasil teriam no futuro com base nessa relação, já que "em decorrência da novidade de seus habitantes ainda parece faltar um cunho nacional determinante" ao novo país. "Estes colonos se assemelham muito em seu linguajar, modos, tradições e costumes aos alemães do lado de cá do oceano Atlântico e já em decorrência desse fato procurarão mais o contato com estes do que com as demais nações europeias, se as condições continuarem semelhantes", observou Gildemeister. E para deixar claras suas intenções comerciais, terminou sentenciando que "entre os alemães dos dois lados dos hemisférios estabelecer-se-á relação semelhante à da Inglaterra com seus Estados-filhos na América do Norte, e a Alemanha não mais sentirá a falta de colônias como uma carência".[608]

Smidt enviou as observações do doutor ao poderoso primeiro-ministro austríaco. Estivera, inclusive, em conferência particular com Metternich sobre as atividades de Bremen no Brasil. Observações que foram bem aceitas pelo primeiro-ministro, interessado em reforçar o poder da monarquia nos trópicos, além, é claro, de conseguir para a Áustria os mesmos vantajosos tratados que estavam sendo acordados entre o Brasil e as cidades hanseáticas (Bremen, Hamburgo e Lübeck), à época, em intensa atividade comercial. A missão diplomática enviada ao Rio de Janeiro pelas três cidades, em 1827, era composta justamente pelo filho de Smidt e os doutores Karl Sieveking e Gildemeister.

A morte de d. Leopoldina no fim de 1826 e as desavenças entre d. Pedro e o ministro austríaco, que tudo fez para que a imagem do imperador brasileiro fosse desgastada na Europa, aliado ao fato de que Metternich, por motivos já conhecidos, não era um grande entusiasta da emigração para o Brasil, quebrou a corrente que ligava o Brasil à poderosa Áustria.

Ainda assim, um tratado de comércio foi celebrado entre os dois países em março de 1828 – quase ao mesmo tempo em que o Brasil assinava um tratado com as cidades hanseáticas, acordado em novembro de 1827. Metternich foi acusado, mais tarde, pelo barão Von Gagern, de não ter dado a atenção merecida ao Brasil e à possibilidade de ampliar a influência da Áustria no processo de colonização com alemães na América – Metternich também falhara, na visão de alguns, em não ter mantido sobre uma única Coroa os dois grandes países alemães (Áustria e Prússia), o que teria possibilitado a criação de uma grande Alemanha no coração do Velho Continente.

A ideia de que o Brasil poderia ser um mercado consumidor de uma Alemanha ainda em formação ressurgiu com Jacob Sturz, nomeado cônsul-geral da Prússia no Brasil, em 1842. Sturz desempenhou papel importante na difusão da ideia de que os países alemães deveriam desviar a emigração da América do Norte para o Sul do Brasil e para a região platina. Para o cônsul, o sul-americano jamais conseguiria industrializar-se, motivo pelo qual a Alemanha deveria promover o estabelecimento de relações duradouras por meio de laços culturais. A presença de colonos alemães no país forneceria matéria-prima para a indústria germânica e garantiria um forte mercado para os produtos alemães. Entre os que foram influenciados por Sturz, estava o jovem farmacêutico Hermann Blumenau.

Os escândalos e a corrupção de agentes e empresas responsáveis pelo agenciamento de imigrantes durante a década de 1840, mas principalmente no fim da década de 1850, acarretaram uma maciça campanha contra a emigração para o Brasil na Alemanha. Motivo pelo qual o governo prussiano adotou medidas restritivas, como o decreto Von der Heydt, de 1859, que retirou o Brasil da lista de países confiáveis para onde os súditos da Prússia poderiam emigrar.

O que, de fato, pouco importou, os países de língua alemã na Europa, especialmente a Alemanha, continuaram deixando partir para a América do Sul o seu excedente populacional. Além do papel importante no desenvolvimento da agricultura e na produção industrial – as colônias teutas são exemplos ímpares do poder e da capacidade transformadora das ações comunitárias, como o cooperativismo, criado em Nova Petrópolis, no começo do século XX –, os alemães ajudaram a pintar o grande painel multicultural chamado Brasil.

Agradecimentos

Trabalho algum de pesquisa é realizado sozinho. E muitas pessoas contribuíram de forma significativa para que este livro se tornasse realidade, e devo expressar meu mais profundo agradecimento a cada uma delas.

À equipe do Instituto Martius-Staden, em São Paulo, em especial à coordenadora do arquivo e da biblioteca, Daniela Rothfuss, e à então arquivista Michaela Stork, pelo atendimento sempre atencioso, mesmo que, por vezes, a distância. Ao pastor luterano Osmar Luiz Witt, diretor do Arquivo Histórico da IECLB, em São Leopoldo, pela leitura atenta do capítulo sobre a presença protestante no Brasil. Ao historiador Márcio Linck, diretor do Museu Visconde de São Leopoldo no período em que pesquisei na instituição, pela prestatividade e disponibilização do acervo. Ao pastor, coronel e capelão do Exército Elio E. Müller, *in memoriam*, pelas sugestões e ponderações sobre a história da presença alemã no litoral norte gaúcho e sobre a vida do pastor Carl L. Voges. Ao pastor luterano Armindo L. Müller e aos pesquisadores Henrique Bon e Nelson Augusto Bohrer, que leram, corrigiram e sugeriram melhorias no texto sobre a história de Nova Friburgo. Bohrer concedeu-me acesso também ao acervo digitalizado do Arquivo Pró-Memória, da Fundação d. João VI, antes mesmo de ele ser divulgado ao público pelo projeto *Nova Friburgo 200 Anos*. Sou grato também ao pesquisador Paulo Rezzutti, biógrafo da marquesa de Santos, de d. Pedro I e d. Leopoldina; ao historiador Jerri Almeida; à doutora Caroline von Mühlen, do Núcleo de Estudos Teuto-Brasileiros, da Universidade do Vale dos Sinos, em São Leopoldo; à doutora Ellen Fensterseifer Woortmam, da

Universidade de Brasília; ao pesquisador Norberto Krug, de Porto Alegre, que me prestou auxílio na tradução de textos; ao historiador militar Carlos Fonttes, da Academia de História Militar Terrestre do Brasil, que me auxiliou com informações sobre a batalha do Passo do Rosário e ao capitão de fragata Paulo Oliveira Matos, com observações quanto à localização dos quartéis e alguns pontos históricos do Rio de Janeiro, além do auxílio na pesquisa arquivística; aos historiadores Joel Velten, que me recebeu muito bem no Espírito Santo, e Toni Jochem, de Santa Catarina; aos amigos Marco A. Velho Pereira, Gilson J. da Rosa, Ernani Raupp Manganelli, André Hammann e Nelson Adams Filho, pelo apoio e estímulo ao longo de todos esses anos de pesquisa.

Na Alemanha, tive apoio de muitos colaboradores e pessoas com quem tenho mantido contato há mais de uma década. Devo agradecer aos doutores Elmar Rettinger, Michael Müller e Helmut Schmahl, do Instituto de História Regional da Universidade de Mainz; ao historiador Hubert Stuhrmann e à equipe do Museu Regional de Birkenfeld, por disponibilizarem e facilitarem o acesso ao arquivo do museu; Joachim Cott, da Associação Histórica de Büdingen; dr. Klaus-Peter Decker, do Arquivo do Principado Ysenburg-Büdingen, e ao historiador Hans Erich Kehm, colegas de pesquisa em Hessen, com quem tive a oportunidade de publicar, na Alemanha, um livro sobre a emigração para o Brasil. Também de Hessen, devo agradecer a disponibilidade do dr. Friedrich Battenberg, como diretor do Arquivo Estadual, em Darmstadt. Igualmente aos amigos de longa data, Klaus von Berg, Reinhard e Gudrun Kauck, Erhard Müth, Harald Warnat, Horst Bartikowski, Andreas Sassmannshausen, Gerd Braun, Heinrich Augustin e Maria Elena Boeckel dos Santos, por estarem sempre à disposição e serem, todos, os meus olhos nos arquivos alemães; e Mark Rosen e Christian Terstegge, em Hamburgo, pela ajuda na história naval alemã durante o século XIX. Todos eles estão isentos dos eventuais erros presentes neste trabalho, que, claro, são de minha inteira responsabilidade.

Por último, nem por isso menos importante, agradeço à minha família, especialmente à minha esposa, Gisele, e ao meu filho Rodrigo Jr., pelas horas roubadas ao seu convívio, pelo apoio, amor e encorajamento; e a meu filho Augusto, ainda um embrião quando comecei a escrever este livro.

Notas

1. Viajantes

1   Também conhecido como João Emenelau ou Johannes Emmerich. Johannes muitas vezes é mencionado como "físico", termo que, para a Europa do século XVI, designava quem exercia a Medicina associada à Astrologia e à Astronomia. Algumas fontes afirmam ter sido ele "judeu e espanhol". Ver Oberacker Jr., *A contribuição teuta à formação da nação brasileira*, p. 53 e Mourão, "Um astrônomo alemão na esquadra de Cabral?", pp. 29-31.

2   Ver Schüller, "A Nova Gazeta da Terra Brasil", e Domschke, *Deutschsprachige Brasilienliteratur*, pp. 40-99.

3   Rösingh, *König Artus und die arturische Gesellschaft im Parzival Wolfram von Eschenbachs*, p. 9.

4   Oberacker Jr., op. cit., p. 56. A família Schetz era de Limburg, mas tinha atividades espalhadas por toda a Alemanha e também em Amsterdã, Bruxelas e Antuérpia, motivo pelo qual a família é conhecida por sua origem flamenga, como, aliás, eram muitos os comerciantes de língua alemã que se estabeleceram nos Países Baixos, alguns de origem judaica.

5   Para informações sobre a obra de Schmiedel e a de outros viajantes alemães, consultar Domschke, op. cit.

6   Oberacker Jr., op. cit., p. 91 e ss.

7   O jesuíta é autor de quatro obras sobre a atuação jesuíta no Paraguai, duas delas em parceria com Anton Böhm, publicadas entre 1696 e 1712. Ver Domschke, op. cit., pp. 227-8.

8   Oberacker Jr., "Deutschsprachige Kolonisten im Amazonas-Tal zur Zeit Pombals", pp. 63-4.

9   Oberacker Jr., "Viajantes, naturalistas e artistas estrangeiros", em Holanda, *O Brasil monárquico: o processo de emancipação*, p. 138.

10 Lima, *D. João VI no Brasil*, p. 71.

11 A primeira edição em português da obra foi publicada pela Imprensa Nacional e promovida pelo Instituto Histórico e Geográfico Brasileiro, em 1938. Ver Spix e Martius, *Viagem pelo Brasil (1817-1820)*.

12 Martius, "Como se deve escrever a História do Brasil", p. 381 e 403.

13   Lima, op. cit., p. 71.

14   Silva, *Os diários de Langsdorff*, vol.1, p. 16; Domschke, op. cit., p. 171.

15   Oberacker Jr., op. cit., p. 271 e ss.; Domschke, op. cit., p. 215.

16   Ebel, *O Rio de Janeiro e seus arredores em 1824*, p. 118.

17   A editora Garraux publicou uma versão da obra em 1929, também com tradução de Queirós.

18   Domschke, op. cit., p. 226-7. As obras são *Brasiliens Krieg und Revolutiongeschichte seit dem Jahre 1825 bis aus unsere Zeit*, publicada em Leipzig, e *Memoiren eines Ausgewanderten*, publicada em Hamburg. A Editora Nacional publicou, em 1939, uma versão para o português da primeira, *História das guerras e revoluções do Brasil, de 1825 a 1835*.

19   O livro foi publicado em Zurique, com o título em alemão *Reisen, Schicksale und tragikomische Abenteuer eines Schweizers während seines Aufenthalts in den verschiedenen Provinzen Südamerikas*. Cf. a tradução para o português em Berger (Org.), *Ilha de Santa Catarina – Relatos de Viajantes Estrangeiros nos séculos XVIII e XIX*, p. 313-29.

2. Um rei, dois imperadores e algumas revoluções

20   Bethell, "A Independência do Brasil", p. 187.

21   Os números sobre a população brasileira nessa época variam entre 4,5 milhões e 5 milhões. Também há variações no número de escravizados e indígenas. Cf. Bethell, op. cit., p. 195 e 695; Lima, *D. João VI no Brasil*, p. 87-8; e Fausto, *História do Brasil*, p. 137. Sobre a população no Rio de Janeiro ver Queiroz, "Mappa da população da Côrte e provincia do Rio de Janeiro em 1821", p. 135-7, e Arthur Cézar Ferreira Reis, "A província do Rio de Janeiro e o município neutro", em Holanda, *O Brasil monárquico: dispersão e unidade*, p. 373.

22   O calendário da Revolução Francesa baseava-se nas estações do ano e nos anos desde o início da revolução (1789). Brumário, ou *brumaire*, era o segundo mês do outono e ia de 22 de outubro a 20 de novembro de acordo com o Calendário Gregoriano.

23   Guimarães Neto, *Napoleão*, p. 18.

24   O príncipe Maximiliano de Wied-Neuwied, em *Viagem ao Brasil nos anos de 1815 a 1817*, p. 31, por exemplo, informa serem "20 mil os europeus vindos de Portugal com o rei".

25   Englund, *Napoleão*, p. 437.

26   Lima, *D. João VI no Brasil*, p. 335.

27   Ibid., p. 21.

28   Ibid., p. 686.

29   *Coleção de Leis do Império do Brasil – 1823*, vol.1, p. 85.

30   Lemos, *Os mercenários do imperador*, p. 95.

31   Luccock, *Notas sobre o Rio de Janeiro e partes meridionais do Brasil*, p. 54.

32   *Coleção de Leis do Império do Brasil – 1823*, vol.1, p. 2.

33   Bonifácio, "Representação à Assembleia Geral Constituinte", p. 13.

34   Bethell e Carvalho, "O Brasil da Independência a meados do século XIX", p. 751.

35   Reis, *Rebelião escrava no Brasil*, p. 64; Trespach, *Histórias não (ou mal) contadas: revoltas, golpes e revoluções no Brasil*, p. 76.

36   Bethell, op. cit., p. 201.

37   Bethell e Carvalho, op. cit., p. 702.

38   Carta de 22 set. 1822 apud Castro, *História Documental do Brasil*, p. 141-2.

3. O tabuleiro de xadrez

39   Thernstrom, *Harvard Encyclopedia of American Ethnic Groups*, p. 410.

40   Wiederspahn, *Campanha de Ituzaingô*, p. 84.

41   Decker, "Auswanderungsbewegungen aus dem Büdinger Land im 18. und 19. Jahrhundert", em Decker; Kehm; Trespach, *Aufbruch zu fremden Ufern*, p. 13.

42   Müller, "Teuto-Russos e sua História", em Viteck, *Imigração Alemã no Paraná*, p. 118.

43   Woortmann, *Herdeiros, parentes e compadres*, p. 102.

44   Santos, *O que é cultura*, p. 32.

45   Lima, *D. João VI no Brasil*, p. 337.

46   Hunsche, *O ano de 1826*, p. 38.

47   Eckermann, *Conversações com Goethe*, p. 340.

48   Schulze, "À procura de um fantasma", em Trespach et al., "Alemães: como os germânicos viraram brasileiros", p. 20.

49   Kitchen, *História da Alemanha moderna*, p. 547-8.

50   Ibid., p. 19.

51   Angelow, *Der Deutsche Bund*, p. 117.

52   Hunsche e Astolfi, *O quadriênio 1827-1830*, p. 108.

53   Thernstrom, *Harvard Encyclopedia of American Ethnic Groups*, p. 410.

4. O príncipe português e a arquiduquesa austríaca

54 Seidler, *Dez anos no Brasil*, p. 31.

55 Slemian, "O paradigma do dever em tempos de revolução: D. Leopoldina e 'o sacrifício de ficar na América'", em Kann, Lima e Kancsó, *D. Leopoldina: cartas de uma imperatriz*, p. 83.

56 Bösche, "Quadros alternados", p. 153.

57 Ibid., p. 153.

58 Leithold e Rango, *O Rio de Janeiro visto por dois prussianos em 1819*, p. 59.

59 Mansfeldt, *Meine Reise nach Brasilien im Jahre 1826*, vol.1, p. 85; Schlichthorst, *O Rio de Janeiro como é*, p. 25.

60 Kann, "Apontamentos sobre a infância e juventude de Leopoldina", em D. Leopoldina, op. cit., p. 72.

61 Ebel, *O Rio de Janeiro e seus arredores em 1824*, p. 145.

62 Sousa, *História dos fundadores do Império do Brasil*, p. 159.

63 Taunay, *Grandes vultos da Independência Brasileira*, apud Wiederspahn, *Campanha de Ituzaingô*, p. 48.

64 Kann, Lima e Kancsó, op. cit., p. 322.

65 Ambiel, Estudos de arqueologia forense, p. 111; Jornal *O Estado de São Paulo*, de 18 fev. 2013, reportagem de Edison Veiga e Vitor Hugo Brandalise.

66 Oberacker Jr., "A Corte de D. João VI no Rio de Janeiro", p. 256.

67 Graham, "Escorço biográfico de D. Pedro I", p. 98.

68 Kehl, "Leopoldina, ensaio para um perfil", em Kann, Lima e Kancsó, op. cit., p. 130.

69 Kann, Lima e Kancsó, op. cit., p. 351.

70 Ibid., p. 389.

71 Seidler, op. cit., p. 126.

72 Rezzutti, *Titília e o Demonão*, p. 41.

73 Gomes, *1822*, p. 111.

74 Ebel, op. cit., p. 140 e 145.

75 Graham, op. cit., p. 172.

76 Macaulay, *Dom Pedro I*, p. 49; Sousa, *A vida de D. Pedro I*, p. 176.

77 Oberacker Jr., *A imperatriz Leopoldina*, p. 38.

78 Oberacker Jr., *"A Corte de D. João VI no Rio de Janeiro"*, p. 261.

79 Schlichthorst, op. cit., p. 60.

80 Bösche, op. cit., p. 153.

81 Kann, Lima e Kancsó, op. cit., p. 284.

82 Ambiel, op. cit., p. 138.

83 Bösche, op. cit., p. 163.

84 *Coleção de Leis do Império do Brasil – 1822, vol. 1*, p. 47; Luz, *A história dos símbolos nacionais*, p. 46; Barroso, *A histórica secreta do Brasil*, p. 259.

85 BN, Jornal *Correio Braziliense*, n. 108, maio de 1817, p. 565.

86 Kann, op. cit., p. 73.

87 Kann, Lima e Kancsó, op. cit., p. 262 e 265.

88 Ibid., p. 449.

89 Mansfeldt, op. cit., vol.1, p. 167.

90 Del Priore, *Histórias íntimas*, p. 62.

91 Graham, op. cit., p. 93.

92 Rezzutti, op. cit., p. 106.

93 Schlichthorst, op. cit., pp. 58-9.

94 Rezzutti, op. cit., p. 105.

95 Kann, Lima e Kancsó, op. cit., p. 451.

96 Anais da Biblioteca Nacional, vol. LX, 1940, p. 60.

97 Seidler, op. cit., p. 127.

98 Graham, op. cit., p. 170.

99 Bösche, op. cit., p. 180.

100 Graham, "Correspondência entre Maria Graham e a imperatriz dona Leopoldina e cartas anexas", p. 170.

101 Ambiel, op. cit., p. 98 e p.106; Rezzutti, *D. Leopoldina*, p. 320.

102 Rezzutti, op. cit., p. 236.

103 Sousa, *José Bonifácio*, p. 227.

5. José Bonifácio e as colônias de mão de obra livre

104 Apud Sousa, *José Bonifácio*, p. 178.

105 Bethell e Carvalho, "O Brasil da Independência a meados do século XIX", p. 696.

106 Bonifácio, "Representação à Assembleia Geral Constituinte", p. 13.

107 Ibid., p. 35.

108 Sousa, op. cit., p. 4.

109 Ibid., p. 22

110 Anais da Biblioteca Nacional, *Cartas Andradinas*, p. 17.

111 Bonifácio, "Organização Política do Brasil", p. 82.

112 Bonifácio, "Lembranças e apontamentos do governo provisório de São Paulo a seus Deputados", p. 9.

113 Graham, "Escorço biográfico de D. Pedro I", p. 84.

114 Bublitz, "A construção do Estado Nacional e o desenvolvimento do Brasil", p. 174.

115 Sousa, op. cit., p. 42.

116 Ibid., p. 241.

117 Oberacker Jr., *Jorge Antônio von Schaeffer*, p. 59.

118 Bethell e Carvalho, op. cit., p. 704.

119 Petrone, "Imigração assalariada", em Holanda, *O Brasil monárquico: reações e transações*, p. 343.

120 Grieg, *Café*, p. 52.

121 Tschudi, *Viagem às províncias do Rio de Janeiro e São Paulo*, p. 184.

122 *Coleção de Leis do Império do Brasil – 1831*, vol.1, p. 182.

123 Ibid., p. 115.

124 Costa, "O escravo na grande lavoura", em Holanda, *O Brasil monárquico: reações e transações*, p. 169.

125 Graham, op. cit., pp. 105-6; Anais da Biblioteca Nacional, *Do Conde da Barca*, Rio de Janeiro, 1877, vol.2.

126 Rugendas, *Viagem pitoresca através do Brasil*, p. 115, e Lemos, *Os mercenários do imperador*, p. 18. Em sua tese de doutorado, "Dois séculos de imigração no Brasil", p. 74, Gustavo Barreto de Campos indica a chegada dos chineses em 1812 (ou mesmo antes, em 1810), classificando os asiáticos como "os primeiros imigrantes subsidiados pela Corte imperial". Campos faz confusão entre os projetos do Estado português e brasileiro. Lima, *D. João VI no Brasil*, p. 144, descreve as plantações de chá, mas desconsidera a importância dos chineses, que eram, segundo ele, "da ralé" de Cantão, aparentemente porque o projeto fracassou.

127 Apud Lima, op. cit., p. 283.

128 Ramirez, *As relações entre a Áustria e o Brasil*, p. 12.

129 Kann, Lima e Kancsó, *D. Leopoldina: cartas de uma imperatriz*, p. 400.

130 Sobre a presença de colonos de língua alemã no Pará ver Oberacker

Jr., "Deutschsprachige Kolonisten im Amazonas-Tal zur Zeit Pombals", pp. 47-68.

131 Oberacker Jr., *Jorge Antônio von Schaeffer*, p. 3.

132 Oberacker Jr., "A colônia Leopoldina-Frankental na Bahia Meridional", pp. 136-7.

133 Wied-Neuwied, *Viagem ao Brasil nos anos de 1815 a 1817*, p. 45: "Poucos quadrúpedes vimos nessa primeira excursão, exceto um pequeno 'tapiti' (*Lepus brasiliensis*, Linn.), que foi atirado pelo Francisco, rapagote caiapó pertencente ao Sr. Freyreiss".

134 Bon, em *Imigrantes*, escreveu que o imigrante não tinha qualquer restrição aos costumes vigentes, "tornando-se proprietário de escravos sempre que as suas condições socioeconômicas o permitiam".

135 Tschudi, op. cit., p. 111. Ver também "Censo das colônias suíça e alemã, estabelecidas no distrito de Nova Friburgo no seu estado atual", documento anexo em Souza, "*Os colonos de Schaeffer em Nova Friburgo*", n.3, estampa 18C-x.

136 Lima, op. cit., p. 492.

137 C-333, p. 6, n.59, AHRGS; e Müller, *Três Forquilhas (1826-1899)*, p. 54 e 102. O número é baseado nas informações extraídas do livro de batismos da Paróquia Evangélico-Luterana de Três Forquilhas, em Itati, e das Cartas de Liberdade, guardadas no APERS, Porto Alegre.

138 Hunsche, *O protestantismo no sul do Brasil*, p. 26.

139 Trespach, *Histórias não (ou mal) contadas: escravidão, do ano 1000 ao século XXI*, pp. 93-5.

140 Moreira e Mugge, *Histórias de escravos e senhores em uma região de imigração europeia*, p. 48; Barbosa e Clemente, *O processo legislativo e a escravidão negra*, p. 52.

141 Sousa, *José Bonifácio*, p. 266.

6. Colônias e colonos de língua alemã

142 Porto, *O trabalho alemão no Rio Grande do Sul*, p. 35.

143 Iotti, *Imigração e colonização*, p. 38-41; Oberacker Jr., *A contribuição teuta à formação da nação brasileira*, pp. 206-7.

144 Bethell, "A Independência do Brasil", p. 206.

145 Iotti, op. cit., p. 42.

146 Wied-Neuwied, *Viagem ao Brasil nos anos de 1815 a 1817*, p. 331. A obra de Wied-Neuwied, que compreende os anos de 1815 e 1817, parece comprovar que havia colonos de língua alemã estabelecidos na Bahia antes de 1818, talvez já em 1816 ou mesmo antes. A obra de Spix e

Martius reforça essa ideia. Cf. também Correa, "*O resgate de um esquecimento*", p. 87.

147 Spix e Martius, *Viagem pelo Brasil (1817-1820)*, pp. 192-3.

148 Iotti, op. cit., p. 54.

149 Oberacker Jr., "A colônia Leopoldina-Frankental na Bahia Meridional", pp. 120-1.

150 Correa, op. cit., p. 89 e ss.

151 Oberacker Jr., op. cit., p. 124.

152 Domschke, *Deutschsprachige Brasilienliteratur*, p. 123; Oberacker Jr., *A contribuição teuta à formação da nação brasileira*, pp. 253-4.

153 Correa, op. cit., p. 93.

154 Leithold e Rango, *O Rio de Janeiro visto por dois prussianos em 1819*, p. 84.

155 AHI, correspondências, 267-4-20. Reproduzido, entre outros, por Da Silva, Neves e Martins, *José Bonifácio: a defesa da soberania nacional e popular*, pp. 247-251, e Senado Federal, *Obra política de José Bonifácio*, pp. 600-603.

156 Tschudi, *Viagem às províncias do Rio de Janeiro e São Paulo*, pp. 103-4. O contrato citado é assinado em 12 de maio de 1821, o que talvez seja um erro de von Tschudi, mas a versão alemã do livro *Reisen durch Südamerika*, p. 198, publicado em 1867, apresenta a mesma data. Em 1821, Schaeffer ainda estaria no Brasil e não havia recebido as instruções de Bonifácio, nem tampouco d. Pedro era imperador. Assinam ainda, segundo transcrição de von Tschudi, Jacob Cretzschmar e J. B. T. Gross.

157 Tschudi, op. cit., p. 107.

7. O agenciador

158 Sobre a vida de Schaeffer na Alemanha, ver Oberacker Jr., *Jorge Antônio von Schaeffer*, p. 90-2, Souza, "Os colonos de Schaeffer em Nova Friburgo", pp. 103-6, Oberacker Jr., "Novos traços para a imagem do Dr. Jorge Antônio von Schaeffer", pp. 304-32 e Schröder, *A imigração alemã para o sul do Brasil até 1859*, p. 48-9.

159 Bolkhovitinov, "Adventures of Doctor Schaffer in Hawaii, 1815-1819", p. 60.

160 Ibid., p. 69.

161 *Registros de Estrangeiros (1808-1822)*. Ministério da Justiça e Negócios Interiores, AN, RJ, 1960, Tomo I, p. 15, apud Oberacker Jr., *Jorge Antônio von Schaeffer*, p. 91.

162 Bösche, "Quadros alternados", p. 198.

163 Souza, "Os colonos de Schaeffer em Nova Friburgo", p. 7; Oberacker

Jr., "A colônia Leopoldina-Frankental na Bahia Meridional", p. 123.

164 Kann, Lima e Kancsó, *D. Leopoldina: cartas de uma imperatriz*, p. 450.

165 Ibid., p. 438.

166 Ibid., p. 371.

167 Oberacker Jr., *Jorge Antônio von Schaeffer*, p. 92.

168 Kann, Lima e Kancsó, op. cit., p. 378.

169 AHI, correspondências, 267-4-20. Ver também Ministério das Relações Exteriores, *Arquivo Diplomático da Independência* e Souza, "Os colonos de Schaeffer em Nova Friburgo", p. 8.

170 Ibid., pp. 10-12.

171 Ibid., p. 16.

172 BN, Jornal *Correio Braziliense*, maio de 1818, pp. 611-6. Conferir também Rizzini, *Hipólito da Costa e o Correio Brasiliense*, p. 199.

173 Kann, Lima e Kancsó, op. cit., p. 400.

174 BN, Jornal *Correio Braziliense*, n.108, maio de 1817, p. 565.

175 Hunsche, *O biênio de 1824/25*, p. 90.

176 Kann, Lima e Kancsó, op. cit., p. 437.

177 Ibid., p. 437.

178 Hunsche, *O ano de 1826*, p. 64.

179 Bösche, op. cit., p. 198.

180 Schlichthorst, *O Rio de Janeiro como é*, p. 142.

181 Ibid., p. 13.

182 Bösche, op. cit., p. 198.

183 Carta de 6 fev. 1824 apud Schröder, op. cit., p. 49.

184 AHMI, carta de 17 jan. 1826, II-POB-17.01.1826-Sch.c 1-5.

185 AHMI, carta de 13 jun. 1824, I-POB-13.06.1824-PI.B.do, e carta de 14 set. 1824, I-POB-14.09.1824-Sch.c.

186 Souza, op. cit., p. 106.

187 Carta de 10 dez. 1822, apud Souza, op. cit., p. 16.

188 Carta de 25 fev. 1825, apud Oberacker Jr., *Jorge Antônio von Schaeffer*, pp. 45-6.

189 Min. das Relações Exteriores, *Arquivo Diplomático da Independência*, vol.2, p. 68, carta de 13 jul. 1824.

190 AHMI, carta de 12 nov. 1829, II-POB-26.01.1829-Sch.rq.

191 Porto, *O trabalho alemão no Rio Grande do Sul*, p. 49 e Lemos, *Os mercenários do imperador*, p. 41. Na Alemanha, a história foi difundida por meio do trabalho de Mahrenholtz para a revista *Norddeutsche Familienkunde*, em 1963: "Auswanderungennach Brasilien in den Jahren 1823, 1824 und 1825", p. 344.

192 Tschudi, *Viagem às províncias do Rio de Janeiro e São Paulo*, p. 107.

8. O Brasil não é longe daqui!

193 Englund, *Napoleão*, p. 436.

194 Ujvari, *A História e suas epidemias*, p. 144.

195 Jacomy, *A era do controle remoto*, pp. 90-1.

196 Landes, *A riqueza e a pobreza das nações*, p. 208.

197 Kitchen, *História da Alemanha moderna*, p. 70.

198 Apud Cunha, *Cultura alemã 180 anos*, p. 18.

199 Akte G 28 Büdingen F 187. Acervo do HStAD, Darmstadt, Alemanha.

200 Carta de 1º dez. 1827, apud Trespach, *O lavrador e o sapateiro*, p. 107.

201 Woortmann, *Herdeiros, parentes e compadres*, p. 124.

202 Rheinheimer, *Pobres, mendigos y vagabundos*, p. 21; Cunha, op. cit., p. 17.

203 Sobre Wernings tratou do assunto o colega Hans Erich Kehm em "Wernings und seine wechselvolle Geschichte" em nosso livro conjunto *Aufbruch zu fremden Ufern*, pp. 72-85. Também o Dr. Klaus-Peter Decker, no mesmo livro, tratou sobre Wernings e Pferdsbach.

204 Cf. dados a respeito das famílias de Büdingen em "Auswanderer aus dem heutigen Wetteraukreis nach Südbrasilien", pp. 101-11, texto nosso em *Aufbruch zu fremden Ufern*.

205 Cartas do ministro do Interior de Hessen-Darmstadt, de 9 e 12 mar. 1825, apud Schröder, *A imigração alemã para o sul do Brasil até 1859*, p. 53.

206 Bösche, "Quadros alternados", p. 139.

207 Mörsdorf, *Die Auswanderung aus dem Birkenfelder Land*, p. 184.

208 Leithold e Rango, *O Rio de Janeiro visto por dois prussianos em 1819*, p. 119.

209 Ibid., p. 119.

210 Gerstäcker, *Die Deutschen im Ausland*, p. 3.

211 Rheinheimer, op. cit., p. 17.

212 Dreher, "Estrangeiros e migrantes incluídos e excluídos na imigração", p. 105.

213 Stoltz, Cartas de imigrantes, p. 75.

214 Schoppe, *Die Auswanderer nach Brasilien oder die Hütte am Gigitonhonha*, pp. 7-9.

215 *Serra-Post Kalender*, 1954, pp. 173-82, apud Celeste Ribeiro de Sousa, "Embates Culturais", projeto Rellibra.

216 Carta de 1º dez. 1827, apud Trespach, op. cit., pp. 107-9.

217 Carta de 16 jun. 1826, apud Stoltz, op. cit., pp. 74-75.

218 Jaccoud, *História, contos e lendas da velha Nova Friburgo*, p. 296.

219 Manganelli, *História e genealogia da família Raupp*, pp. 26-7.

220 Schlichthorst, *O Rio de Janeiro como é*, p. 13.

221 Oberacker Jr., *Jorge Antônio von Schaeffer*, p. 75.

222 AHMI, II-POB-30.06.1826-Han.c. Ver também Mansfeldt, *Meine Reise nach Brasilien im Jahre 1826*, vol.1, pp. 178-84.

223 Iotti, *Imigração e colonização*, p. 90, pp. 112-16.

224 Para ver um exemplo de contrato, conforme relatório de 1854, escrito por Hillebrand, diretor da colônia de São Leopoldo, ver Schröder, *A imigração alemã para o sul do Brasil até 1859*, p. 59. O contrato é, em muitos pontos, idêntico ao proposto por Hanfft e Schaeffer.

225 Mühlen, *Da exclusão à inclusão social*, p. 110.

226 Carta de 24 jun. 1825 apud Souza, "Os colonos de Schaeffer em Nova Friburgo", p. 65.

227 Trespach, *Passageiros no Kranich*, p. 99.

228 Ebel, *O Rio de Janeiro e seus arredores em 1824*, p. 25 e 29.

229 Witt, *Em busca de um lugar ao Sol*, p. 34; Saint-Hilaire, *Viagem ao Rio Grande do Sul*, p. 426.

230 Fonseca e Silva, "Breve Notícia sobre a Colônia de Suíços fundada em Nova Friburgo", p. 140.

9. O encontro de dois mundos

231 Nagamini, "1808-1889: ciência e técnica na trilha da liberdade", em Motoyama (org.), *Prelúdio para uma história*, p. 152.

232 Hunsche, *O biênio de 1824/25*, p. 115.

233 Mahrenholtz, "Auswanderungen nach Brasilien in den Jahren 1823, 1824 und 1825", nov/1963, p. 272.

234 Trespach, *Passageiros no Kranich*, p. 99 e ss.

235 Kresse, *Seechiffes-Verzeichnis der Hamburger Reedereien, 1824-1888*, vol.1, p. 124. Ver ainda BN, jornal *Diário Mercantil*, n.111, de 18 mar. 1825.

236 Hunsche, *O ano de 1826*, p. 233 e ss.

237 Mansfeldt, *Meine Reise nach Brasilien im Jahre 1826*, vol.1, pp. 12-13.

238 Bon, *Imigrantes*, p. 58.

239 Mansfeldt, op. cit., vol.1, pp. 175-6.

240 Wettmann, *Der Lange Weg in die neue Heimat* em *Der Hunsrück*. Idar-Oberstein: jan/1980, pp. 37-39, apud Hunsche e Astolfi, *O quadriênio 1827-1830*, vol. 1, p. 200.

241 Carta de 1º maio 1835, apud Stoltz, *Cartas de imigrantes*, p. 78.

242 Trespach, *O lavrador e o sapateiro*, p. 106.

243 Schlichthorst, *O Rio de Janeiro como é*, p. 20.

244 Jaccoud, *História, contos e lendas da velha Nova Friburgo*, p. 285.

245 Joye, *Anotações sobre a viagem dos imigrantes suíços em 1819*, p. 20.

246 Bon, op. cit., p. 76.

247 Jaccoud, op. cit., p. 166.

248 Joye, op. cit., p. 15.

249 Bon, op. cit., p. 68.

250 Mansfeldt, op. cit., vol.1, pp. 201-2.

251 Mühlen, *Da exclusão à inclusão social*, p. 124.

252 Seidler, *Dez anos no Brasil*, p. 43.

253 Spix e Martius, *Viagem pelo Brasil (1817-1820)*, p. 41.

254 Bösche, "Quadros alternados", p. 151.

255 Oberacker Jr., "O Rio de Janeiro em 1782 visto pelo Pastor F. L. Langstedt", p. 5.

256 Leithold e Rango, *O Rio de Janeiro visto por dois prussianos em 1819*, pp. 127-8.

257 Seidler, op. cit., p. 50.

258 Mansfeldt, op. cit., vol.1, pp. 77-81.

259 Stoltz, *Cartas de imigrantes*, p. 73.

260 BN, Jornal *A Aurora Fluminense*, n.59, de 25 jun. 1828, p. 242.

261 BN, Jornal *A Aurora Fluminense*, n.16, de 11 fev. 1828, p. 3.

262 Ebel, *O Rio de Janeiro e seus arredores em 1824*, pp. 12-3.

263 Os números sobre a população brasileira nessa época variam muito. Também há variações no número de escravizados e indígenas. O primeiro censo do Rio de Janeiro foi concluído em 16 abr. 1821, realizado pelo ouvidor Joaquim José de Queiroz. Cf. "Mappa da população da Côrte e província do Rio de Janeiro em 1821", pp. 135-7. Cf. também Bethell, "A independência do Brasil", p. 195 e p.695 e Fausto, *História do Brasil*. p.137.

264 Rugendas, *Viagem pitoresca através do Brasil*, p. 18.

265 Leithold e Rango, op. cit., p. 18.

266 Schlichthorst, op. cit., p. 28.

267 Ebel, op. cit., p. 188.

268 Leithold e Rango, op. cit., p. 31.

269 Carta de 19 dez. 1824, apud Borges, *Cartas da humanidade*, p. 306.

270 Sousa, *José Bonifácio*, p. 12.

271 BN, Jornal *Diario do Rio de Janeiro*, n.13, de 18 jan. 1825, p. 52.

272 BN, Jornal *Diario do Rio de Janeiro*, n.12, de 16 jan. 1824, p. 47.

273 BN, Jornal *Diario do Rio de Janeiro*, n.13, de 18 jan. 1825, p. 50.

274 Costa, *As quatro coroas de D. Pedro I*, p. 84.

275 Seidler, op. cit., pp. 43-4.

10. O monsenhor e o visconde

276 Seidler, *Dez anos no Brasil*, p. 189, nota 84, de Bertoldo Klinger e F. de Paula Cidade: "O decreto de 6 de maio de 1818 manda comprar a 'Monsenhor Almeida' a fazenda denominada de 'Morro Queimado', pagando-se 10:468$800 Rs. ao proprietário, mais 1:455$400 Rs. aos seus credores, preço realmente elevado para o tempo."

277 Tschudi, *Viagem às províncias do Rio de Janeiro e São Paulo*, p. 103; ver também Tschudi, *Reisen durch Südamerika*, p. 195.

278 Jaccoud, *História, contos e lendas da velha Nova Friburgo*, p. 296.

279 Souza, "Os colonos de Schaeffer em Nova Friburgo", p. 160.

280 Franzmann, *Becherbach*, p. 216. Ver o suposto contrato celebrado entre Sauerbronn e Schaeffer em Tschudi, *op. cit.*, p. 105.

281 Seidler, op. cit., p. 117.

282 Bösche, "Quadros alternados", p. 152.

283 Tschudi, op. cit., pp. 110-1.

284 *Coleção de Leis do Império do Brasil – 1827*, pp. 5-7.

285 Pinheiro, "Memórias do visconde de São Leopoldo", parte 1, p. 10.

286 Freitas, "O nascimento da historiografia gaúcha", em *Anais da Província de São Pedro*, p. 10.

287 Pinheiro, op. cit., parte 1, p. 44.

288 Ibid., p. 51.

289 Ibid., parte 2, p. 23.

290 Freitas, op. cit., p. 12.

291 Hunsche, *O biênio de 1824/25*, p. 22.

11. A Fazenda do Morro Queimado

292 Souza, "Os colonos de Schaeffer em Nova Friburgo", p. 113.

293 Fonseca e Silva, "Breve notícia", p. 139. Cf. também *Coleção de Leis do Império do Brasil – 1818*, vol.1, p. 40.

294 *Coleção de Leis do Império do Brasil – 1818*, vol.1, pp. 40-1.

295 Jaccoud, *História, contos e lendas da velha Nova Friburgo*, p. 115.

296 Bon, *Imigrantes*, p. 33.

297 Ibid., p. 60.

298 Ibid., p. 79.

299 *Coleção de Leis do Império do Brasil – 1818*, vol., p. 46. Cf. também Iotti, *Imigração e colonização*, pp. 47-52. As condições (24 artigos) estabelecidas para a assinatura do decreto de d. João VI foram aceitas, e o documento assinado por Gachet, em 11 de maio.

300 BN, Jornal *Correio Braziliense*, n.108, maio de 1817, pp. 565-6.

301 Bon, op. cit., p. 48.

302 Rizzini, *Hipólito da Costa e o Correio Brasiliense*, p. 198.

303 Jaccoud, op. cit., pp. 139-40.

304 Leithold e Rango, *O Rio de Janeiro visto por dois prussianos em 1819*, pp. 83-4.

305 Bon, op. cit., p. 88.

306 Ibid., p. 89.

307 Seidler, *Dez anos no Brasil*, p. 180.

308 BN, Jornal *Diario do Rio de Janeiro*, n.12, de 16 jan. 1824, p. 48. Vários livros sobre a imigração alemã no Brasil, no entanto, dão como chegada do navio o dia 7 de janeiro. Cf. Oberacker Jr., *Jorge Antônio von Schaeffer*, p. 88; Hunsche, *O biênio de 1824/25*, p. 98; e Hunsche e Astolfi, *O qua-*

driênio 1827-1830, p. 120. Jaccoud, op. cit., p. 312 e 348, informa ainda duas datas distintas: 13 e 14 de jan. 1824.

309   Souza, op. cit., p. 115.

310   Ibid., p. 116.

311   Jaccoud, op. cit., p. 345, Tschudi, *Viagem às províncias do Rio de Janeiro e São Paulo*, p. 105.

312   Wehmeier, verbete *Sauerbronn*, em *Subsídios genealógicos de famílias brasileiras de origem germânica*, São Paulo, vol.4, pp. 722-3. Instituto Martius-Staden. Cf. também Müller, Alemães pioneiros em Nova Friburgo, p. 15.

313   Algumas fontes mencionam "Kirnbecherbach", possivelmente Becherbach bei Kirn. Ambas se localizam no distrito de Bad Kreuznach, Renânia-Palatinado, apenas 23 quilômetros de distância uma da outra. Mas, como provam os trabalhos de Mörsdorf e Franzmann, Sauerbronn atuou em Becherbach.

314   Mörsdorf, *Die Auswanderung aus dem Birkenfelder Land*, p. 58.

315   Müller, op. cit.

316   Jaccoud, op. cit., p. 352.

317   Adalberto, *Brasil*, p. 121.

318   "Censo das colônias suíça e alemã, estabelecidas no distrito de Nova Friburgo no seu estado atual", documento anexo em Souza, op. cit., n.3, estampa 18C-x.

319   Tschudi, op. cit., p. 112.

320   Silva, op. cit., p. 142.

12. Soldados, mais soldados!

321   Wiederspahn, *Campanha de Ituzaingô*, p. 89.

322   Carta de 25 jun. 1822, apud Lemos, Os mercenários do imperador, p. 110.

323   Kann, Lima e Kancsó, *D. Leopoldina: cartas de uma imperatriz*, p. 411.

324   Ibid., p. 381.

325   Ibid., p. 427.

326   Schlichthorst, *O Rio de Janeiro como é*, p. 273.

327   *Coleção de Leis do Império do Brasil – 1824*, vol.1, p. 87. Em números exatos, eram 26.225 soldados de primeira linha, o exército regular, e 91.016 de segunda linha, as chamadas milícias. Assim, o Exército imperial somava 117.241 homens; Wiederspahn, *op. cit.*, p. 56; Lemos, op. cit., p. 133.

328   Pozo, *Imigrantes irlandeses no Rio de Janeiro*, p. 66.

329 Ibid., p. 69.

330 Ibid., pp. 82-3.

331 Bösche, "Quadros alternados", p. 139.

332 Min. das Relações Exteriores, *Arquivo Diplomático da Independência*, vol.4, p. 8.

333 Min. das Relações Exteriores, *Arquivo Diplomático da Independência*, vol.4, pp. 252-3.

334 AHMI, I-POB-13.06.1824-PI.B.do.

335 Bösche, op. cit., p. 163.

336 Lemos, op. cit., p. 20.

337 Leithold e Rango, *O Rio de Janeiro visto por dois prussianos em 1819*, p. 1.

338 Schlichthorst, op. cit., p. 278.

339 Ibid., p. 218.

340 Ibid., p. 275.

341 Seidler, *Dez anos no Brasil*, p. 78.

342 Schlichthorst, op. cit., pp. 280-2.

343 Bösche, op. cit., pp. 160-1.

344 Trachsler, "*Viagens, destino e tragicômicas aventuras de um suíço*", p. 314.

345 Schlichthorst, op. cit., p. 282.

346 BN, Jornal *A Aurora Fluminense*, n.35, de 18 abr. 1828, p. 144.

347 Apud Oberacker Jr., *Jorge Antônio von Schaeffer*, p. 59.

13. Os Regimentos de Estrangeiros

348 Lemos, *Os mercenários do imperador*, p. 216.

349 Seidler, *Dez anos no Brasil*, p. 260.

350 Lemos, op. cit., p. 229.

351 Trespach, *O lavrador e o sapateiro*, p. 88.

352 Lemos, op. cit., p. 240.

353 Bösche, "Quadros alternados", p. 188.

354 Lemos, op. cit., p. 252.

355 Bösche, op. cit., p. 256.

356 Ibid., p. 181.

357 Armitage, *História do Brasil*, p. 272.

14. Rio Grande de São Pedro

358   Saint-Hilaire, *Viagem ao Rio Grande do Sul*, p. 29.

359   Fausto, *História do Brasil*, pp. 137-8. Assim como os números da população brasileira, aqui também os dados são controversos. Saint-Hilaire, op. cit., p. 77, contabiliza, de acordo com dados repassados por Fernandes Pinheiro, "32.000 brancos, 5.399 homens de cor livres, 20.611 homens de cor escravizados, e 8.655 índios. Nas Missões, em particular, contam-se 6.395 índios e 824 brancos". Ver também estatísticas apresentadas em Roche, *A colonização alemã e o Rio Grande do Sul*, p. 39.

360   Pesquisa particular de Gilson J. da Rosa. Os registros da paróquia de Nossa Senhora da Candelária (RJ) e Nossa Senhora da Conceição de Viamão (RS) estão disponíveis em *www.familysearch.org*. Ver também Bento, *Estrangeiros e Descendentes na História Militar do Rio Grande do Sul*.

361   Pinheiro, *Anais da Província de São Pedro*, p. 139.

362   Isabelle, *Viagem ao rio da Prata e ao Rio Grande do Sul*, p. 111.

363   Baguet, *Viagem ao Rio Grande do Sul*, p. 51.

364   Saint-Hilaire, op. cit., p. 112.

365   Iotti, *Imigração e colonização*, p. 79.

366   Pinheiro, "Correspondências", p. 146. Carta de 22 abr. 1824, enviada ao ministro José de Carvalho e Melo.

367   Pinheiro, "Memórias do visconde de São Leopoldo", parte 2, p. 28.

368   Roche, op. cit., p. 37.

369   Saint-Hilaire, op. cit., p. 100.

370   Baguet, op. cit., p. 29.

371   Carta de 1º maio 1835 apud Stoltz, *Cartas de imigrantes*, p. 81.

372   Baguet, op. cit., p. 33.

373   Saint-Hilaire, op. cit., p. 50.

374   Seidler, *Dez anos no Brasil*, p. 164.

375   Menz, "Os escravos da Feitoria do Linho Cânhamo", p. 152.

376   Porto, *O trabalho alemão no Rio Grande do Sul*, p. 31.

377   Iotti, op. cit., p. 80.

378   Pinheiro, "Correspondências", p. 147.

379   Iotti, op. cit., p. 85.

380   Carta de Ernestina Magdalena Metzen, de 7 abr. 1826, apud Tramontini, *A organização social dos imigrantes*, p. 120.

381 Seidler, op. cit., p. 170.

382 BN, Seção de Manuscritos, Loc. II-35, 36, 6. Ver também Trespach, *Passageiros no Kranich*, p. 118.

383 Apud Hunsche, *O ano de 1826*, p. 90.

384 Porto, op. cit., p. 29.

385 Isabelle, op. cit., p. 252.

386 Moraes, *O colono alemão*, p. 39.

387 Hillebrand, "Relatório ao governo da Província", p. 356.

388 Porto, op. cit., p. 52.

389 Rotermund, *Lesebuch für Schule und Haus*, p. 123.

390 Tramontini, op. cit., p. 135.

391 Petry, *São Leopoldo, berço da colonização alemã do Rio Grande do Sul*, p. 35.

392 Gressler, *Os velhos Gressler*, pp. 173-4.

393 Moraes, op. cit., p. 73.

394 Tramontini, op. cit., pp. 120-1.

395 Hunsche e Astolfi, *O quadriênio 1827-1830*, vol.3, p. 1.602.

396 Hillebrand, "Relatório de 1854", em Revista do Arquivo Público, p. 383 apud Hunsche e Astolfi, op. cit., p. 334.

397 Avé-Lallemant, *Viagem pela província do Rio Grande do Sul*, p. 131.

398 Soares, "Memória das Torres", p. 17.

399 Pinheiro, "Memórias do visconde de São Leopoldo", parte 1, p. 51.

400 Petry, op. cit., p. 65.

401 Dreher, Os *180 anos da imigração alemã*, pp. 21-31.

402 Baguet, op. cit., p. 35.

403 Avé-Lallemant, op. cit., p. 116.

404 Mulhall, *O Rio Grande do Sul e suas colônias alemãs*, pp. 79-80.

405 Isabelle, op. cit., p. 252.

406 *Sesquicentenário da Imigração Alemã*, p. 54; Porto, *Coronel Dr. João Daniel Hillebrand*, em RIHGRGS, 1924, p. 130.

407 Isabelle, op. cit., pp. 253-4.

408 Moraes, op. cit., p. 54. Sobre a atuação de Hillebrand na Loja União e Fraternidade, de São Leopoldo, ver Dienstbach, *A maçonaria gaúcha*, vol.4, p. 649.

409 Oberacker Jr., *A contribuição teuta à formação da nação brasileira*, p. 216.

Ver também artigo de Aurélio Porto, "Coronel Dr. João Daniel Hillebrand", em RIHGRGS, 1924, pp. 113-32.

410 Flores, *Alemães na Guerra dos Farrapos*, pp. 80-1.

411 Apud Porto, op. cit., p. 95.

412 Pinheiro, "Correspondências", p. 147.

413 Roche, op. cit., p. 39.

414 A passagem de d. Pedro I por Torres é objeto de estudos do jornalista Nelson Adams Filho em *A maluca viagem de Dom Pedro I pelo sul do Brasil*. Ver Pinheiro, "Memórias do visconde de São Leopoldo", parte 2, p. 8; Soares, op. cit., p. 60-7, Hunsche, *O ano de 1826*, p. 148 e, sobre a carta de Knopf, Trespach, *O lavrador e o sapateiro*, p. 108.

415 Bastos, "Colonização alemã no Rio Grande do Sul: a colônia de Três Forquilhas", p. 8.

416 Trespach, op. cit., p. 105.

417 Seidler, op. cit., p. 329.

418 "Três Forquilhas, documentos interessantes", em Ely e Barroso, *Imigração alemã*, pp. 136-7.

419 Ibid., p. 147.

420 Mulhall, op. cit., p. 107. Sobre Handelmann, ver Hunsche, *O ano de 1826*, p. 180.

421 Bastos, op. cit., p. 15.

422 Roche, op. cit., p. 179.

15. Delinquentes e ex-presidiários

423 Hunsche, *O biênio de 1824/25*, pp. 60-1.

424 Mühlen, Da exclusão à inclusão social, p. 123.

425 Hunsche, op. cit., p. 28.

426 Ibid., p. 30. No original, a longitude é claramente equivocada ("19°12"), sendo com certeza -19°12.

427 Jornal *A Aurora Fluminense*, de 17 set. 1824, apud Souza, "Os colonos de Schaeffer em Nova Friburgo", p. 35.

428 Hunsche, O *protestantismo no sul do Brasil*, p. 70.

429 Carta de 16 jan. 1826, Ibid.

430 As datas de partida de muitos navios diferem na bibliografia, isso ocorre porque há confusão com as datas de embarque dos imigrantes e as de partidas dos navios nos muitos portos na Alemanha. No caso do *Wilhelmine*, o navio deixou o porto de Hamburgo em dezembro de 1824 com

os noventa reclusos, mas, só em fevereiro do ano seguinte, com a lotação completa, partiu de Glückstadt, um porto no rio Elba mais próximo do mar do Norte do que Hamburgo.

431 Bösche, "Quadros alternados", pp. 142-3.
432 Mühlen, op. cit., p. 130.
433 Dreher, "*Estrangeiros e migrantes incluídos e excluídos na imigração*", p. 109.
434 Rheinheimer, *Pobres, mendigos y vagabundos*, p. 95.
435 Schröder, *A imigração alemã para o sul do Brasil até 1859*, pp. 61-2.
436 Hunsche, *O biênio de 1824/25*, pp. 67-8.
437 Schröder, op. cit., p. 62.
438 Mühlen, op. cit., p. 18.
439 Pinheiro, "Correspondências", p. 146.
440 Tramontini, *A organização social dos imigrantes*, p. 115.
441 Ibid., p. 118.
442 Amstad, "A colônia alemã de São João das Missões", p. 111.
443 Porto, *O trabalho alemão no Rio Grande do Sul*, p. 87.
444 Hunsche, *O ano de 1826*, p. 297.
445 Ibid., p. 297.
446 Avé-Lallemant, *Viagem pela província do Rio Grande do Sul*, p. 240.
447 Amstad, op. cit., p. 113. De fato, pelo menos dois imigrantes alemães enviados às Missões tinham o sobrenome Schmidt: Johann Friedrich Schmidt e Christian Friedrich Schmidt. Ambos, porém, retornaram a São Leopoldo e o primeiro se dirigiu depois a Torres. "Schmidt", de Schmied, ferreiro em alemão.
448 Mühlen, op. cit., p. 204.

16. Os protestantes

449 Dreher, *História do Povo Luterano*, p. 52. Ver também Reily, *História documental do protestantismo no Brasil*, p. 68.
450 Ribeiro, *Protestantismo no Brasil monárquico (1822-1888)*, p. 18.
451 Dreher, *A Igreja latino-americana no contexto mundial*, p. 173.
452 Jaccoud, *História, contos e lendas da velha Nova Friburgo*, p. 342.
453 Ofício de 16 ago. 1824, apud Jaccoud, op. cit., p. 338.
454 Bon, *Imigrantes*, p. 512; Jaccoud, op. cit., p. 358 e Souza, "Os colonos de Schaeffer em Nova Friburgo", p. 173 e ss. Conferir ainda a portaria de 12

jul. 1824 em Iotti, *Imigração e colonização*, p. 81. Os nomes dos imigrantes envolvidos variam conforme a fonte documental e bibliográfica, ora em francês, ora em alemão. Bon escreve "Charles-Amedée de Sinner" e "Claire Egrin" e Jaccoud, copiando de Soares de Souza, prefere o que consta da carta de Sauerbronn, em alemão, o que também optamos por usar aqui.

455 Souza, op. cit., p. 177.

456 Hunsche, O *protestantismo no sul do Brasil*, p. 14.

457 Schröder, *A imigração alemã para o sul do Brasil até 1859*, p. 68.

458 Hunsche, op. cit., p. 70.

459 AHRS, AR 14 Maço 28 Clero evangélico – comunidades. 1825-SLCE-P. Jean Georges Ehlers. Carta de 17 abr. 1825. Ver Trespach, *Passageiros no Kranich*, p. 113.

460 Carta de 9 maio 1825, apud Trespach, op. cit., p. 115.

461 Hunsche, op. cit., p. 70.

462 Tramontini, *A organização social dos imigrantes*, p. 157.

463 Não existe nenhuma Friedberg nas proximidades de Hildesheim, na Baixa Saxônia. Uma Friedberg, no entanto, está localizada no Hessen, região a mais de trezentos quilômetros ao sul de Hildesheim.

464 Schröder, *Brasilien und Wittenberg*. Berlin/Leipzig: Walter de Grutyer, 1936, p. 69, apud Hunsche, *O ano de 1826*, p. 167.

465 Hunsche, op. cit., p. 165.

466 Müller, *Três Forquilhas (1826-1899)*, p. 55.

467 Ibid., p. 42.

468 Klingelhöffer, *Geschichte der Familie Klingelhöffer*, p. 79 apud Hunsche, op. cit., p. 344.

469 Carta de 20 ago. 1825, apud Souza, op. cit., p. 67.

470 Klingelhöffer chegou a São Leopoldo em 17 abr. 1826; ver C-333, p. 51, n.107, AHRGS. Carta de monsenhor Miranda a Fernandes Pinheiro, de 14 fev. 1826, apud Hunsche, op. cit., p. 347.

471 Flores, *Alemães na Guerra dos Farrapos*, p. 30.

472 Oberacker Jr., *A contribuição teuta à formação da nação brasileira*, p. 242.

473 Dreher, *História do povo luterano*, p. 53 e ss.

474 IBGE, censo de 2010. Ver http://www.ibge.gov.br.

17. Passo do Rosário

475 Wiederspahn, *Campanha de Ituzaingô*, p. 60 e ss.

476 Pinheiro, "Memórias do visconde de São Leopoldo", parte 1, p. 7.
477 Oberacker Jr., "O Marechal de campo Brown", p. 11.
478 Seweloh, "Reminiscências da campanha de 1827 contra Buenos-Ayres", p. 442.
479 Wiederspahn, op. cit., p. 141.
480 Ibid., p. 212 e ss.
481 Seweloh, op. cit., p. 435.
482 Barbacena, *História da Campanha do Sul em 1827*, p. 497.
483 Seidler, *Dez anos no Brasil*, p. 152.
484 Bento, *2002: 175 anos da Batalha do Passo do Rosário*, pp. 58-60; Wiederspahn, op. cit., p. 223 e 229. Ver também o livro do tio de Caxias, Luiz Manoel de Lima e Silva, que lutou em Passo do Rosário como capitão, "Annaes do Exército Brasileiro sobre a Guerra com a República das Províncias Unidas do Rio da Prata de 1825 a 1828", escrito em 1862 e reeditado pelo IHGRGS em 1927.
485 Fregeiro, *La batalla de Ituzaingó*, p. 265.
486 Seweloh, op. cit., pp. 425-6.
487 Barbacena, op. cit., p. 494.
488 Ibid., p. 484.
489 Seweloh, op. cit., p. 436.
490 Lemos, *Os mercenários do imperador*, p. 206.
491 Seidler, op. cit., p. 154.
492 Fonttes, *Guardiões do Passo do Rosário*, pp. 256-7.
493 Seidler, op. cit., p. 156.
494 Rosa, *Historia Argentina*, p. 76.
495 Fonttes, op. cit., p. 255.
496 Wiederspahn, op. cit., p. 272.
497 Seidler, op. cit., pp. 156-7.
498 Ibid., p. 164.
499 Ibid., p. 310.
500 Fonttes, op. cit., pp. 249-50.
501 Mariano, *Ituzaingó: a marcha perdida*. Jornal *Zero Hora*, 30 jun. 2013, pp. 28-31; ver também Informativo *A Retomada*, edição especial, n.12, dez/2012, da AHIMTB.

18. A rebelião

502   Bösche, "Quadros alternados", pp. 171-2.
503   Ibid., p. 178.
504   Ibid., p. 184.
505   Seidler, *Dez anos no Brasil*, p. 262.
506   Bösche, op. cit., p. 188.
507   Seidler, op. cit., p. 264.
508   Armitage, *História do Brasil*, p. 273.
509   Bösche, op. cit., p. 194.
510   BN, Jornal *A Aurora Fluminense*, n.55, de 16 jun. 1828, p. 224.
511   Silva, *Memórias do Chalaça*, p. 168.
512   Bösche, op. cit., p. 193.
513   Hunsche e Astolfi, *O quadriênio 1827-1830*, vol.1, p. 272, p. 278 e 310.
514   BN, Jornal *A Aurora Fluminense*, n.56, de 18 jun. 1828, p. 232.
515   Bösche, op. cit., pp. 198-9.
516   BN, Jornal *A Aurora Fluminense*, n.55, de 16 jun. 1828, p. 224.
517   Anais do Senado, 1830 – Tomo Terceiro – Sessão extraordinária de 5 out. 1830, p. 215.
518   Anais do Senado, 1830 – Tomo Terceiro – Sessão extraordinária de 5 out. 1830, p. 216.
519   *Coleção de Leis do Império do Brasil – 1830*, vol.1, p. 55.
520   Kaiser, *Dona Leopoldina*, p. 182.
521   "Um herói sem nenhum caráter", subtítulo do livro *D. Pedro I* (Companhia das Letras, 2006).

19. O imperador deve morrer

522   Souza, "Os alemães do 'Kumbang Iatie'", p. 17.
523   Registros de Estrangeiros – 1823-1830.
524   Hunsche, *O ano de 1826*, p. 319.
525   Souza, op. cit., p. 8.
526   Anjos, *José Bonifácio*, p. 265.
527   Schulz, Die erste Deutsche Siedlung in Argentinien, apud Hunsche, op. cit., p. 306.

528 Hunsche, op. cit., pp. 312-13.
529 Ibid., p. 307.
530 Fregeiro, *La batalha de Ituzaingó*, p. 265.
531 Seweloh, "Reminiscências da campanha de 1827 contra Buenos-Ayres", p. 432.
532 Fregeiro, op. cit., p. 265.
533 Pinheiro, "Anais da Província de São Pedro", p. 246.
534 Bandiere, "El 'padre de los pobres' gobierna Buenos Aires", p. 69.
535 Saldías, *Historia de La Confederación Argentina*, p. 267.
536 Ibid., p. 278.
537 Costa, *As quatro coroas de D. Pedro I*, p. 106.
538 Costa, *Brasil, segredo de Estado*, p. 36.
539 Carta de Ponsonby a Dudley, Herrera, La misión Ponsonby, p. 199.
540 Ramos, *Historia de La Nación Latinoamericana*, p. 231.
541 Ibid., p. 231.
542 Rosa, *Historia Argentina*, p. 80.
543 Costa, op. cit., p. 23.
544 Carta de Ponsonby a Dudley, Herrera, op. cit., p. 200.
545 Rosa, op. cit., p. 80.
546 Carta de 9 mar. 1828, Herrera, op. cit., p. 207.
547 Ramos, op. cit., p. 237.
548 Carta de Ponsonby a Dudley, 10 mar 1828, Herrera, op. cit., p. 211.
549 Herrera, op. cit., p. 242.
550 Costa, op. cit., p. 26.
551 Saldías, op. cit., p. 277.
552 Costa, *As quatro coroas de D. Pedro I*, p. 100.
553 Saldías, op. cit., p. 287.
554 Palomeque, *Guerra de la Argentina y el Brasil: el general Rivera y la campaña de Misiones (1828)*, p. 478.
555 Carta de 20 ago. 1828, Herrera, op. cit., p. 261.
556 Barroso, *A história secreta do Brasil*, p. 344.
557 Lemos, *Os mercenários do imperador*, p. 378.

20. A república de loucos

558 Rosa, *Historia Argentina*, p. 93.

559 Saldías, *Historia de La Confederación Argentina*, p. 292.

560 Ibid., p. 303.

561 Carta de Ponsonby a Dudley, Herrera, *La misión Ponsonby*, p. 200.

562 Rosa, op. cit., p. 65.

563 Saldías, op. cit., p. 365.

564 Carta de 30 abr. 1851, apud Rosa, op. cit., p. 79.

565 Barroso, *A história secreta do Brasil*, p. 352.

566 Ibid., p. 346.

567 Anjos, *José Bonifácio*, p. 103.

568 Saldías, op. cit., p. 365.

569 Carta de Gordon a Dudley, 17 mar. 1828, Herrera, op. cit., p. 211.

570 Pereira, *Pelo Brasil maior*, p. 14.

571 Ofício de 8 ago. 1829, Sessão de Manuscritos, AN, RJ.

572 Costa, *As quatro coroas de D. Pedro I*, p. 101.

573 Seidler, *Dez anos no Brasil*, p. 262.

574 Palomeque, *El general Rivera y la Campaña de Misiones (1828)*, p. 478.

575 Seidler, op. cit., p. 269.

21. Cartas para casa

576 As cartas foram publicadas em *D. Leopoldina: cartas de uma imperatriz*. A média é baseada nos dezoito anos entre a primeira e a última carta (1808 e 1826), em que a imperatriz escreveu cartas ao pai, ao marido, amigos e, principalmente, à irmã Maria Luísa.

577 Kann, Lima e Kancsó, *D. Leopoldina*, p. 324.

578 Oberacker Jr., "Viajantes, naturalistas e artistas estrangeiros, em Holanda", *O Brasil monárquico: o processo de emancipação*, p. 143.

579 Trespach, *O lavrador e o sapateiro*, p. 101.

580 Carta de 1º dez. 1827, apud Trespach, op. cit., p. 109.

581 Carta de Philipp Elicker, de Niederlinxweiler, datada de 18 mar. 1843, apud Hunsche e Astolfi, *O quadriênio 1827-1830*, vol.3, p.1.579.

582 Carta de 27 ago. 1832, apud Hunsche e Astolfi, op. cit., vol.3, p. 1.585.

583　Carta de 16 jun. 1826, apud Stoltz, *Cartas de imigrantes*, p. 75.

584　Carta de 18 mar. 1843, apud Stoltz, op. cit., p. 87.

585　Carta de 19 dez. 1824, apud Borges, *Cartas da humanidade*, p. 307.

586　Carta de 19 jan. 1836, apud Hunsche e Astolfi, op. cit., vol.3, p. 1.591.

587　Carta de 16 jan. 1831, Ibid., p. 1.594.

588　Carta de 13 mar. 1836, Ibid., p. 1.599.

589　Carta de 18 nov. 1832, Ibid., p.1.601.

590　Carta de 16 out. 1843, Ibid., p. 1.610.

591　Carta de 26 abr. 1850, Ibid., p. 1.611.

592　Carta de Valentin Knopf, de 1º dez. 1827, apud Trespach, op. cit., pp. 108-9.

593　Carta de 19 dez. 1824, apud Borges, op. cit., p. 307.

22. Eles continuaram chegando

594　Seidler, "História das guerras e revoluções do Brasil", p. 225.

595　Anais da Biblioteca Nacional, *Cartas Andradinas*, p. 87.

596　Jornal *O Estado de São Paulo*, de 18 fev. 2013, reportagem de Edison Veiga e Vitor Hugo Brandalise. Ver a dissertação de Ambiel, *Estudos de Arqueologia Forense*, p. 143.

597　Seidler, *Dez anos no Brasil*, p. 170.

598　Rio Grande do Sul, *Fala que à Assembleia Legislativa Provincial...*, p. 17.

599　Schäffer, "Os alemães no Rio Grande do Sul", p. 172.

600　Mulhall, *O Rio Grande do Sul e suas colônias alemãs*, p. 79.

601　Pellanda, *A colonização germânica do Rio Grande do Sul*, pp. 44-51.

602　Trespach, "Presença marcante", pp. 60-3.

603　Schröder, *A imigração alemã para o sul do Brasil até 1859*, p. 139.

604　Schäffer, op. cit., p. 169 e ss.

605　Informações sobre o número de alemães na América Latina constam em Fröschle, *Die Deutschen in Lateinamerika*. Algumas fontes e mapas alemães do começo do século XX estimam um número de 130 mil imigrantes alemães na Argentina e 27 mil para o Chile; parecem ser números baseados em estimativas exageradas; mesmas fontes estimam um número de 620 mil alemães no Brasil, mais de duas vezes o número aceito entre a maioria dos historiadores.

606　Thernstrom, *Harvard Encyclopedia of American Ethnic Groups*, p. 410.

607　Kitchen, *História da Alemanha moderna*, p. 109 e ss.

608　Schröder, op. cit., p. 45.

Referências

ACERVO DE FONTES PRIMÁRIAS

Alemanha e Áustria

Altonaer Museum, Stiftung Historische Museen Hamburg

EKD – Evangelischen Kirche in Deutschland, Hanôver

Fürstlich Ysenburg und Büdingensche (Archiv- und Schlossbibliothek), Hessen

Hauptstaatsarchiv Hannover, Hanôver

Haus-, Hof- und Staatsarchiv, Viena

Historisches Museum der Pfalz, Speyer

HStAD – Hessisches Stadtsarchiv Darmstadt, Hessen

IEG – Institut für Europäische Geschichte, Universidade de Mainz

IGL – Institut für Geschichtliche Landeskunde, Universidade de Mainz

Landesmuseum Birkenfeld, Renânia-Palatinado

Museum für Hamburgische Geschichte

Staatsarchiv Hamburg

Brasil

AHMTB – Academia de História Militar Terrestre do Brasil

Arquivo Histórico da IECLB, São Leopoldo/RS

Arquivo da Paróquia Evangélico-Luterana do Vale do Três Forquilhas – IECLB, Itati/RS

AHEx – Arquivo Histórico do Exército Brasileiro, Rio de Janeiro/RJ

AHI – Arquivo Histórico do Itamaraty, Rio de Janeiro/RJ

AHMI – Arquivo Histórico do Museu Imperial, Petrópolis/RJ

AHRS – Arquivo Histórico do Rio Grande do Sul, Porto Alegre/RS

APERS – Arquivo Público do Estado do Rio Grande do Sul, Porto Alegre/RS

AN – Arquivo Nacional, Rio de Janeiro/RJ

BN – Biblioteca Nacional, Rio de Janeiro/RJ

Centro de Documentação D. João VI – projetos Pró-Memória de Nova Friburgo e Nova Friburgo 200 Anos, Nova Friburgo/RJ

CHDD – Centro de História e Documentação Diplomática, Fundação Alexandre Gusmão, Rio de Janeiro/RJ

Instituto Martius-Staden, São Paulo/SP

MHVSL – Museu Histórico Visconde de São Leopoldo, São Leopoldo/RS

REFERÊNCIAS BIBLIOGRÁFICAS
(incluindo a publicação de fontes originais)

ADALBERTO, Príncipe da Prússia. *Brasil*. Brasília: Senado Federal, Conselho, 2002.

ADAMS FILHO, Nelson. *A maluca viagem de Dom Pedro I pelo sul do Brasil*. 2ª ed. Porto Alegre: Edigal, 2017.

ALONSO, Angela. *Flores, votos e balas*: o movimento abolicionista brasileiro (1868-1888). São Paulo: Companhia das Letras, 2015.

AMBIEL, Valdirene do Carmo. *Estudos de arqueologia forense aplicados aos remanescentes humanos dos primeiros imperadores do Brasil depositados no Monumento à Independência*. 2013. 235 f. Dissertação (Mestrado em Arqueologia) – MAE, USP, São Paulo, 2013.

AMSTAD S.J., Teodoro. "A colônia alemã de São João das Missões". In: *2º simpósio de História da imigração e colonização alemã no Rio Grande do Sul São Leopoldo*: MHVSL e IHSL, 1976, pp. 105-114.

ANAIS DA BIBLIOTECA NACIONAL. *Cartas Andradinas*: correspondência particular de José Bonifácio, Martim Francisco e Antônio Carlos dirigida a A. de M. Vasconcellos de Drummond. Rio de Janeiro: Typ. G. Leuzinger & Filhos, 1890.

ANAIS DO SENADO FEDERAL. *Anais do Império 1823-1831*.

ANGELOW, Jürgen. *Der Deutsche Bund*. Darmstadt: Wissenschaftliche Buchgesellschaft, 2003.

ANJOS, José Alfredo dos. *José Bonifácio, primeiro chanceler do Brasil*. Brasília: Fundação Alexandre de Gusmão, 2007.

ARMITAGE, João. *História do Brasil*. Brasília: Senado Federal, 2011.

ATAS DO CONSELHO DE ESTADO. Segundo Conselho de Estado 1823-1834.

AVÉ-LALLEMANT, Robert. *Viagem pela província do Rio Grande do Sul (1858)*. Belo Horizonte/São Paulo: Editora Itatiaia/Edusp, 1980.

BAGUET, A. *Viagem ao Rio Grande do Sul*. Florianópolis: Editora Paraula/Edunisc, 1997.

BANDIERE, Susana. "El 'padre de los pobres' gobierna Buenos Aires". In: *El Diário del Bicentenario* – Año 1827. Buenos Aires: Secretaria General de la Presidencia de la Nación, n.18, 2010, pp. 69-70.

BARBACENA, Visconde de. "História da Campanha do Sul em 1827". In: *Revista do IHGB*, Tomo XLIX. Rio de Janeiro: Typographia Laemmert & Comp., 1886, pp. 289-554.

BARBOSA, Eni e CLEMENTE, Ivo (Coord.). *O processo legislativo e a escravidão negra na Província de São Pedro do Rio Grande do Sul*. Porto Alegre: Corag, 1987.

BARROSO, Gustavo. *A história secreta do Brasil*. 1ª parte: do Descobrimento à abdicação de d. Pedro I. 3. ed. São Paulo: Companhia Editora Nacional, 1937.

BASTOS, Fernandes. "Colonização alemã no Rio Grande do Sul: a colônia de Três Forquilhas". In: *Revista do Museu Júlio de Castilhos e do AHRS*. Porto Alegre, n.8, 1957, pp. 5-17.

BENTO, Cláudio Moreira. *Estrangeiros e Descendentes na História Militar do Rio Grande do Sul*. Porto Alegre: Nação, 1976.

_____. *2002*: 175 anos da Batalha do Passo do Rosário. Porto Alegre: Gênesis, 2003.

BETHELL, Leslie. "A Independência do Brasil". In: BETHELL, Leslie (Org.) *História da América Latina*: da Independência a 1870. Vol. III. São Paulo: Edusp; Imprensa Oficial do Estado; Brasília, DF; Fundação Alexandre de Gusmão, 2004, pp. 187-230.

_____. CARVALHO, José Murilo de. "O Brasil da Independência a meados do século XIX". In: BETHELL, Leslie (Org.) *História da América Latina*: da Independência a 1870. Vol. III. São Paulo: Edusp; Imprensa Oficial do Estado; Brasília, DF; Fundação Alexandre de Gusmão, 2004, pp. 695-769.

BEZERRA, Alcides. "A vida doméstica da Imperatriz Leopoldina 1797-1826". In: *Revista do IHGB*. Vol.175. Rio de Janeiro: Imprensa Nacional, 1940, pp. 73-106.

BOLKHOVITINOV, N. N. "Adventures of Doctor Schaffer in Hawaii, 1815-1819". In: *Hawaiian Journal of History*, Vol. 07, 1973, pp. 55-78. Tradução de Igor V. Vorobyoff.

BON, Henrique. *Imigrantes*: a saga do primeiro movimento migratório organizado rumo ao Brasil às portas da Independência. Nova Friburgo: Imagem Virtual, 2004.

BONIFÁCIO, José. "Representação à Assembleia Geral Constituinte e Legislativa do Império do Brasil sobre a Escravatura". In: *A Abolição*: reimpressão de um opúsculo raro de José Bonifácio sobre a Emancipação dos Escravos no Brasil. Rio de Janeiro: Typographia Laemmert & Comp., 1884.

_____. *Lembranças e apontamentos do governo provisório de São Paulo a seus Deputados*. Rio de Janeiro: Typographia Nacional, 1821.

_____. "Organização Política do Brazil quer como reino unido a Portugal, quer como Estado independente". In: *Revista do IHGB*. Tomo II. Rio de Janeiro: Typographia Laemmert & Comp., 1888, pp. 79-85.

BORGES, Márcio. *Cartas da humanidade*. São Paulo: Geração Editorial, 2014.

BÖSCHE, Eduardo Teodoro. "Quadros alternados de viagens terrestres e marítimas, aventuras, acontecimentos políticos, descrição de usos e costumes de povos durante uma viagem ao Brasil". In: *Revista do IHGB*. Tradução de Vicente de Souza Queirós. Tomo LXXXIII. Rio de Janeiro: Imprensa Nacional, 1918, pp. 133-241.

BRUYÈRE-OSTELLS, Walter. *História dos mercenários*. São Paulo: Contexto, 2012.

BUBLITZ, Juliana. "A construção do Estado Nacional e o desenvolvimento do Brasil no pensamento de José Bonifácio de Andrada e Silva". In: *Revista Esboços*. Vol.13, n.15, UFSC, 2006, pp. 174-201.

CALDEIRA, Jorge (Org.). *José Bonifácio de Andrada e Silva*. São Paulo: Ed. 34, 2002.

CÂMARA, José Gomes Bezerra. "Duas soberanas irmãs, dois destinos opostos (Arquiduquesas Maria Luisa e Leopoldina)". In: *Revista do IHGB*. Vol. 151, n. 368, jul/set 1990. Rio de Janeiro: IHGB, 1990, pp. 324-33.

CAMPOS, Gustavo Barreto de. *Dois séculos de imigração no Brasil*: a construção da imagem e papel social dos estrangeiros pela imprensa entre 1808 e 2015. 545 f. Tese (Doutorado em Comunicação e Cultura) – UFRJ, Escola de Comunicação, Rio de Janeiro, 2015.

CASTRO, Flávio Mendes de Oliveira. *Dois séculos de história da organização do Itamaraty (1808-2008)*. Vol. I 1808-1979. Brasília: Fundação Alexandre de Gusmão, 2009.

CASTRO, Therezinha. *História documental do Brasil*. Rio de Janeiro: Record, 1968.

CINTRA, F. Assis. *A história alemã no Brasil*. [S.I.] Câmara de Comércio e Indústria Brasil-Alemanha, [S.d].

COLEÇÃO DE LEIS DO IMPÉRIO DO BRASIL, 1808-1831. Incluem Cartas de Leis, Decretos, Alvarás, Cartas Régias, Leis e Decisões imperiais. Câmara dos Deputados, Brasília.

CORREA, Lucinda Schramm. "O resgate de um esquecimento: a colônia de Leopoldina". In: *Revista Geographia*. Vol. 7, n. 13. Rio de Janeiro: Universidade Federal Fluminense, 2005, pp. 87-111.

COSTA, Sergio Corrêa da. *As quatro coroas de D. Pedro I*. 4. ed. Rio de Janeiro: A Casa do livro, 1972.

_____. *Brasil, segredo de Estado.* 4. ed. Rio de Janeiro: Record, 2001.

CUNHA, Jorge Luiz da (Org.). *Cultura alemã 180 anos/Deutsche Kultur seit 180 Jahren.* ed. bilíngue. Porto Alegre: Nova Prova, 2004.

DA SILVA, Elisiane; NEVES, Gervásio Rodrigues; MARTINS, Liana Bach (rg.). *José Bonifácio*: a defesa da soberania nacional e popular. Brasília: Fundação Ulysses Guimarães, 2011.

DAVATZ, Thomas. *Memórias de um colono no Brasil (1850).* São Paulo: Livraria Martins, 1941.

DECKER, Klaus-Peter; KEHM, Hans Erich; TRESPACH, Rodrigo. *Aufbruch zu fremden Ufern.* Büdingen: Geschichtswerkstatt, 2012.

DEL PRIORE, Mary. *Histórias íntimas.* São Paulo: Planeta, 2011.

DIENSTBACH, Carlos. *A maçonaria gaúcha.* Londrina: A Trolha, 1993.

DOMSCHKE, Rainer *et al.* (Orgs.). *Deutschsprachige Brasilienliteratur-Publicações sobre o Brasil em língua alemã 1500-1900.* ed. bilíngue. São Leopoldo/São Paulo: Oikos/Martius-Staden, 2011.

DREHER, Martin N. *Igreja e Germanidade.* São Leopoldo: Sinodal/EST/EDUCS, 1984.

_____. *A Igreja Latino-Americana no contexto mundial.* 3. ed. São Leopoldo: Sinodal, 1999.

_____. "Os 180 anos da imigração alemã". In: ARENDT, Isabel Cristina; WITT, Marcos Antônio. *História, cultura e memória*: 180 anos de imigração alemã. São Leopoldo: Oikos, 2004.

_____. *História do povo luterano.* São Leopoldo: Sinodal, 2005.

_____. "Estrangeiros e migrantes incluídos e excluídos na imigração". In: FERNANDES, Evandro; NEUMANN, Rosane Marcia; WEBBER, Roswithia (Orgs.). *Imigração*: diálogos e novas abordagens. São Leopoldo: Oikos, 2012, pp. 104-16.

DREHER, Martin N. (Org.). *Livros de registros da comunidade evangélica de São Leopoldo, Rio Grande do Sul, Brasil (século XIX).* 3. ed. São Leopoldo: Unisinos, 2004. 1 CD-ROM.

EBEL, Ernst. *O Rio de Janeiro e seus arredores em 1824.* São Paulo: Editora Nacional, 1972.

ECKERMANN, Johann Peter. *Conversações com Goethe.* Rio de Janeiro: Pongetti, 1950.

ELY, Nilza Huyer; BARROSO, Véra Lucia Maciel (Orgs.). *Imigração alemã.* Vale do Três Forquilhas. Porto Alegre: EST Edições, 1996.

ENGLUND, Steven. *Napoleão.* Rio de Janeiro: Jorge Zahar Editor, 2005.

FAUSTO, Boris. *História do Brasil.* 12ª ed. São Paulo: USP, 2007.

FICKER, Carlos. "Nei-Brésil / Neue Brasilien in Luxenburg". In: *Staden-Jahrbuch*, Instituto Hans Staden, São Paulo, 1973/74, vol.21/22, pp. 182-85.

FLORES, Hilda A. H. *Alemães na Guerra dos Farrapos*. 2. ed. Porto Alegre: EDIPUCRS, 2008.

FONSECA E SILVA, Thomé Maria da. "Breve notícia sobre a colónia de suissos fundada em Nova Friburgo". In: *Revista do IHGB*. Nº 14, 2º Trimestre. Rio de Janeiro, 1849, pp. 137-42.

FONTTES, Carlos. *Guardiões do Passo do Rosário*. Rosário do Sul: Academia de História Militar Terrestre do Brasil, 2012.

FRAGOSO, Gal. Augusto Tasso. *A Batalha do Passo do Rosário*. 2ª ed. Rio de Janeiro: Biblioteca do Exército, 1951.

FRANZMANN, Rudolf. *Becherbach*. Becherbach/Idar-Oberstein, 1987.

_____. *Durchgangsstationen*. Publicação do autor, 1997.

FREGEIRO, Clemente. *La batalla de Ituzaingó*. Buenos Aires: Jesus Menéndez, 1919.

FREIRE, Gilberto. *Casa-Grande & Senzala*. 21ª ed. Rio de Janeiro: José Olympio, 1981.

FRÖSCHLE, Hartmut. *Die Deutschen in Lateinamerika*. Tübingen/Basel: Erdmann, 1979.

GERSTÄCKER, Friedrich. *Die Deutschen im Ausland*. Rio de Janeiro: Druck und Herausgabe von Lorenz Winter, 1861.

GERTZ, René. "Brasil e Alemanha: os brasileiros de origem alemã na construção de uma parceria histórica". In: *Textos de História*, v.16, n.2, 2008, pp. 119-149.

GOMES, Laurentino. *1808*. 3. ed. São Paulo: Planeta, 2010.

_____. *1822*. Rio de Janeiro: Nova Fronteira, 2010.

GORENDER, Jacob. *O escravismo colonial*. 3. ed. São Paulo: Ática, 1980.

GRAHAM, Maria. "Correspondência entre Maria Graham e a imperatriz dona Leopoldina e cartas anexas". In: *Anais da Biblioteca Nacional*. Vol. LX. Rio de Janeiro: Serviço Gráfico do Ministério da Educação, 1940, pp. 31-65.

_____. "Escorço biográfico de D. Pedro I, com uma notícia do Brasil e do Rio de Janeiro em seu tempo". In: *Anais da Biblioteca Nacional*. Vol. LX. Rio de Janeiro: Serviço Gráfico do Ministério da Educação, 1940, pp. 68-176.

_____. *Diário de uma viagem ao Brasil e de uma estada nesse país durante parte dos anos de 1821, 1822 e 1823*. São Paulo: Companhia Editora Nacional, 1956.

GRESSLER, Paulo. *Os velhos Gressler*. Candelária: Tipografia Francisco Schmidt, 1949.

GRIEG, Maria Dilecta. *Café*. São Paulo: Olho-d'Água, 2000.

GUIMARÃES NETO, Afonso Henriques de. *Napoleão*. 2ª ed. São Paulo: Editora Três, 2004.

HERRERA, Luis Alberto de. *La misión Ponsonby*. Buenos Aires: Eudeba, 1974.

HILLEBRAND, João Daniel. "Relatório ao governo da província pelo dr. João Daniel Hillebrand, ex-diretor das colônias, 1854". In: *Revista do Arquivo Público do R.G.S.*, nº 15/16, set/dez, 1924, pp. 335-439.

HOLANDA, Sérgio Buarque de (dir.). *O Brasil monárquico*: o processo de emancipação. Coleção História Geral da Civilização Brasileira Tomo II, vol.3. 9. ed. Rio de Janeiro: Bertrand Brasil, 2003.

_____. *O Brasil monárquico*: dispersão e unidade. Coleção História Geral da Civilização Brasileira Tomo II, vol.4. 8. ed. Rio de Janeiro: Bertrand Brasil, 2004.

_____. *O Brasil monárquico*: reações e transações. Coleção História Geral da Civilização Brasileira Tomo II, vol.5. 8. ed. Rio de Janeiro: Bertrand Brasil, 2004.

HUNSCHE, Carlos Henrique. *O biênio de 1824/25 da imigração e colonização alemã no Rio Grande do Sul*. Porto Alegre: A Nação, 1975.

_____. *O ano de 1826 da imigração e colonização alemã no Rio Grande do Sul*. Porto Alegre: Metrópole, 1977.

_____. *O protestantismo no sul do Brasil:* nos 500 anos de nascimento de Lutero (1443-1983). São Leopoldo: EST/Sinodal, 1983.

_____. ASTOLFI, Maria. *O quadriênio 1827-1830 da imigração e colonização alemã no Rio Grande do Sul*. Porto Alegre: Editora G&W, 2004.

Instituto Martius-Staden. *Subsídios genealógicos de famílias brasileiras de origem germânica*. São Paulo: IGB/Instituto Hans Staden, 1965.

IOTTI, Luiza Horn (Org.). *Imigração e colonização*. Porto Alegre/Caxias do Sul: Assembleia Legislativa do Estado do RGS/EDUCS, 2001.

ISABELLE, Arsène. *Viagem ao rio da Prata e ao Rio Grande do Sul*. Brasília: Senado Federal, 2006.

JACCOUD, Raphael Luiz Siqueira. *História, contos e lendas da velha Nova Friburgo*. Nova Friburgo: Múltipla Cultural, 1999.

JACOMY, Bruno. *A era do controle remoto*. Rio de Janeiro: Jorge Zahar Ed., 2004.

JOYE, Padre Jacob. *Anotações sobre a viagem dos imigrantes suíços em 1819*. 2ª ed. Associação Fribourg – Nova Friburgo. Juiz de Fora: Juiz Forana Gráfica e Editora, 2005.

KAISER, Gloria. *Dona Leopoldina*. Rio de Janeiro: Nova Fronteira, 1997.

KANN, Bettina; LIMA, Patrícia Souza (pesquisa e seleção); JANCSÓ, István [et al] (artigos). *D. Leopoldina*: cartas de uma imperatriz. São Paulo: Estação da Liberdade, 2006.

KITCHEN, Martin. *História da Alemanha moderna*. São Paulo: Cultrix, 2013.

KRESSE, Walter. *Seechiffes-Verzeichnis der Hamburger Reedereien, 1824-1888*. Mitteilungen aus dem Museum für Hamburgische Geschichte. Hamburg: Museum für Hamburgische Geschichte, 1969.

LANDES, David S. *A riqueza e a pobreza das nações*. 4ª ed. Rio de Janeiro: Campus, 1998.

LEITHOLD, Theodor von e RANGO, Ludwig von. *O Rio de Janeiro visto por dois prussianos em 1819*. São Paulo: Brasiliana, 1966.

LEMOS, Juvêncio Saldanha. *Os mercenários do imperador*. Porto Alegre: Palmarinca, 1993.

LIMA, Manuel de Oliveira. *D. João VI no Brasil*. 4ª ed. Rio de Janeiro: Topbooks, 2006.

_____. *O movimento da Independência 1821-1822*. São Paulo: Melhoramentos, 1922.

LIMA E SILVA, Gal. Luiz Manoel de. "Annaes do Exercito Brasileiro sobre a Guerra com a Republica das Provincias Unidas do Rio da Prata de 1825 a 1828". In: *Revista do IHGRGS*, I e II Trimestres, Ano VII. Porto Alegre: Typographia do Centro, 1927.

LUCCOCK, Johan. *Notas sobre o Rio de Janeiro e partes meridionais do Brasil*. São Paulo: Livraria Martins, 1942.

LUSTOSA, Isabel. *D. Pedro I*. São Paulo: Companhia das Letras, 2006.

LUZ, Milton. *A história dos símbolos nacionais*. Brasília: Senado Federal, 1999.

MACAULAY, Neill. *Dom Pedro I*: a luta pela liberdade no Brasil e em Portugal 1798-1834. Rio de Janeiro: Record, 1993.

MAGALHÃES, J. B. *A evolução militar do Brasil*. Rio de Janeiro: Biblioteca do Exército, 1998.

MAHRENHOLTZ, Hans. "Auswanderungen nach Brasilien in den Jahren 1823, 1824 und 1825". In: *Revista Norddeutsche Familienkunde*, Edições de out/1963 pp. 225-35, nov/1963 pp. 272-78 e dez/1963, pp. 340-44.

MANGANELLI, Ernani Raupp. *História e genealogia da família Raupp*. Porto Alegre: EST, 2006.

MANSFELDT, Julius. *Meine Reise nach Brasilien im Jahre 1826*. Magdeburg: Bänsch, 1828.

MARTIUS, Carl Friedrich Philipp von. "Como se deve escrever a história do Brasil". In: *Revista do IHGB*. Vol.6, n.24. Rio de Janeiro: 1844, pp. 381-403.

MAUCH, Cláudia; VASCONCELLOS, Naira (Orgs.). *Os alemães no sul do Brasil*. Canoas: ULBRA, 1994.

MENZ, Maximiliano M. "Os escravos da Feitoria do Linho Cânhamo: trabalho, conflito e negociação". In: *Afro-Ásia*, n.32. Salvador: UFBA, 2005, pp. 132-158.

MINISTÉRIO DA JUSTIÇA E NEGÓCIOS INTERIORES. *Registro de Estrangeiros – 1823-1830*. Rio de Janeiro: Arquivo Nacional, 1961.

MINISTÉRIO DAS RELAÇÕES EXTERIORES. *Arquivo Diplomático da Independência*. Rio de Janeiro, 1922-25 [Edição fac-similar, 1972].

MOEHLECKE, Germano Oscar. *Os imigrantes alemães e a Revolução Farroupilha*. São Leopoldo: edição do autor, 1986.

MÖRSDORF, Robert. *Die Auswanderung aus dem Birkenfelder Land*. Bonn: Röhrscheid-Verlag, 1939.

MORAES, Carlos de Souza. *O colono alemão*. Porto Alegre: EST, 1981.

MOREIRA, Paulo R. S. e MUGGE, Miquéias H. *Histórias de escravos e senhores em uma região de imigração europeia*. São Leopoldo: Oikos, 2014.

MOTOYAMA, Shozo (Org.). *Prelúdio para uma história*. São Paulo: Editora da USP, 2004.

MOURÃO, Ronaldo Rogério de Freitas. "Um astrônomo alemão na esquadra de Cabral?" In: *Revista Educação em Linha*. Ano V, n.15, jan.-mar./2011, pp. 29-31.

MÜHLEN, Caroline von. "Eram os mecklenburgueses 'ladrões de cavalos'?: análise do perfil dos prisioneiros de Mecklenburg-Schwerin (1824-1826)". In: VII Mostra de Pesquisa do Arquivo Público do Estado do Rio Grande do Sul – produzindo História a partir de fontes primárias. Porto Alegre: Corag, 2009, pp. 39-59.

_____. *Da exclusão à inclusão social*: trajetórias de ex-prisioneiros de Mecklenburg-Schwerin no Rio Grande de São Pedro Oitocentista. 2010. 276 f. Dissertação (Mestrado) – Unisinos, Programa de Pós-Graduação em História, São Leopoldo, RS, 2010.

MULHALL, Michael George. *O Rio Grande do Sul e suas colônias alemãs*. Porto Alegre: Bels/IEL, 1974.

MÜLLER, Armindo L., *Alemães pioneiros em Nova Friburgo*. Nova Friburgo: Centro de Documentação D. João VI – Pró-Memória de Nova Friburgo, 2010.

MÜLLER, Elio Eugenio. *Três Forquilhas (1826-1899)*. Curitiba: Fonte, 1992.

_____. *Três Forquilhas (1900-1949)*. Curitiba: Italprint Gráfica Editora Ltda., 1993.

NOVINSKY, Anita et al. *Os judeus que construíram o Brasil*. São Paulo: Planeta, 2015.

OBERACKER JUNIOR, Carlos H. *A contribuição teuta à formação da nação brasileira*. Rio de Janeiro: Presença, 1968.

_____. *A imperatriz Leopoldina*. Rio de Janeiro: Imprensa Nacional, 1973.

_____. "O Rio de Janeiro em 1782 visto pelo Pastor F. L. Langstedt". In: *Revista do IHGB*. Vol.299, abr/jun 1973. Rio de Janeiro: Depto. Imprensa Nacional, 1973, pp. 3-15.

_____. *Jorge Antônio von Schaeffer*. Porto Alegre: Editora Metrópole, 1975.

_____. "Novos traços para a imagem do Dr. Jorge Antônio von Schaeffer". In: MÜLLER, Telmo Lauro (Org.). *Imigração e colonização alemã*, 1980, pp. 304-32.

_____. "A Corte de D. João VI no Rio de Janeiro segundo dois relatos do diplomata prussiano Conde von Flemming". In: *Revista do IHGB*. vol.346, jan/mar 1985. Brasília/Rio de Janeiro: IHGB, 1985, pp. 7-55.

_____. "O Marechal de campo Brown, Gustavo Henrique von Braun, Chefe do primeiro Estado-Maior de Exército Brasileiro". In: *Revista do IHGB*. vol.346, jan/mar 1985. Brasília/Rio de Janeiro: IHGB, 1985, pp. 255-70.

_____. "A colônia Leopoldina-Frankental na Bahia Meridional: uma colônia europeia de plantadores no Brasil". In: *Revista do IHGB*. vol.148, jan/mar 1987. Rio de Janeiro: IHGB, 1987, pp. 116-140.

OBERACKER JR., Karl Heinrich. "Deutschsprachige Kolonisten im Amazonas-Tal zur Zeit Pombals". In: *Staden-Jahrbuch*, Instituto Hans Staden, São Paulo, 1966, vol.14, pp. 47-70.

PAIVA, Eduardo França. *Escravidão e universo cultural na colônia*. Belo Horizonte: Ed. UFMG, 2001.

PALOMEQUE, Alberto. *El general Rivera y la Campaña de Misiones (1828)*. Buenos Aires: Ed. Arturo Lopez, 1914.

PAYRÓ, Roberto P. *Historia del Río de la Plata*. E-book. Buenos Aires: Alianza, 2008.

PELLANDA, Ernesto A. *A colonização germânica do Rio Grande do Sul*. Porto Alegre: Livraria do Globo, 1925.

PEREIRA, Antônio Batista. *Pelo Brasil maior*. São Paulo: Companhia Editora Nacional, 1934.

PETRY, Leopoldo. *São Leopoldo, berço da colonização alemã do Rio Grande do Sul*. 2 vol. São Leopoldo: Prefeitura Municipal de São Leopoldo, 1964.

PINHEIRO, Joaquim Caetano Fernandes. "Apontamentos Biographicos sobre o Visconde de S. Leopoldo". In: *Revista do IHGB*. Tomo XIX. Rio de Janeiro, 1898, pp. 132-42.

PINHEIRO, José Feliciano Fernandes. *Anais da Província de São Pedro*. Porto Alegre: Mercado Aberto, 1982.

_____. "Correspondências – Presidência do Dr. J. Feliciano Fernandes Pinheiro, depois Visconde de S. Leopoldo". In: *Revista do IHGB*. Tomo XLII. Rio de Janeiro, 1879, pp. 145-56.

_____. "Memórias do visconde de S. Leopoldo". Compiladas e postas em ordem pelo conselheiro Francisco Ignacio Marcondes Homem de Mello. Cap. I a X. In: *Revista do IHGB*. Tomo XXXVII. Rio de Janeiro, 1874, pp. 5-69 [parte 1].

_____. "Memórias do visconde de S. Leopoldo". Compiladas e postas em ordem pelo conselheiro Francisco Ignacio Marcondes Homem de Mello. Cap. XI a XVI. In: *Revista do IHGB*, Tomo XXXVIII. Rio de Janeiro, 1875, pp. 5-49. [parte 2].

PORTO, Aurélio. Coronel dr. João Daniel Hillebrand. *Revista do Instituto Histórico e Geográfico do Rio Grande do Sul*, Porto Alegre: IHGRGS, ano IV, p. 113-2, 1924.

_____. *O trabalho alemão no Rio Grande do Sul*. Porto Alegre: Est. Graf. Terezinha, 1934.

POZO, Gilmar de Paiva dos Santos. *Imigrantes irlandeses no Rio de Janeiro*: cotidiano e revolta no Primeiro Reinado. 2010. 189 f. Dissertação (Mestre em História), Programa de Pós-Graduação em História Social da Faculdade de Filosofia, Letras e Ciências Humanas da USP, São Paulo, 2010.

QUEIROZ, Joaquim José de. "Mappa da população da Côrte e provincia do Rio de Janeiro em 1821". In: *Revista do IHGB*. Vol.33. Rio de Janeiro: 1870, pp. 132-42.

RAMOS, Jorge Abelardo. *Historia de La Nación Latinoamericana*. Buenos Aires: Continente, 2012.

RAMIREZ, Ezekiel Stanley. *As relações entre a Áustria e o Brasil*. São Paulo: Companhia Editora Nacional, 1968.

RANGEL, Alberto. *Cartas de Pedro I à Marquesa de Santos*. Rio de Janeiro: Nova Fronteira, 1984.

REILY, Duncan A. *História documental do protestantismo no Brasil*. 3ª ed. São Paulo: ASTE, 2003.

REIS, João José. *Rebelião escrava no Brasil*. São Paulo: Brasiliense, 1986.

REZZUTTI, Paulo. *Titília e o Demonão*. 2ª ed. São Paulo: Geração Editorial, 2011.

_____. *D. Pedro I*: a história não contada. Rio de Janeiro: Leya Brasil, 2015.

_____. *D. Leopoldina*: a história não contada. Rio de Janeiro: Leya Brasil, 2017.

RHEINHEIMER, Martin. *Pobres, mendigos y vagabundos*. Madri: Siglo XXI, 2009.

RIBEIRO, Boanerges. *Protestantismo no Brasil monárquico (1822-1888)*. São Paulo: Pioneira, 1973.

RIO GRANDE DO SUL. *Fala que à Assembleia Legislativa Provincial de S. Pedro do Rio Grande do Sul dirigiu o Exmo. Sr. Barão de Santa Tecla, vice-presidente da província, ao instalar-se a 2ª sessão da 22ª Legislatura em 27 de 1888*. Porto Alegre: Typ. do Jornal do Comércio,1889.

RIZZINI, Carlos. *Hipólito da Costa e o Correio Brasiliense*. São Paulo: Companhia Editora Nacional, 1957.

ROCHE, Jean. *A colonização alemã e o Rio Grande do Sul*. Porto Alegre: Globo, 1969.

ROSA, Gilson Justino da. *Imigrantes alemães 1824-1853 (Códice C-333 do AHRS)*. Porto Alegre: EST, 2005.

ROSA, José María. *Historia Argentina: unitarios y federales (1826-1841)*. Tomo IV. Buenos Aires: Oriente, 1972.

RÖSINGH, Nicole. *König Artus und die arturische Gesellschaft im Parzival Wolfram von Eschenbachs*. Munique: Grin, 2005.

ROTERMUND, Wilhelm. *D. Dr. Wilh. Rotermunds Lesebuch für Schule und Haus*. 3ª ed. São Leopoldo: Verlag Rotermund & Co. 1930.

ROURE, Agenor de. "O centenário de Nova-Friburgo". In: *Revista do IHGB*. Tradução de Vicente de Souza Queirós. Tomo LXXXIII. Rio de Janeiro: Imprensa Nacional, 1918, pp. 243-66.

RUGENDAS, Johann Moritz. *Viagem pitoresca através do Brasil*. São Paulo: Livraria Martins, 1954.

SAINT-HILAIRE, Auguste de. *Viagem ao Rio Grande do Sul*. Brasília: Senado Federal, 2002.

SALDÍAS, Adolfo. *Historia de La Confederación Argentina*. Vol.1. Buenos Aires: Félix Lajouane, 1892.

SANTOS, José Luiz dos. *O que é cultura*. 10ª ed. São Paulo: Brasiliense, 1991.

SCHÄFER, Georg von. *O Brasil como Império independente, analisado sob o aspecto histórico, mercantilístico e político – 1824*. Santa Maria: EdUFSM, 2007.

SCHÄFFER, Neiva Otero. "Os alemães no Rio Grande do Sul: dos números iniciais aos censos demográficos". In: MAUCH, Cláudia; VASCONCELLOS, Naira. *Os alemães no sul do Brasil*. Canoas: ULBRA, 1994.

SCHLICHTHORST, C. *O Rio de Janeiro como é (1824-1826)*. Brasília: Senado Federal, 2000.

SCHWARCZ, Lilia Moritz. *As barbas do imperador*. 2. ed. São Paulo: Companhia das Letras, 2010.

SCHOPPE, Amalia. *Die Auswanderer nach Brasilien oder die Hütte am Gigitonhonha*. Berlin: Verlag der Buchhandlung von C. F. Amelang, 1828.

SCHRÖDER, Ferdinand. *A imigração alemã para o sul do Brasil até 1859*. 2ª ed. Porto Alegre: Unisinos/EDIPUCRS, 2003.

SCHÜLLER, Rodolfo R. "A Nova Gazeta da Terra do Brasil (Newen Zeytung auss Presillg Landt) e sua origem mais provável". In: *Anais da Biblioteca Nacional do Rio de Janeiro*. 1911. Vol. XXXIII. Rio de Janeiro: Oficinas Gráficas da Biblioteca Nacional, 1915, pp. 111-43.

SEIDLER, Carl. *Dez anos no Brasil*. Brasília: Senado Federal, 2003.

SEIDLER, Carl Friedrich Gustav. *História das guerras e revoluções do Brasil, de 1825 a 1835*. São Paulo: Companhia Editora Nacional, 1939.

SENADO FEDERAL. *Obra política de José Bonifácio*. Brasília: Senado Federal, 1973.

SESQUICENTENÁRIO DA IMIGRAÇÃO ALEMÃ/HUNDERTFÜNFZIG-JAHRE DEUTSCHER EINWANDERUNG. Álbum Oficial. Ed. bilíngue. Porto Alegre: Edel Editora, 1974.

SEWELOH, A. A. F. "Reminiscências da campanha de 1827 contra Buenos-Ayres". In: *Revista do IHGB*. Tomo XXXVII. Rio de Janeiro, 1874, pp. 399-462.

SILVA, da Danuzio Gil Bernadino (Org.). *Os diários de Langsdorff*. Campinas: Associação Internacional de Estudos Langsdorff; Rio de Janeiro: Fiocruz, 1997.

SILVA, Francisco Gomes da. *Memórias do Chalaça*. Rio de Janeiro: Tecnoprint, 1966.

SPIX, J. B. von; MARTIUS, C. F. P. von. *Viagem pelo Brasil (1817-1820)*. 2. ed. São Paulo: Melhoramentos, s.d.

SOARES, Tenente-Coronel Paula. "Memória das Torres". In: *Revista do Archivo Público do Rio Grande do Sul*. Porto Alegre: 1924, pp. 60-67.

SOUSA, Octávio Tarquínio de. *A vida de d. Pedro I*. Rio de Janeiro: José Olympio, 1972.

_____. *José Bonifácio*. Rio de Janeiro: Biblioteca do Exército/José Olympio, 1974.

_____. *História dos fundadores do Império do Brasil*. Belo Horizonte/São Paulo: Itatiaia/EDUSP, 1988.

SOUZA, José Antônio Soares de. "Os alemães do 'Kumbang Iatie'". In: *Revista do IHGB*. Vol.263. Abr/jun 1964. Rio de Janeiro: Imprensa Nacional, 1964, pp. 3-30.

_____. "Os colonos de Schaeffer em Nova Friburgo". In: *Revista do IHGB*. Vol.310 jan/mar. Rio de Janeiro: Imprensa Nacional, 1976, pp. 5-214.

_____. "Ainda os colonos de Schaeffer em Nova Friburgo". In: *Revista do IHGB*. N.329, out/dez 1980. Brasília/Rio de Janeiro, 1980, pp. 11-24.

STADEN, Hans. *Duas viagens ao Brasil*. Porto Alegre: L&PM, 2007.

STOLTZ, Roger. *Cartas de imigrantes*. Porto Alegre: EST, 1997.

THERNSTROM, Stephan (Org.). *Harvard Encyclopedia of American Ethnic Groups*. Cambridge/Massachusetts/Londres: Harvard University Press, 1980.

TORERO, José Roberto. *Galantes memórias e admiráveis aventuras do virtuoso Conselheiro Gomes, o Chalaça*. 2. ed. São Paulo: Companhia das Letras, 1994.

TRACHSLER, Heinrich. "Viagens, destino e tragicômicas aventuras de um suíço". In: BERGER, Paulo (Org.), *Ilha de Santa Catarina – Relatos de viajantes estrangeiros nos séculos XVIII e XIX*. 3ª ed. Florianópolis: UFSC, 1990.

TRAMONTINI, Marcos Justo. *A organização social dos imigrantes*. São Leopoldo: Unisinos, 2000.

TRESPACH, Rodrigo. *Passageiros no Kranich*. Porto Alegre: Alcance, 2007.

_____. *Borger, Justin, Schmitt e outras famílias de origem germânica*. Florianópolis: Secco, 2010.

_____. "Presença marcante: imigração alemã no Espírito Santo". In: Revista *Leituras da História*, São Paulo, n.54, ed. ago/2012, pp. 60-3.

_____. *O lavrador e o sapateiro*. Porto Alegre: EDIPUCRS, 2013.

_____ et al. "Alemães: como os germânicos viraram brasileiros". In: *Revista de História da Biblioteca Nacional*. Ano 9, ed.102, mar/2014, pp. 15-9.

_____. *Histórias não (ou mal) contadas*: revoltas, golpes e revoluções no Brasil. Rio de Janeiro: HarperCollins Brasil, 2017.

_____. *Histórias não (ou mal) contadas*: escravidão, do ano 1000 ao século XXI. Rio de Janeiro: HarperCollins Brasil, 2018.

TSCHUDI, Johann Jakob von. *Reisen durch Südamerika*. Leipzig: F.A. Brokhaus, 1867.

_____. *Viagem às províncias do Rio de Janeiro e São Paulo*. Belo Horizonte/São Paulo: Itatiaia/Editora da USP, 1980.

UJVARI, Stefan Cunha. *A História e suas epidemias*. 2. ed. Rio de Janeiro/São Paulo: SENAC, 2013.

VITECK, Harto (Org.). *Imigração Alemã no Paraná*. Marechal Cândido Rondon: Germânica, 2012.

WIEDERSPAHN, Henrique Oscar. *Campanha de Ituzaingô*. Rio de Janeiro: Biblioteca do Exército, 1961.

WIED-NEUWIED, Príncipe Maximiliano de. *Viagem ao Brasil nos anos de 1815 a 1817*. São Paulo: Companhia Editora Nacional, 1940.

WILLEMS, Emílio. *Assimilação e populações marginais no Brasil*. São Paulo: Companhia Editora Nacional, 1941.

WITT, Marcos Antônio. *Em busca de um lugar ao Sol*. São Leopoldo: Oikos, 2008.

WITT, Osmar Luiz. *Igreja na migração e colonização*. São Leopoldo: Sinodal, 1996.

WOORTMANN, Ellen F. *Herdeiros, parentes e compadres*. São Paulo/Brasília: Hucitec/Edunb, 1995.

Jornais e informativos

A Aurora Fluminense, Correio Braziliense, Diario Fluminense, Diario do Rio de Janeiro e Jornal do Commercio (do século XIX) e *O Estado de S. Paulo* e *Zero Hora* (séculos XX e XXI), Informativo *A Retomada*, da *AHIMTB*, no Brasil; *El Diario del Bicentenario (1810-2010)*, na Argentina.

Acervos on-line

Assembleia Legislativa do Estado do Rio Grande do Sul (*www.al.rs.gov.br)*, Câmara dos Deputados (edição eletrônica da Coleção de Leis do Império do Brasil: www.camara.gov.br), Christian Terstegge (www.christian-terstegge.de), Die Welt der Habsburger (www.habsburger.net), Instituto Histórico e Geográfico Brasileiro (www.ihgb.org.br), Fundação Alexandre Gusmão (IPRI – Instituto de Pesquisa de Relações Internacionais e CHDD – Centro de História e Documentação Diplomática: www.funag.gov.br), Fundação D. João VI – Projeto Nova Friburgo 200 Anos (www.djoaovi.com), Rellibra (Projeto Relações Linguísticas e Literárias Brasil-Alemanha: www.rellibra.com.br), Projeto Brasiliana Eletrônica (edição eletrônica das publicações da extinta Companhia Editora Nacional: www.brasiliana.com.br), Projeto Brasiliana USP (www.brasiliana.usp.br); Senado Federal (edição eletrônica dos Anais do Senado Federal: www.senado.gov.br) e Supremo Tribunal Federal (www.stf.jus.br). Ministério da Justiça e Negócios Interiores, AN, RJ, 1960, Tomo I, p. 15, apud Oberacker Jr., Jorge Antônio von Schaeffer, p. 107.

Livros para mudar o mundo. O seu mundo.

Para conhecer os nossos próximos lançamentos
e títulos disponíveis, acesse:

🌐 www.**citadel**.com.br

ⓕ /**citadeleditora**

📷 @**citadeleditora**

🐦 @**citadeleditora**

▶ Citadel – Grupo Editorial

Para mais informações ou dúvidas sobre a obra,
entre em contato conosco por e-mail:

✉ contato@**citadel**.com.br